普通高等教育人工智能与机器人工程专业系列教材

机器人机构学基础

张 奔 编著

机 械 工 业 出 版 社

本书共7章。第1章介绍了机器人和机构学的概念和研究范围、机器人的数学模型等。第2章介绍了工业机器人的分类及常见结构。第3章介绍了三维空间刚体运动、反对称矩阵、李群与李代数和旋量等与机器人机构学相关的数学概念。第4章讨论了工业机器人正、逆运动学分析的方法。第5章讨论了工业机器人的速度关系。第6章阐述了牛顿-欧拉迭代法和拉格朗日法建立机器人动力学方程的两种常见方法。第7章介绍了移动机器人常见的分类方法、运动学模型及约束建立的方法。

本书可作为普通高校机器人工程、自动化、智能制造等专业的教材，也可作为从事机器人机构学研究与设计的工程技术人员和科研人员的参考书。

本书配有电子课件，欢迎选用本书作教材的教师登录 www. cmpedu. com 注册后下载，或发邮件至 jinacmp@ 163. com 索取。

图书在版编目(CIP)数据

机器人机构学基础/张奔编著 .—北京：机械工业出版社，2023.6(2025.2重印)

普通高等教育人工智能与机器人工程专业系列教材

ISBN 978-7-111-72770-5

Ⅰ.①机…　Ⅱ.①张…　Ⅲ.①机器人机构-高等学校-教材　Ⅳ.①TP24

中国国家版本馆 CIP 数据核字(2023)第 044496 号

机械工业出版社(北京市百万庄大街22号　邮政编码 100037)

策划编辑：吉　玲　　　责任编辑：吉　玲　章承林

责任校对：薄萌钰　陈　越　　　封面设计：张　静

责任印制：刘　媛

涿州市般润文化传播有限公司印刷

2025年2月第1版第2次印刷

184mm×260mm · 8.25印张 · 203千字

标准书号：ISBN 978-7-111-72770-5

定价：29.80元

电话服务　　　网络服务

客服电话：010-88361066　　机　工　官　网：www. cmpbook. com

010-88379833　　机　工　官　博：weibo. com/cmp1952

010-68326294　　金　书　网：www. golden- book. com

机工教育服务网：www. cmpedu. com

前　言

机器人技术是一门多学科跨领域的学科，其涉及计算机、机械、自动控制、人工智能等相关领域，是当下研究的热点领域之一。近年来，随着国内外技术的发展，机器人已广泛应用于国民经济的诸多领域和行业，大量机器人进入了工业生产和日常生活环境。因此，为了满足社会发展的需求，越来越多的高校开设了与机器人相关的课程和专业，培养专门的机器人相关人才。

机器人机构学是机器人工程专业的核心课程，它对包括系统结构、运动和动力学等相关机构学内容进行研究，是整个机器人专业学习的基础和重点。本书围绕与机器人相关的机构学知识进行介绍，第1章介绍了机器人和机构学的概念和研究范围，然后介绍了机器人的数学模型，最后给出了机器人机构的研究内容与分类。第2章围绕工业机器人的机构设计进行阐述，首先介绍了机器人系统的组成，工业机器人的分类及各种类型的工业机器人的特点，然后介绍了工业机器人中常用的专用减速器，最后围绕工业机器人的机身、臂部和腕部设计分别进行了阐述。第3章介绍了机器人机构学中用到的数学基础知识，分别介绍了三维空间刚体运动、反对称矩阵、李群与李代数和旋量等数学概念。第4章介绍了工业机器人运动学分析的方法，首先讨论了连杆坐标系的建立、连杆D-H参数、变换方程和运动学方程，然后在此基础上给出了工业机器人正运动学分析的方法，最后围绕工业机器人逆运动学分析这一问题展开了讨论。第5章在讨论了角速度相关概念的基础上，利用两种不同的方法引出了速度雅可比矩阵，然后介绍了奇异性问题，接着讨论了力雅可比矩阵，最后给出了逆速度和加速度、可操作性的速度运动学相关概念。第6章在对刚体动力学基础进行介绍以后，利用牛顿-欧拉迭代法建立了机器人的动力学方程，而后又利用拉格朗日法建立了机器人的动力学方程。第7章针对移动机器人机构学进行研究，首先给出了移动机器人的分类方法，然后讨论了移动机器人运动学模型及约束建立的方法，在此基础上对移动机器人的机动性进行了研究，最后针对飞行机器人这一特殊移动机器人进行了研究。

本书定位为机器人工程专业的本科基础课教材或机械类、自动化类等相关专业研究生教材，也可作为科研人员的参考书。

本书在编写过程中，参考了有关机器人方面的论著、教材以及其他资料，再次一并对相关作者致以衷心的感谢。

由于作者水平有限，书中难免有疏漏之处，敬请读者批评指正。

作　者

目录

第1章 绪论

机构学是一门十分古老的科学，机器人的兴起，给传统机构学带来了新的活力，机器人机构学已逐渐演变为机构学领域一个重要的分支。特别是当前，为了我国的科技进步，为了大力发展自主创新，机器人机构学正面临着一个空前的机遇。经验表明，任何机械系统的创新都离不开机构的创新。

本章从机器人的基本定义与分类出发，介绍了机器人的定义和分类；接着介绍了和机构学相关的基本概念；在两者的基础上，引出了机器人机构学研究的内容、方向、类型和意义。

1.1 机器人概述

机器人技术集中了机械工程、电子技术、计算机技术、自动控制理论及人工智能等多学科的最新研究成果，代表了机电一体化的最高成就，是当代科学技术发展最活跃的领域。自20世纪60年代初机器人问世以来，机器人技术经历六十多年的发展，已取得了实质性的进步和成果。

在传统的制造领域，工业机器人经过诞生和成长、成熟期后，已成为不可缺少的核心自动化装备，目前，世界上有近百万台工业机器人正在各种生产现场工作。在非制造领域，上至太空作业、宇宙航行、月球探险，下至极限环境作业、医疗手术、日常生活服务都已应用机器人，机器人的应用已拓展到社会经济发展的诸多领域。

科学技术的不断进步，推动着机器人技术不断发展和完善；机器人技术的发展和广泛应用，又促进了人民生活的改善，推动着生产力的提高和整个社会的进步。机器人技术作为当今科学技术发展的前沿学科，将成为未来社会生产和生活中不可缺少的一门技术。

本章主要阐述了和机器人相关的定义和分类，介绍了机器人数学模型的建立方法，为后续对机器人进行研究提供了数学工具和理论依据；最后介绍了和机构学相关的概念。

1.1.1 机器人定义及发展

机器人（Robot）是一种能够半自主或全自主工作的智能机器。机器人具有感知、决策、执行等基本特征，可以辅助甚至替代人类完成危险、繁重、复杂的工作，提高工作效率与质量，服务人类生活，提高或扩大人的能力及活动范围。

1920年，捷克作家卡雷尔·恰佩克（Karel Capek）创作了科幻剧本《罗素姆万能机器人》（Rossum' s Universal Robots），如图1.1所示。在剧本中，恰佩克把捷克语“Robota”写成了“Robot”，“Robota”是工作的意思。为了防止机器人伤害人类，1950年科幻作家艾萨克·阿西莫夫（Isaac Asimov）在《我，机器人》一书中提出了“机器人三原则”：

1）机器人不得伤害人类，也不允许它看见人类将受到伤害而袖手旁观。

2）机器人必须服从人类的命令，除非人类的命令与第一条相违背。

3）机器人必须保护自身不受伤害，除非与上述两条相违背。

图 1.1 《罗素姆万能机器人》剧照

这三条原则给机器人社会赋以新的伦理性。至今，它仍会为机器人研究人员、设计制造厂家和用户提供十分有意义的指导方针。

1967 年日本召开的第一届机器人学术会议上，人们提出了两个有代表性的定义。一个是森政弘与合田周平提出的：“机器人是一种具有移动性、个体性、智能性、通用性、半机械半人性、自动性、奴隶性共 7 个特征的柔性机器”。从这一定义出发，森政弘又提出了用自动性、智能性、个体性、半机械半人性、作业性、通用性、信息性、柔性、有限性、移动性共 10 个特性来表示机器人的形象；另一个是加藤一郎提出的，具有如下三个条件的机器可以称为机器人：

1）具有脑、手、脚三要素的个体。

2）具有非接触传感器（用眼、耳接收远方信息）和接触传感器。

3）具有平衡觉和固有觉的传感器。

该定义强调了机器人应当具有仿人的特点，即它靠手进行作业，靠脚实现移动，由脑来完成统一指挥的任务。非接触传感器和接触传感器相当于人的五官，使机器人能够识别外界环境，而平衡觉和固有觉则是机器人感知本身状态所不可缺少的传感器。

美国机器人工业协会（Robot Institute of America，RIA）对机器人的定义为：机器人是一种用于移动各种材料、零件、工具或专用装置，通过可编程动作来执行各种任务，并具有编程能力的多功能操作机。

日本工业机器人协会对机器人的定义为：机器人是一种带有记忆装置和末端执行器的、能够通过自动化的动作而代替人类劳动的通用机器。

我国对机器人的定义为：机器人是一种自动化的机器，所不同的是这种机器具备一些与人或生物相似的智能能力，如感知能力、规划能力、动作能力和协同能力，是一种具有高度灵活性的自动化机器。

现代机器人出现于 20 世纪中期，当时计算机已经出现，电子技术也有了长足的发展，在产业领域出现了受计算机控制的可编程的数控机床，与机器人技术相关的控制技术和零部件加工也已有了扎实的基础。同时，人类需要开发自动机械，替代人去从事一些在恶劣环境下的作业。正是在这一背景下，机器人技术的研究与应用得到了快速发展。

以下列举了现代机器人工业史上的几个标志性事件。

1954 年：美国人戴沃尔（G. C. Devol）制造出世界上第一台可编程的机械手，并注册了专利。这种机械手能按照不同的程序从事不同的工作，因此具有通用性和灵活性。

1959 年：戴沃尔与美国发明家英格伯格（Ingerborg）联手制造出第一台工业机器人。随后，成立了世界上第一家机器人制造工厂 Unimation 公司。由于英格伯格对工业机器人富有成效的研发和宣传，他被称为“工业机器人之父”。

1962 年：美国 AMF 公司生产出万能搬运（Verstran）机器人，与 Unimation 公司生产的万能伙伴（Unimate）机器人一样成为真正商业化的工业机器人，并出口到世界各国，掀起了全世界研究机器人的热潮。

1967 年：日本川崎重工公司和丰田公司分别从美国购买了工业机器人 Unimate 和 Verstran 的生产许可证，日本从此开始研究和制造机器人。20 世纪 60 年代后期，喷漆弧焊机器人问世并逐步开始应用于工业生产。

1968 年：美国斯坦福研究所的研发人员公布他们研发成功的机器人 Shakey，由此拉开了第三代机器人研发的序幕。Shakey 带有视觉传感器，能根据人的指令发现并抓取积木，不过控制它的计算机有一个房间那么大。Shakey 可以称为世界上第一台智能机器人，如图 1.2 所示。

1969 年：日本早稻田大学加藤一郎实验室研发出第一台双脚走路的机器人。加藤一郎长期致力于研究仿人机器人，被誉为“仿人机器人之父”。日本专家一向以研发仿人机器人和娱乐机器人见长，后来更进一步，出现了本田公司的 ASIMO 机器人和索尼公司的 QRIO 机器人。

1973 年：机器人和小型计算机第一次携手合作，诞生了美国 Cincinnati Milacron 公司的机器人 T3。

1979 年：美国 Unimation 公司推出通用工业机器人 PUMA（Programmable Universal Machine for Assembly），这标志着工业机器人技术已经成熟。PUMA 至今仍然工作在生产第一线，许多机器人技术的研究都以该机器人为模型和对象。图 1.3 所示为 PUMA560 工业机器人。

图 1.2 Shakey 及发明人查理・罗杰

图 1.3 PUMA560 工业机器人

1979 年：日本山梨大学牧野洋发明了平面关节型机器人 SCARA（Selective Compliance Assembly Robot Arm），该型机器人此后在装配作业中得到了广泛应用。

1980 年：工业机器人在日本开始普及。随后，工业机器人在日本得到了巨大发展，日本也因此而赢得了“机器人王国”的美称。

1984 年：英格伯格再次推出机器人 Helpmate，这种机器人能在医院里为病人送饭、送药、送邮件。同年，英格伯格还放言：要让机器人擦地板、做饭、洗车、检查安全。

1996 年：本田公司推出仿人型机器人 P2，使双足行走机器人的研究达到了一个新的水平。随后，许多国际著名企业争相研制代表自己公司形象的仿人型机器人，以展示公司的科研实力。

1998 年：丹麦乐高公司推出机器人 Mind-storms 套件，让机器人制造变得跟搭积木一样相对简单且能任意拼装，使机器人开始走入个人世界。

1999 年：日本索尼公司推出机器人狗爱宝（Aibo），当即销售一空，从此娱乐机器人进入普通家庭。

2002 年：美国 iRobot 公司推出了吸尘器机器人 Roomba，它是当下商业化较为成功的家用机器人之一。

2006 年：微软公司推出 Microsoft Robotics Studio 机器人，从此机器人模块化、平台统一化的趋势越来越明显。比尔·盖茨放言，家用机器人很快会席卷全球。

2009 年：丹麦优傲机器人（Universal Robot）公司推出第一台轻扭型的 UR5 系列工业机器人，它是一款六轴串联的革命性机器人产品，质量为 18kg，负载高达 5kg，工作半径为 85cm，适合中小企业选用。UR5 优傲机器人拥有轻便灵活、易于编程、高效节能、低成本和投资回报快等优点。UR5 机器人的另一显著优势是不需安全围栏即可直接与人协同工作。一旦人与机器人接触并产生 150N 的力，机器人就自动停止工作。

2012 年：多家机器人厂商开发出双臂协作机器人。如 ABB 公司开发的 YuMi 双手臂工业机器人，能够满足电子消费品行业对柔性和灵活制造的需求，并可逐渐应用于更多市场领域。又如 Rethink Robotics 公司推出 Baxter 双手臂工业机器人，其示教过程简易，能安全和谐地与人协同工作。在工业生产中双臂机器人会发挥越来越重要的作用。

2004 年至 2008 年期间，美国国防部高级研究计划署（Defense Advanced Research Projects Agency，DARPA）资助的 LAGR（Learning Applied to Ground Vehicles Program）项目，旨在设计能够在野外环境下自主导航的无人车。此系统在 GPS 系统以外，搭载了立体视觉系统，利用立体视觉实现了无人车在野外环境的导航。

波士顿动力公司（Boston Dynamic 公司）还先后研制了 Big Dog、Little Dog、Spotmini 等一系列腿式机器人（包括双足机器人和四足机器人）。Big Dog 是典型的四足机器人，它携带了 SICK 激光雷达、GPS、惯性导航 IMU 和 Bumblebee 立体视觉系统传感器，实现了在野外各种复杂环境下的高速行走。Little Dog 是波士顿动力公司与斯坦福大学、麻省理工学院联合开发的一款缩小版四足机器人样机，用于更高效地研究 Big Dog 在复杂环境下的地形识别和运动控制。Spotmini 是新型四足机器人，它本身是一种小型的电力驱动机器人，可以爬楼梯，可在办公室、家里和户外活动，同时它也是第一款真正消费级的机器人，2020 年 6 月 17 日起，波士顿动力公司开始正式对全球发售 Spotmini 机器人。Atlas 机器人的结构和人类似，有四肢、躯干和头部。Atlas 机器人从研发至今一直在进行迭代，它可以走梅花桩、过独木桥、做后空翻等体操动作，是移动机器人运动控制的典范。图 1.4 所示为波士顿动力公司先后生产的 Big Dog、Little Dog、Atlas 和 Spotmini 腿式机器人。

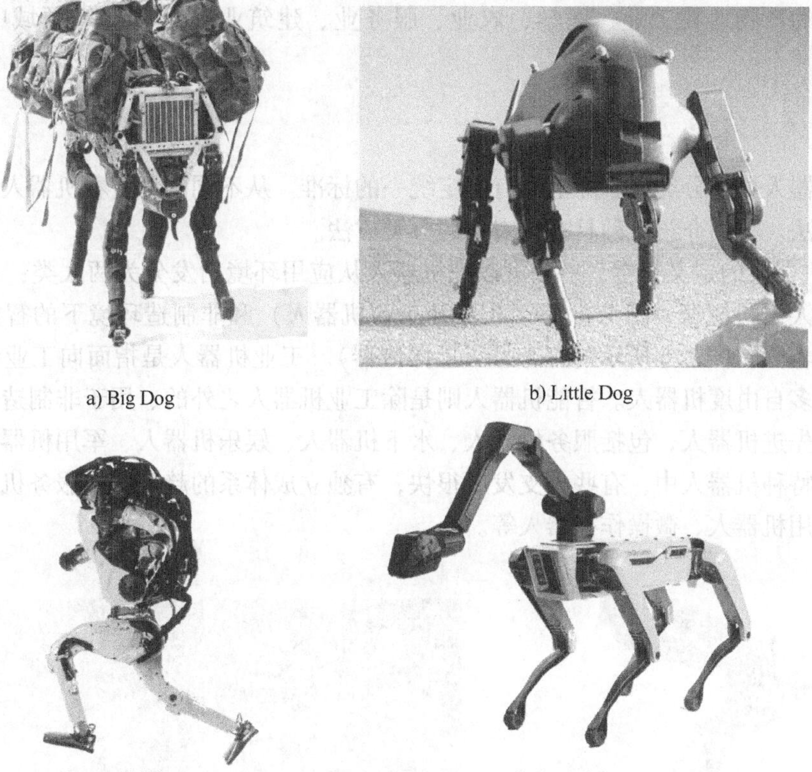

a) Big Dog　b) Little Dog　c) Atlas　d) Spotmini

图 1.4　腿式机器人

我国对机器人的研究起步较晚，从 20 世纪 80 年代初才开始。我国在“七五”计划中把机器人列入国家重点科研规划内容，在 863 计划的支持下，机器人基础理论与基础元、器件研究全面展开。我国第一个机器人研究示范工程于 1986 年在沈阳建立。目前，我国已基本掌握了机器人的设计制造技术、控制系统硬件和软件设计技术、运动学和轨迹规划技术，生产了部分机器人关键元、器件，开发出喷漆、弧焊、点焊、装配、搬运机器人等。

现阶段，我国的工业机器人产业的整体水平与世界先进水平还有相当大的差距，缺乏关键核心技术，高性能交流伺服电动机、精密减速器、控制器等关键核心部件长期依赖进口。国际工业机器人领域的“四大家族”德国 KUKA（库卡）、瑞士 ABB、日本 Fanuc（发那科）和 Yaskawa（安川）占据着我国市场的较大份额。

最近几年，我国工业机器人迎来了战略发展期，在工业和信息化部制定的《“十四五”智能制造发展规划》中提出：实施智能制造装备创新发展行动，研发智能立/卧式五轴加工中心、车铣复合加工中心、高精度数控磨床等工作母机、智能焊接机器人、智能移动机器人、半导体（清洁）机器人等工业机器人。

随着人们对机器人技术智能化本质认识的加深，机器人技术开始源源不断地向人类活动的各个领域渗透。结合这些领域的应用特点，人们发展了各式各样的具有感知、决策、行动和交互能力的特种机器人和各种智能机器人。现在虽然还没有一个严格而准确的机器人定义，但是我们希望对机器人的本质做些把握：机器人是自动执行工作的机器装置。机器人既可以接受人类指挥，又可以运行预先编排的程序，也可以根据以人工智能技术制订的原则纲领行动。它的任务是协助或取代人类的工作，它是高级整合控制论、机械电子、计算机、材料和仿生学的产物，在工业、医学、农业、服务业、建筑业甚至军事等领域中均有重要用途。

1.1.2　机器人分类

关于机器人如何分类，国际上没有制定统一的标准。从不同的角度看机器人，就会有不同的分类方法。下面介绍五种具有代表性的分类方法。

1）从机器人的定义来看，一般可以把机器人从应用环境出发分为两大类：制造环境下的工业机器人（机械臂，图 1.5 所示的 ABB 工业机器人）和非制造环境下的智能服务机器人（移动机器人，图 1.6 所示的好奇号火星探测器）。工业机器人是指面向工业领域的多关节机械手或多自由度机器人。智能机器人则是除工业机器人之外的、用于非制造业并服务于人类的各种先进机器人，包括服务机器人、水下机器人、娱乐机器人、军用机器人、农业机器人等。在特种机器人中，有些分支发展很快，有独立成体系的趋势，如服务机器人、水下机器人、军用机器人、微操作机器人等。

图 1.5　ABB 工业机器人

图 1.6　好奇号火星探测器

2）按照机器人的发展阶段分成三代机器人。

第一代机器人：示教再现型机器人。1947 年，为了搬运和处理核燃料，美国橡树岭国家实验室研发了世界上第一台遥控的机器人。1979 年美国又研制成功 PUMA 通用示教再现型机器人，这种机器人通过一个计算机来控制一个多自由度的机械，通过示教存储程序和信息，工作时把信息读取出来，然后发出指令，这样机器人可以重复地根据人当时示教的结果，再现出这种动作。例如，汽车的点焊机器人，只要把这个点焊的过程示教完以后，它总是重复这样一种工作。

第二代机器人：感觉型机器人。示教再现型机器人对于外界的环境没有感知，操作力的大小，工件存在不存在，焊接的好与坏，它并不知道。因此，在 20 世纪 70 年代后期，人们开始研究第二代机器人，即感觉型机器人。这种机器人拥有类似人在某种功能上的感觉，如力觉、触觉、滑觉、视觉、听觉等，它能够通过感觉来感受和识别工件的形状、大小、颜色。

第三代机器人：智能型机器人。20 世纪 90 年代以来发明的智能型机器人带有多种传感器，可以进行复杂的逻辑推理、判断及决策，在变化的内部状态与外部环境中，自主决定自身的行为。

3）按控制方式可将机器人分为操作机器人、程序机器人、示教—再现机器人、数控机器人和智能机器人等。

操作机器人（Operating Robot）是指人可在一定距离处直接操纵其进行作业的机器人，通常采用主、从方式实现对操作机器人的遥控操作。

程序机器人（Sequence Control Robot）可按预先给定的程序、条件、位置等信息进行作业，其在工作过程中的动作顺序是固定的。

示教—再现机器人（Playback Robot）的工作原理是：由人操纵机器人执行任务，并记录下这些动作，机器人进行作业时按照记录下的信息重复执行同样的动作。示教—再现机器人的出现标志着工业机器人广泛应用的开始。示教—再现方式目前仍然是工业机器人控制的主流方式。

数控机器人（Numerical Control Robot）动作的信息由编制的计算机程序提供，机器人依据动作信息进行作业。

智能机器人（Intelligent Robot）具有感知和理解外部环境信息的能力，即使其工作环境发生变化，也能够成功地完成作业任务。

4）按机器人的应用领域，机器人可分为三大类：产业用机器人、特种用途机器人和服务型机器人。

按照服务产业种类的不同，产业用机器人又可分为工业机器人、农业机器人、林业机器人和医疗机器人等，本书所涉及的主要是工业机器人。按照用途的不同，产业用机器人还可分为搬运机器人、焊接机器人、装配机器人、喷漆机器人、检测机器人等。

特种用途机器人是指代替人类从事高危环境和特殊工况下工作的机器人，主要包括军事应用机器人、极限作业机器人和应急救援机器人。其中极限作业机器人是指在人们难以进入的极限环境，如核电站、宇宙空间、海底等特殊环境中完成作业任务的机器人。

服务型机器人是指用于非制造业并服务于人类的各种先进机器人，包括娱乐机器人、福利机器人、保安机器人等。目前，服务型机器人发展速度很快，代表着机器人未来的研究和发展方向。

5）按机器人关节连接布置的形式，机器人可分为串联机器人和并联机器人两类。

串联机器人的杆件和关节是采用串联方式进行连接（开链式）的，并联机器人的杆件和关节是采用并联方式进行连接（闭链式）的。本书所涉及的主要是串联机器人。

并联机器人是指运动平台和基座间至少由两根活动连杆连接，具有两个或两个以上自由度的闭环结构机器人。并联机器人的并联布置类型可分为 Stewart 平台型和 Stewart 变异结构型两种。1965 年英国高级工程师 Stewart 提出了用于飞行模拟器的六自由度并联机构 Stewart 平台（图 1.7），推动了对并联机构的研究。Stewart 机构可作为六自由度的闭链工业机器人，运动平台（上平台）的位置和姿态由六个直线油缸的行程长度决定，油缸的一端与基座（下平台）由二自由度的万向联轴器（胡克铰）相连，另一端（连杆）由三自由度的球—套关节（球铰）与运动平台相连。

1978 年澳大利亚著名机构学教授 Hunt 提出把六自由度的 Stewart 平台机构作为机器人机构；1985 年法国克拉维尔（Clavel）教授设计出了一种简单、实用的并联机构 Delta 并联机构，从此并联机器人技术得到推广与应用。Delta 机构被称为“最成功的并联机器人设计”。Delta 机器人是一种高速、轻载的并联机器人，通常具有三至四个自由度，可以实现在工作空间中沿 x、y、z 方向的平移及绕 z 轴的旋转运动。Delta 驱动电动机安装在固定基座上，可大大减少机器人运动过程中的惯性。机器人在运动过程中可以实现快速加、减速，最快抓取速度可达 2~4 次/s。配备视觉定位识别系统，精度可达±0.1mm。图 1.8 所示为 Adept 公司生产的 Delta 并联机器人。Delta 机器人具有重量轻、体积小、运动速度快、定位精确、成本低、效率高等特点，加之配置视觉传感器后能够智能识别、检测物体，主要应用于食品、药品和电子产品等的快速分拣、抓取、装配。

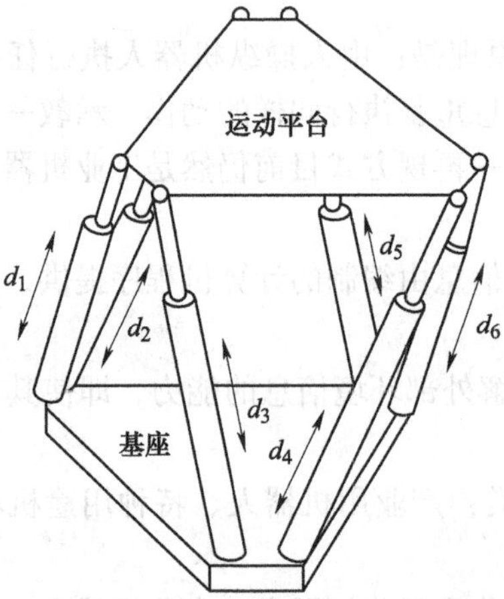

图 1.7　Stewart 平台

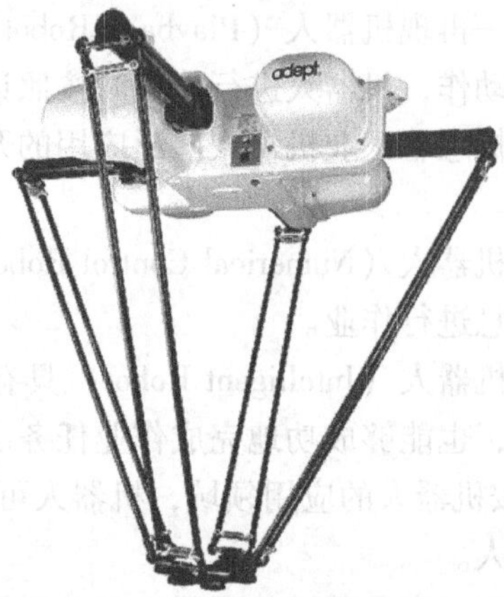

图 1.8　Delta 并联机器人

1.2 机器人的数学模型

1.2.1 机器人的符号表示

本书主要围绕工业机器人（机械臂）展开机构学研究，工业机器人是由一系列通过关节相连的连杆组成的一个运动链。关节通常包括转动（旋转）和平动两种。转动关节通过铰链使得与其相连的两个连杆可以互相转动，平动关节使得与其相连的两个连杆之间可以相互平移。转动关节用 R 来表示，平动关节用 P 来表示。

连杆用 i 来表示，每两个相邻连杆 i 和 $i+1$ 用关节 i 连接，用 z_i 表示转动关节的旋转轴线或者平动关节的平移轴线。用关节变量 q 来表示相邻连杆的相对运动，其中平动用 d 表示，转动用 θ 表示。

1.2.2 位形空间

机器人的位形空间（Configuration Space）指的是机器人各点位置的完整规范。对于工业机器人而言，由于工业机器人本身的连杆是刚性连杆，且底座是固定的，如果已知关节变量，就可以推断出工业机器人上任意点的位置。本书利用 q 来表示关节变量值的集合，且当关节变量依次为 q_1，…，q_n 时（转动关节对应的 $q_i=\theta_i$，平动关节对应的 $q_i=d_i$），称工业机器人处于位形 q。

如果一个物体的位形最少可以用 n 个参数来确定，我们称这个物体有 n 个自由度（Degree of Freedom，DF）。对于工业机器人而言，它的关节数目决定了其自由度的数目。一个处于三维空间内的物体具有6个自由度，包括3个移动自由度（决定位置）和3个转动自由度（决定姿态）。因此工业机器人通常具有6个独立的自由度，从而实现以任意姿态到达工作空间内的任意一点。如果一个工业机器人的自由度小于6，则无法实现以任意姿态到达任意点，这种工业机器人称为欠自由度工业机器人；当自由度大于6时，出现工业机器人的运动学冗余，此时工业机器人称为冗余工业机器人。

1.2.3 状态空间

位形空间是对机器人在某一时刻下的瞬时状态进行描述，与动态响应无关。机器人的状态指的是结合机器人的动力学描述以及未来输入，确定机器人未来的时域响应。状态空间是所有可能的状态的集合。对于机器人而言，其动力学属于牛顿力学范畴，可以通过推导牛顿第二定律 $F=ma$ 来确定，因此机器人的状态可以由关节变量 q 和关节速度 $\dot{q}'$ 来确定。

1.2.4 工作空间

机器人的工作空间（Work Space）是指当机器人执行所有可能动作时，其达到的总体空间的集合。工作空间受限于机器人的集合结构、关节上的机械限位以及环境障碍物等因素。工作空间一般可以分为可达工作空间和灵活工作空间两类。可达工作空间指的是可以抵达的所有点的集合，而灵活工作空间指的是可以以任意姿态抵达的所有点的集合。显然，灵活工作空间是可达工作空间的一个子集。

对于移动机器人而言，通常位形空间指的是把机器人考虑成一个可移动的点，不考虑姿态、体积和非完整运动学约束的空间。而工作空间指的是移动机器人上的参考点能够达到的空间集合，机器人采用位置和姿态描述，并需考虑体积。对障碍物按照机器人的半径进行膨胀，并且忽略非完整约束对姿态的限制，就可以把真实的移动机器人抽象成一个完整的质点形式，从而在位形空间下考虑移动机器人。图1.9所示为移动机器人的工作空间与位形空间的示意图。

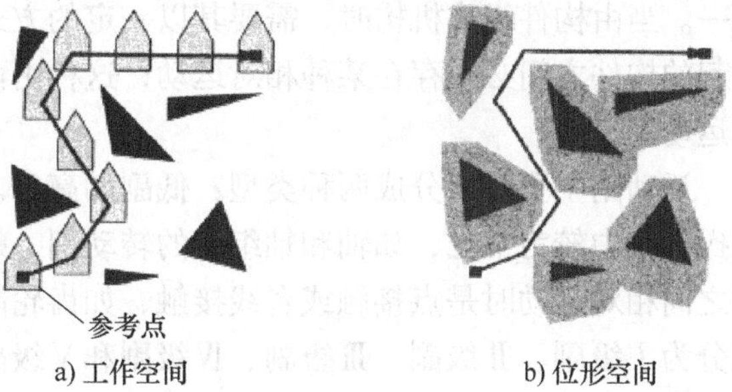

图1.9 移动机器人的工作空间与位形空间

1.3 机器人机构学概述

机构学在广义上称为机构与机器科学（Mechanismand Machine Science），是机械工程学科中的重要基础研究分支。机构学研究的最高任务就是揭示自然和人造机械的机构组成原理，发明新机构，研究基于特定功能的机构分析与设计理论，为现代机械与机器人的设计、创新和发明提供系统的基础理论和有效方法。因此，机构学的研究对提高机械产品的自主设计和创新有着十分重要的意义。

机构学又是一门古老的学科，距今已有数千年的历史。机构从一出现就一直伴随甚至推动着人类社会和人类文明的发展，它的研究和应用更是有着悠久的历史沿革。机构与机器的发明是人类科技发展史最灿烂的一章。从远古的简单机械、宋元时期的浑天仪到文艺复兴时期的计时装置和天文观测器；从达·芬奇的军事机械到工业革命时期的蒸汽机；从百年前莱特兄弟的飞机、奔驰的汽车到半个世纪前的计算机和数控机床；从20世纪60年代的登月飞船到现代的航天飞机和星球探测器，再到信息时代的数据储存设备、消费电子设备和服务机器人，说明了新机器的发明是社会发展和人类文明延续的主导者。即使在信息时代的今天，它仍作为社会发展不可或缺的主要推动力。现代机构学发展的重要标志之一便是机器人机构学的诞生。

机器人机构学研究的对象主要是机器人的机械系统以及机械与其他学科的交叉点。机器人的机械系统主要包括构成机器人操作机本体的机器人机构，它是机器人重要的、基本的组成部分，是机器人实现各种运动和完成各种指定任务的主体。

机器人机构的发展是现代机构学发展的一个重要标志和重要的组成部分。例如：由传统的串联式关节型机器人（工业机器人的典型机型）发展成多分支的并联机器人；以纯刚体机器人发展成关节柔性机器人再到软体机器人；由全自由度机器人发展的欠自由度机器人、冗余自由度机器人；由宏观机器人发展到微型机器人等。机器人机构学的发展给现代机构学带来了生机和活力，也形成了一些新的研究方向。

1.4 机构学基本概念

任何机器都是由许多零件组合而成的，通过刚性连接在一起的零件共同组成一个独立的运动单元体。机器中每一个独立的运动单元体称为一个构件，构件是组成机构的最基本要素之一。当由构件组成机构时，需要其以一定的方式把各个构件彼此连接在一起，而被连接在一起的构件之间必须存在某种相对运动，这种由两个构件直接接触而组成的可运动的连接称为运动副。

运动副主要可以分成两种类型：低副和高副。低副指两杆件之间相对运动时是面接触，在操作机中较为常见，如轴和轴组成的转动副、螺杆和螺母组成的螺旋副等。而高副指两杆件之间相对运动时是点接触或者线接触，如齿轮副和凸轮副。运动副根据引入的约束数目可以分为Ⅰ级副、Ⅱ级副、Ⅲ级副、Ⅳ级副和Ⅴ级副。

19世纪末期，Reuleaux发现并描述了6种运动副类型（图1.10）。这些运动副能够在保持表面接触的同时相对运动，他把这些当作构成机械关节最基本的理想运动副。在机械工程中，通常又称运动副为关节或者铰链。一般来说，运动副可以根据其构成运动副的两构件之间的相对运动的不同来进行分类。

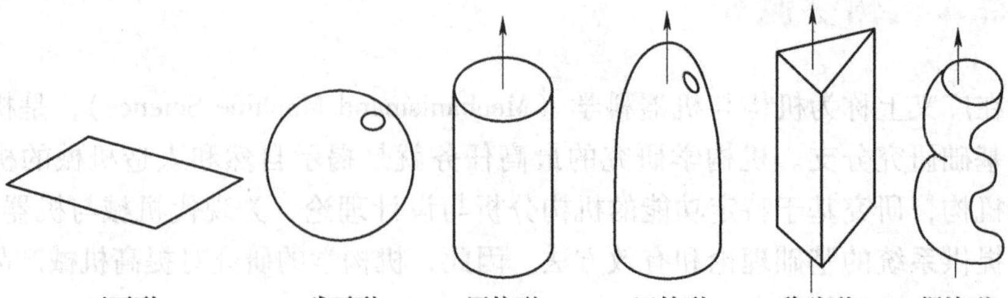

图1.10 Reuleaux运动副

1）转动副是一种使两构件间发生相对转动的连接结构，它具有 1 个转动自由度，约束了刚体的其他 5 个运动，并使得两个构件在同一平面内运动，因此转动副是一种平面Ⅴ级低副。

2）移动副是一种使两构件间发生相对移动的连接结构，它具有 1 个移动自由度，约束了刚体的其他 5 个运动，并使得两个构件在同一平面内运动，因此移动副是一种平面Ⅴ级低副。

3）螺旋副是一种使两构件间发生螺旋运动的连接结构，它同样只具有 1 个自由度，约束了刚体的其他 5 个运动，并使得两个构件在空间某一范围内运动，因此螺旋副是一种空间Ⅴ级低副。

4）圆柱副是一种使两个构件同时发生同轴转动和移动的连接结构，通常由共轴的转动副和移动副组合而成。它具有 2 个独立的自由度，约束了刚体的其他 4 个运动，并使得两个构件在空间内运动，因此圆柱副是一种空间Ⅳ级低副。

5）胡克铰是一种使两构件间发生绕同一点二维转动的连接结构，通常采用轴线正交的连接形式。它具有 2 个相对转动的自由度，相当轴线相交的两个转动副。它约束了刚体的其他 4 个运动，并使得两个构件在空间内运动，因此胡克铰是一种空间Ⅳ级低副。

6）平面副是一种允许两构件在平面内任意移动和转动的连接结构，可以看作由 2 个独立的移动副和 1 个转动副组成。它约束了刚体的其他 3 个运动，只允许两个构件在平面内运动，因此平面副是一种平面Ⅲ级低副。由于没有物理结构与之相对应，工程中并不常用。

7）球面副是一种能使两个构件间在三维空间内绕同一点做任意相对转动的运动副，可以看作由轴线汇交一点的 3 个转动副组成。它约束了刚体的三维移动，因此球面副是一种空间Ⅲ级低副。

实际应用的机器人可能用到上述所提到的任何一类运动副，其中最常见的还是转动副和移动副。虽然构件可以用任何类型的运动副进行连接，包括齿轮副、凸轮副等高副，但机器人关节通常只选用低副，如转动副 R、移动副 P、螺旋副 H、圆柱副 C、胡克铰 U、平面副 E 以及球面副 S 等。

根据运动副在机构运动过程中的作用可分为主动副（或积极副、驱动副）和被动副（或消极副）。根据运动副的结构组成还可分为简单副和复杂铰链。物理意义上的运动副表现形式其实还有很多，甚至表现为机构的形式。但从运动学角度，不同运动副之间、机构与运动副之间存在运动学的等效性。前面提到的球面副就是一个典型的例子，其运动可以由轴线汇交一点的 3 个转动副等效而成。实际上，低副也可通过高副的组合来实现等效的运动和约束。例如，转动副通过多个球轴承或滚子轴承（都是高副）并联组合而成，同样具有运动（或约束）等效性。另外，复杂机构可以等效为某一简单副。例如，平行四边形机构可以等效为一个移动副等。

随着近年来 MEMS/NEMS 技术的出现，使精微机构的应用范围越来越广泛。同样在仿生领域，设计加工一体化的机械结构使其更有优势。作为需要装配的传统刚性铰链的有益补充，柔性铰链应运而生。现有各种类型的柔性铰链都可以看作由基本柔性单元组成，这些柔性单元包括缺口型柔性单元、簧片型柔性单元、细长杆型柔性单元、扭簧型柔性单元等，同时它们也可以作为单独的柔性铰链使用。缺口型柔性铰链是一种具有集中柔度的柔性元件，它在缺口处产生集中变形；而簧片和细长杆在受力情况下，其每个部分都产生变形，它们是具有分布柔度的柔性元件。

构件通过运动副连接在一起而构成的可相对运动的系统称为运动链。如果组成运动链的各构件构成了首末封闭的系统，则称为闭式运动链，简称闭链；如果组成运动链的构件未构成首末封闭的系统，则称为开式运动链，简称开链。在工业机器人中，出现的多是开链。由开链组成的机器人称为串联机器人；完全由闭链组成的机器人称为并联机器人，开链中含有闭链的机器人称为串并联机器人或混联机器人。

在运动链中，如果将其中某一构件加以固定则称为机架，该运动链便称为机构。一般来说，机架是相对于地面固定不动的，但如果机架安装在车辆、飞机等运动物体上，则机架相对于地面运动。机构中按给定的已知运动规律独立运动的构件称为原动件或者主动件，其余活动构件称为从动件。

机构按照其运动情况，可以分为平面机构和空间机构；按照机构的构件情况和机构工作原理，可以分为连杆机构、凸轮机构、齿轮机构、棘轮机构等不同的机构类型。对于机器人机构学而言，主要是针对机器人结构的特点、空间连杆机构进行研究。此外，根据构件或运动副的柔度，还可以将机构分成刚性机构、弹性机构以及柔性机构。刚性机构是指构件为刚体，运动副为理想柔度，而真实的机构往往无法实现，从而影响机构的性能（如刚度、精度等）。弹性机构及柔性机构就考虑了这一点，它们均是指构件或运动副为非理想柔度，但前者偏重考虑的是如何消除柔性带来的负面影响，而后者则充分利用了构件或运动副的柔性。作为一种新型机构，柔性机构是指利用材料的弹性变形传递或转换运动、力或能量的一种机构。柔性机构实施运动时通常通过其柔性单元——柔性铰链来实现，如转动或移动等。较之于传统的刚性机构（铰链），柔性机构（铰链）具有许多优点，如可以整体化（或一体化）设计和加工，故可简化结构、减小体积和重量、降低成本、免于装配；无间隙和摩擦，可实现高精度运动；免于磨损，提高寿命；免于润滑，避免污染；可增大结构刚度等。

约束（Constraint）指的是当两构件通过运动副连接后，各自的运动都会受到一定程度的限制，这种限制就称为约束。

自由度指的是确定机械系统的位形（Configuration）或位姿（Pose）所需要的独立变量或广义坐标数。自由度是机构学与机器人研究中最为重要的概念之一，也是运动学研究中首先要关注的问题。

空间中的一个刚体最多具有 6 个自由度：沿笛卡儿坐标系（直角坐标系）三个坐标轴的 3 个移动和绕 3 个轴线的转动。因此，空间中任何刚体的运动都可以用这 6 个基本运动的组合来描述。无论是质点还是刚体，如果受到约束的作用，其运动都会受到限制，其自由度相应变少。具体被约束的自由度数称为约束度（Degree of Constraint，DoC）。根据 Maxwell 理论，任何物体（无论是刚性体还是柔性体）如果在空间运动，其自由度和约束度的和都为 6。

机构自由度是指具有确定运动时所必须给出的独立运动的数目，或操作机独立驱动的关节数。平面机构自由度数的计算公式为

$$F = 3n - 2P_{L} - P_{H} \tag{1.1}$$

式中，n 为一个平面机构中活动构件数（机架作为参考坐标系不计算在内），每个活动构件

有 3 个自由度；P_L 为低副数，每个低副引进 2 个约束，即限制 2 个自由度；P_H 为高副数，每个高副只引进 1 个约束，即限制 1 个自由度。

对机构而言，约束在物理上通常表现为运动副的形式。同样，约束对机构的运动会产生重要的影响，无论是其构型设计还是运动设计以及动力学设计，都必然要考虑到约束对刚性机构的影响。运动副的本质就是约束。

1.5　机器人机构的研究内容与分类

机器人根据结构特征是否为开、闭链，可分为串联机器人、并联机器人和混联机器人。早期的工业机器人如 PUMA 机器人、SCARA 机器人等都是串联机器人，而像 Delta 机器人、Z3 等则属于并联机器人的范畴。相比串联机器人，并联机器人具有高刚度、高负载/惯性比等优点，但工作空间相对较小、结构较为复杂。这正好同串联机器人形成互补，从而扩大了机器人的选择及应用范围。例如，Tricept 机械手模块则是一种典型的混联机器人，它正好综合了串联式与并联式两者的特点。

机器人根据运动（或自由度）特性可分为平面机器人机构（实现平面运动）、球面机器人机构（实现球面运动）与空间机器人机构（实现空间运动）。平面机器人机构多为平面连杆机构，运动副多为转动副和移动副；球面机器人机构由球面机构组成。除此之外的机器人机构都为空间机器人机构。不过，更为普遍的分类方法是按照自由度类型来划分，如 1~3DOF 平动机构、1~3DOF 转动机构和 2~6DOF 混合运动机构。

机器人根据运动功能可分为定位机器人、指向机器人。传统意义上，前者通常称为机械臂，而后者通常称为机械腕。像 PUMA 机器人中，前 3 个关节用于控制机械手的位置，而剩下的 3 个关节用于控制机械手的姿态。机器人末端的位置与姿态共同构成了机器人的位形空间。

机器人根据工作空间的几何特征可分为（只针对 3DOF 机械臂）关节型机器人、球坐标型机器人、圆柱坐标型机器人、笛卡儿型机器人等。关节型机器人的三个铰链都为转动副；球坐标型机器人前两个铰链为互相汇交的转动副，而第三个为移动副；圆柱型机器人中含有两个移动副和一个转动副；笛卡儿型机器人由三个相互垂直的移动副构成，是最简单的机器人结构。

机器人根据驱动可分为欠驱动机器人、冗余驱动机器人等。

机器人根据移动性可分为平台式（也称固定式）机器人和移动式机器人。目前典型的移动式机器人包括步行机器人（如类人机器人等仿生机器人）、轮式机器人、履带式机器人等。

机器人根据构件（或关节）有无柔性可分为刚性体机器人机构和柔性体（或弹性体）机器人机构。柔性机构是一类典型的柔性体机器人机构，具体表现为柔性铰链机构、分布柔度机构等不同形式。

此外，还有一类可实现结构重组或构态变化的可重构机构，典型的如变胞机构。机构在工作过程中，若在某瞬间某些构件发生合并/分离、机构出现几何奇异，其有效构件总数或机构的自由度发生变化，从而产生了新构型的机构称为变胞机构。变胞机构的研究起源于 1995 年应用多指手进行装潢式礼品纸盒包装的研究。礼品纸盒类似于花样折纸，借用折痕为旋转轴，连接纸板为杆件，折纸可以构造出一个机构。这一新型机构除了具有折展机构的高度可伸缩性外，还可以改变杆长度和拓扑结构，导致自由度发生变化。

习 题 1

1-1 机器人有哪些主要的分类方式?

1-2 简述机器人自由度的定义。

1-3 简述机器人机构学发展的主要趋势。

1-4 简述工作空间的定义。

1-5 简述位形空间、状态空间和工作空间的相互关系。

1-6 简述机构学在机器人领域的重要性及意义。

第 2 章 机器人机构设计

机器人机械系统是机器人的支承基础和执行机构，计算、分析和编程的最终目的是要通过本体的运动和动作完成特定的任务。机械系统的机构设计是机器人设计的一个重要内容，其结果直接决定着机器人工作性能的好坏。机器人不同于其他自动化专用设备，在设计上具有较大的灵活性。不同应用领域的机器人在机械系统设计上的差异较大，使用要求是机器人机械系统设计的出发点。

本章主要对工业机器人总体设计、常用减速器、机身设计、臂部设计、腕部设计等方面的内容进行介绍，以机器人关节传动链讲解为要点，着重对当前流行的六自由度关节型机器人的电动机配置方案、关节布置特点进行详细介绍。

2.1 机器人系统组成

机器人的系统组成主要包括机器人本体系统、感知系统、控制系统和决策系统四大部分。

机器人本体系统指的是一种多自由度的关节式机械系统，一般包括驱动装置（能源、动力）、减速器（将高速运动变为低速运动）、运动传动机构、关节部分机构（相当于手臂，形成空间多自由度运动）、把持机构（又称末端执行器，相当于手爪）、移动机构（相当于腿脚）和变位机等周边设备（配合机器人工作的辅助装置）。

机器人感知系统指的是由内部传感器和外部传感器组成的传感感知系统。其中内部传感器用于检测机器人自身状态（内部信息），如关节的运动状态等，它是机器人自身运动与正常工作所必需的要素。外部传感器用于感知外部世界，检测作业对象与作业环境的状态。

机器人控制系统包括驱动控制器、运动控制器和作业控制器。驱动控制器：伺服控制器（单关节），控制各关节驱动电动机。运动控制器：规划、协调机器人各关节的运动，轨迹控制。作业控制器：环境检测、任务规划，确定所要进行的作业流程。

机器人决策系统通过感知来规划和确定机器人的任务，而且应该具有学习能力。

2.2 机器人的总体机构设计

对于工业机器人而言，要完成空间任意位姿的作业需要六个自由度，因此对于工业机器人的机构自由度则需要超过六个。工业机器人机构的结构方案及运动设计是整个工业机器人设计的关键。

当下各大工业机器人厂商提供的通用六自由度关节型工业机器人的机械结构，从外观上看大同小异，本质上来看，关节布置和机身、臂部、手腕布置基本一致，如图 2.1 所示。J_1、J_2 和 J_3 前三个关节称为机器人的定位关节，决定了机器人手腕的位置和作业空间；J_4、J_5 和 J_6 后三个关节称为机器人的定向关节，决定了机器人手腕在空间中的方向。J_1、J_4 和 J_6 三个关节绕中心轴做旋转运动，动作角度较大；J_2、J_3 和 J_5 三个关节绕中心轴摆动，动作角度较小。

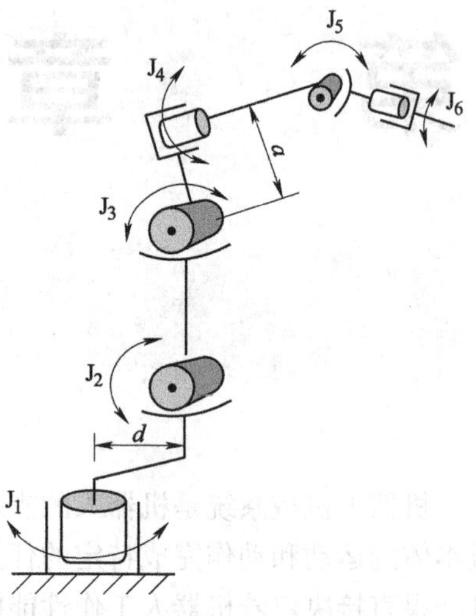

图 2.1　六自由度关节型机器人关节布置

使用平动副和转动副来构建运动链的方式很多，但通常对于工业机器人而言，常见的配置方式主要有串联工业机器人和并联工业机器人两大类。对于常见的串联工业机器人而言，又可以分为关节型工业机器人、球坐标型工业机器人、SCARA 型工业机器人、圆柱型工业机器人、笛卡儿型工业机器人。

2.2.1　关节型工业机器人

关节型工业机器人（RRR）又称为回转、肘或仿人工业机器人。图 2.2 所示为 ABB 公司生产的 IRB1400 关节型工业机器人，工业机器人的三个连杆分别为机体、大臂和小臂，三个关节分别为腰关节 θ_1、肩关节 θ_2 和肘关节 θ_3，分别绕轴 z_0、z_1 和 z_2 转动。通常情况下肩关节和肘关节的轴线平行，且同时垂直于腰关节的轴线。关节型工业机器人以较小的占地空间提供了较大的工作空间。

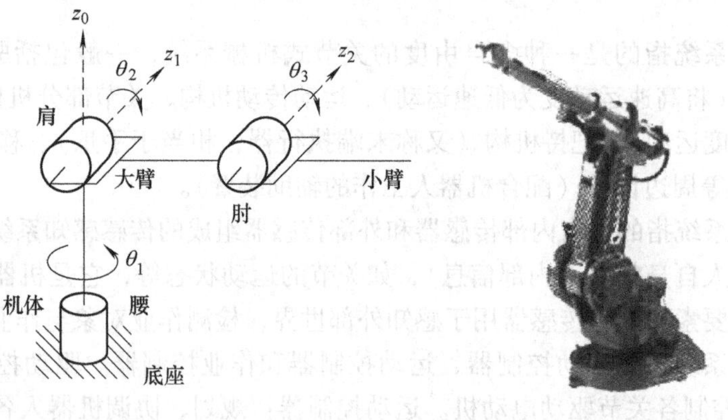

图 2.2　ABB 公司的 IRB1400 关节型工业机器人

2.2.2　球坐标型工业机器人

球坐标型工业机器人（RRP）利用平动关节来代替关节型工业机器人的肘关节。图 2.3 所示是著名的斯坦福工业机器人，它是一种典型的球坐标型工业机器人。整个工业机器人仍由机体、大臂和小臂三个构件通过绕 z_0、z_1 和 z_2 轴转动的腰关节 θ_1、肩关节 θ_2 和肘关节 d_3 组成。

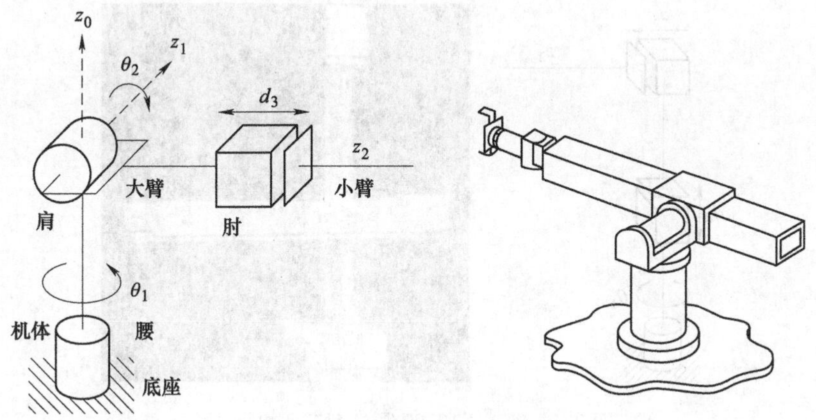

图 2.3 斯坦福工业机器人

2.2.3 SCARA 型工业机器人

SCARA（Selective Compliant Articulated Robot Assembly）型工业机器人是一种常见的装配工业机器人。虽然 SCARA 型工业机器人具有和球坐标型工业机器人一样的 RRP 关节配置，但是其外观和应用范围都有很大不同。在球坐标型工业机器人中，z_0 垂直于 z_1，且 z_1 垂直于 z_2；而对于 SCARA 型工业机器人而言，z_0、z_1 和 z_2 相互平行。图 2.4 所示为 Adept 公司生产的 Cobra Smart600 型 SCARA 工业机器人，其中三个关节分别为转动关节 θ_1、θ_2，以及平动关节 d_3。

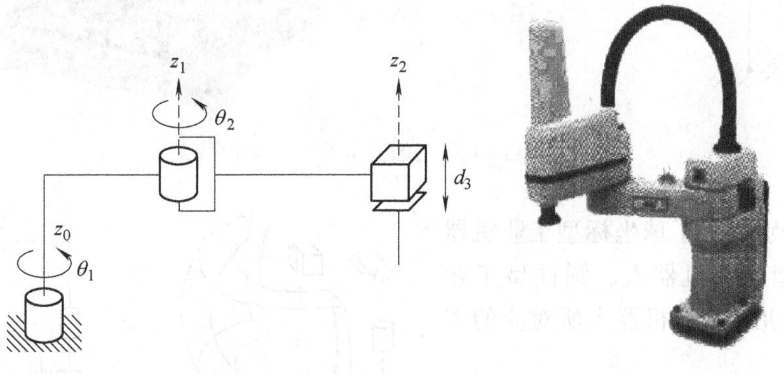

图 2.4 Adept 公司的 Cobra Smart600 型 SCARA 工业机器人

2.2.4 圆柱型工业机器人

圆柱型工业机器人（RPP）由一个转动副和两个平动副组成。第一个转动关节围绕基座做旋转运动，后两个平动关节在旋转产生的平面上做平面移动。图 2.5 所示为精工生产的 RT3300 圆柱型工业机器人，其中转动副为绕着 z_0 轴转动的 θ_1，两个平动副分别为沿着 z_1 和 z_2 轴的 d_2 和 d_3。

2.2.5 笛卡儿型工业机器人

笛卡儿型工业机器人（PPP）也可以称为直角坐标型工业机器人，其三个关节都为平动

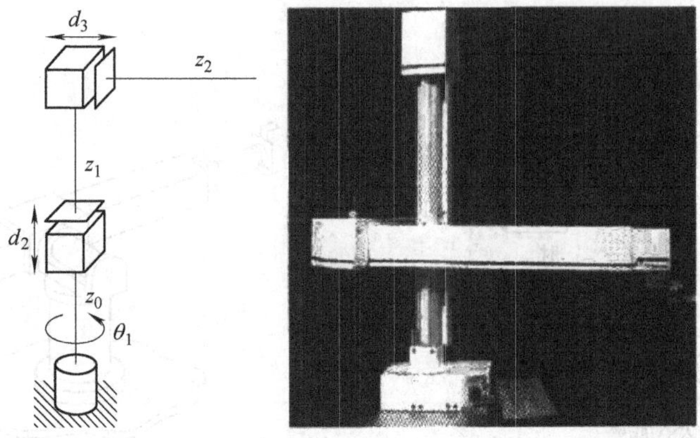

图 2.5　精工 RT3300 圆柱型工业机器人

关节。这种工业机器人的运动是所有工业机器人中最简单的，它适用于台式组装应用或者作为龙门式机器人用于搬运。图 2.6 所示为 Epson 公司生产的笛卡儿型工业机器人，包括三个沿着 z_0、z_1 和 z_2 轴平动的关节 d_1、d_2 和 d_3。

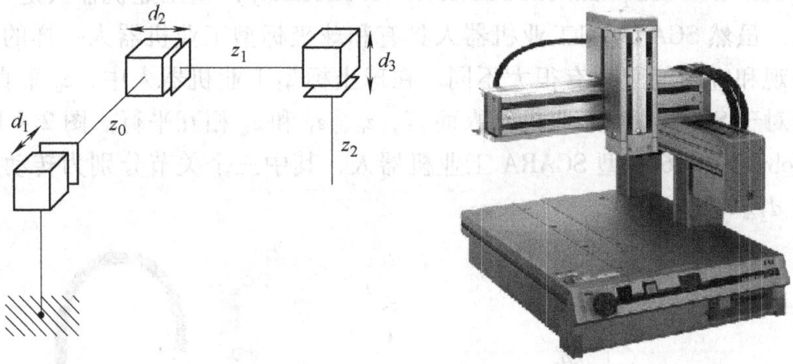

图 2.6　Epson 公司的笛卡儿型工业机器人

图 2.7 分别展示了球坐标型工业机器人、SCARA 型工业机器人、圆柱型工业机器人、笛卡儿型工业机器人所对应的工作空间。

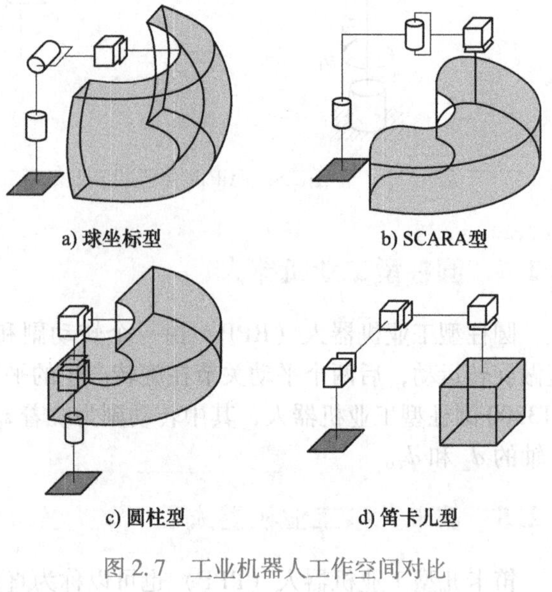

图 2.7　工业机器人工作空间对比

2.2.6　并联工业机器人

并联工业机器人指的是其中的某些连杆形成一个闭式运动链的机器人，并联工业机器人有两个或者多个运动链将底座和末端执行器连接在一起。与开式运动链相比，并联工业机器人可以极大地提高结构的刚度，进而提高工业机器人的精度，且并联工业机器人结构稳定，运动负载较小。图 2.8 是并联工业机器人在自动化生产线上的应用。

图 2.8　并联工业机器人在自动化生产线上的应用

2.3　工业机器人减速器

对于工业机器人而言，通常使用精密减速器来进行减速，它相较于普通通用减速器而言具有传动链短、体积小、功率大、质量轻和易于控制等特点。大量应用在关节型机器人上的减速器主要有两类：RV 减速器和谐波减速器。

RV 减速器是从传统的针摆行星传动演变出来的，它克服了针摆传动的缺点使其传动比可变范围增大，在精度、效率、刚度等方面有明显改善的同时，尺寸变得更小，噪声更低。基于 RV 减速器传动的这种特点，广泛应用于对传动装置要求高的场合，如机器人、数控设备、医学器械等领域。对比 RV 减速器与谐波减速器，RV 减速器在长时间使用过程中精度不会产生明显的变化，且在刚度和回转精度方面有明显的优势，其缺点是质量重，外形尺寸较大。在常见的关节机器人中，主要应用于基座、肩部等承受负载大的位置。图 2.9a 所示为 RV 减速器基本结构。

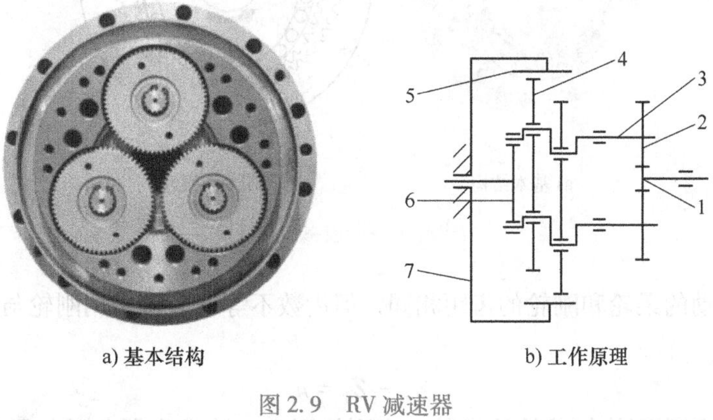

a) 基本结构　　b) 工作原理

图 2.9　RV 减速器

1—中心轮　2—行星轮　3—曲柄　4—摆线轮　5—针轮　6—输出盘　7—行星架

RV 减速器由前后两级组成，其中前级位于高速段，主要为行星减速器；后级位于低速段，为摆线针减速器。如图 2.9b 所示，基本的工作原理为：假设输入轴沿顺时针方向转动时，中心轮 1 沿顺时针方向旋转，行星轮 2 在绕 1 做顺时针旋转的同时自身也在反转，完成第一级减速。曲柄3和2固连，3开始沿逆时针方向旋转并带动摆线轮4转动，由于针轮5与摆线轮4的啮合作用，摆线轮4公转一周，针轮5沿顺时针方向旋转一个齿距，达到二级减速的目的，最后通过固定的行星架7将转速按1∶1传递至输出盘6。

谐波减速器则主要用于负载小的工业机器人或大型工业机器人末端轴，谐波减速器是谐波传动装置的一种，谐波传动装置包括谐波加速器和谐波减速器。谐波减速器主要包括：刚轮、柔轮、轴承和波发生器四部分，其中刚轮的齿数略大于柔轮的齿数。谐波减速器适用于体积小、重量轻、承载能力大、运动精度高，单级传动比大的小型工业机器人。

图2.10a所示为一种最简单的谐波减速器基本结构，图2.10b所示为谐波减速器工作原理图。谐波减速器工作时，通常采用波发生器主动、刚轮固定、柔轮输出的形式。波发生器是一个杆状部件，其两端装有滚动轴承构成滚轮，与柔轮的内壁相互压紧。柔轮为可产生较大弹性变形的薄壁齿轮，其内孔直径略小于波发生器的总长。波发生器是使柔轮产生可控弹性变形的构件。当波发生器装入柔轮后，迫使柔轮的剖面由原先的圆形变成椭圆形，其长轴两端附近的齿与刚轮的齿完全啮合，而短轴两端附近的齿则与刚轮完全脱开。周长上其他区段的齿处于啮合和脱离的过渡状态。当波发生器沿图示方向连续转动时，柔轮的变形不断改变，使柔轮与刚轮的啮合状态也不断改变，由啮入、啮合、啮出、脱开、再啮入，周而复始地进行，从而实现柔轮相对刚轮沿波发生器相反方向的缓慢旋转。工作时，固定刚轮，由电动机带动波发生器转动，柔轮作为从动轮，输出转动，带动负载运动。在传动过程中，波发生器转一周，柔轮上某点变形的循环次数称为波数，以 n 表示。常见的谐波传动减速器包括双波和三波两种。双波传动的柔轮应力较小，结构比较简单，易于获得大的传动比，故为应用最广的一种。

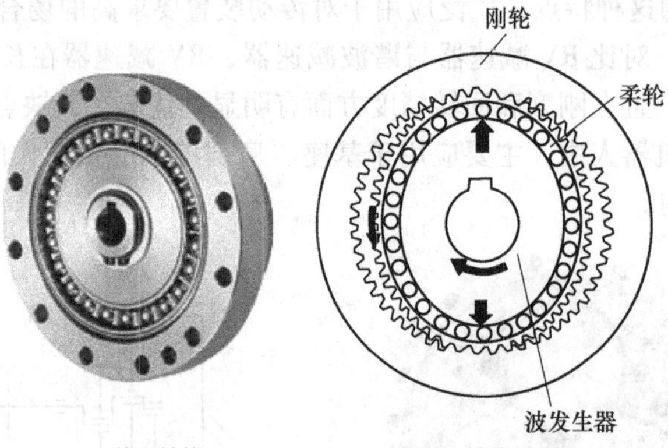

a) 基本结构　　b) 工作原理

图2.10　谐波减速器

谐波齿轮传动的柔轮和刚轮的齿距相同，但齿数不等，通常采用刚轮与柔轮齿数差等于波数，即

$$Z_2 - Z_1 = n \tag{2.1}$$

式中，Z_2、Z_1 分别为刚轮与柔轮的齿数。当刚轮固定、波发生器主动、柔轮从动时，谐波齿轮传动的传动比为

$$i = -Z_1/(Z_2 - Z_1) \tag{2.2}$$

双波传动中，$Z_2 - Z_1 = 2$，刚轮齿数比柔轮齿数多2。上式负号表示柔轮的转向与波发生器的转向相反。由此可看出，谐波减速器可获得很大的传动比。

2.4 工业机器人机身机构设计

工业机器人的机械结构一般由机身、臂部、腕部和手部四部分组成。此外，工业机器人一般需要一个便于安装的基础件，称为机器人的基座，通常基座和机身做成一体。基座必须具有足够的刚度和稳定性，主要有固定式和移动式两种。其中固定式基座最为常见，而移动式基座相当于给工业机器人提供了一个行走机构，增加了工业机器人的自由度。这种行走机构通常利用导轨来实现，有底装（地轨）和过顶安装（天轨）两种类型，行业里称为工业机器人第 7 轴（为工业机器人提供 6 个自由度以外的第 7 个自由度）。图 2. 11 是针对 ABB 机器人进行的第 7 轴改造，图 2. 12 是针对安川机器人进行的侧挂式改造。

图 2. 11 工业机器人第 7 轴（地轨）

图 2. 12 工业机器人第 7 轴（天轨）

工业机器人的机身和基座连接，后端连接臂部，起到支承臂部、腕部和手部的作用，机身一般用于实现升降、回转和俯仰等动作，具有一到三个自由度。圆柱型工业机器人的机身具有回转和升降这两个自由度；球坐标型工业机器人的机身具有回转和俯仰这两个自由度；关节型工业机器人的机身具有回转一个自由度；笛卡儿型工业机器人的升降或者水平移动自由度有时也属于机身部分。

对于一般的关节型工业机器人的机身而言，只具有一个回转自由度，即腰部的回转运动。腰部要支承整个机身绕基座进行旋转，在工业机器人六个关节中受力最大，也最为复杂，它既要承受较大的轴向力、径向力，又要承受倾覆力矩。按照驱动电动机旋转轴线与减速器旋转轴线是否在同一条线上，腰关节的电动机配置有同轴式和偏置式两种。

图 2. 13a 所示为同轴式配置，驱动电动机 1 的输出轴与减速器 4 的输入轴通过联轴器 3 相连，减速器 4 的输出轴法兰与基座 6 固连，这样减速器 4 的外壳将旋转，带动安装在减速器 4 机壳上的腰部 5 绕基座 6 做旋转运动。图 2. 13b 所示为偏置式配置，驱动电动机 1 与大臂 2 相对安装，驱动电动机 1 通过一对外齿轮 7 啮合，把运动传递给减速器 4。偏置式配置考虑到了重力的平衡，多用于中、大型工业机器人，而小型工业机器人则可以直接使用同轴式配置。腰关节通常使用高刚性和高精度的 RV 减速器，因为 RV 减速器内部有一对径向止推球轴承可以承受机器人的倾覆力矩。

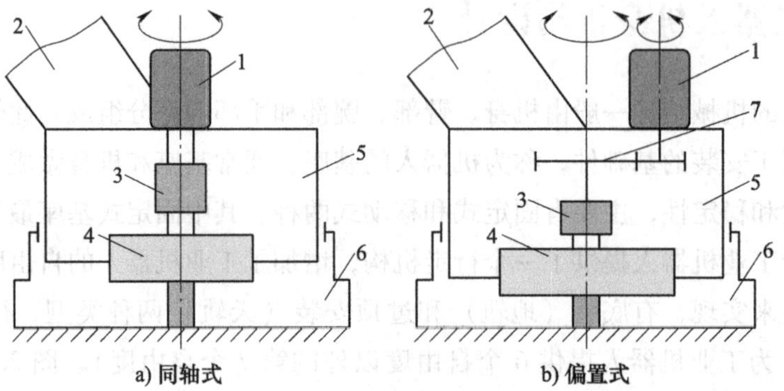

图 2.13　腰关节电动机配置方案

1—驱动电动机　2—大臂　3—联轴器　4—减速器　5—腰部　6—基座　7—外齿轮

2.5　工业机器人臂部机构设计

工业机器人的臂部通常由大臂、小臂组成，一般具有两个自由度，可以实现伸缩、回转、俯仰或者升降等动作。臂部总体质量较大，受力较为复杂，在运动中直接承受腕部、手部和工件的静、动载荷，尤其在高速运动时，将产生较大的惯性力，引起冲击，影响机器人的定位准确性。臂部的结构形式必须根据机器人的运动形式、抓取动作自由度、动作精度等因素确定。对于臂部的设计需要考虑以下要求：具有足够的承载能力和刚度；导向性要好；重量和转动惯量要小；运动要平稳、定位精度要高。

关节型工业机器人的臂部一般由大臂和小臂组成，大臂与机身通过肩关节连接，小臂与大臂通过肘关节连接。肩关节要承受大臂、小臂、手部和工件的重量，应具有较高的刚度，肩关节处的减速器一般也采用 RV 减速器。肩关节的电动机配置同样可以分为同轴式和偏置式两类。与肩关节类似，轴关节处的减速器一般也采用 RV 减速器，电动机的配置同样也可以分成同轴式和偏置式两类。

图 2.14 所示为肩关节的电动机配置方案，电动机和减速器均安装在机身上。图 2.14a 所示为同轴式配置，多用于小型工业机器人；图 2.14b 所示为偏置式配置，多用于中、大型工业机器人；图 2.14c 所示为偏置式配置的实物图。图 2.15 所示为肘关节的电动机配置方案，电动机和减速器均安装在小臂上。图 2.15a 所示为同轴式配置，多用于小型工业机器

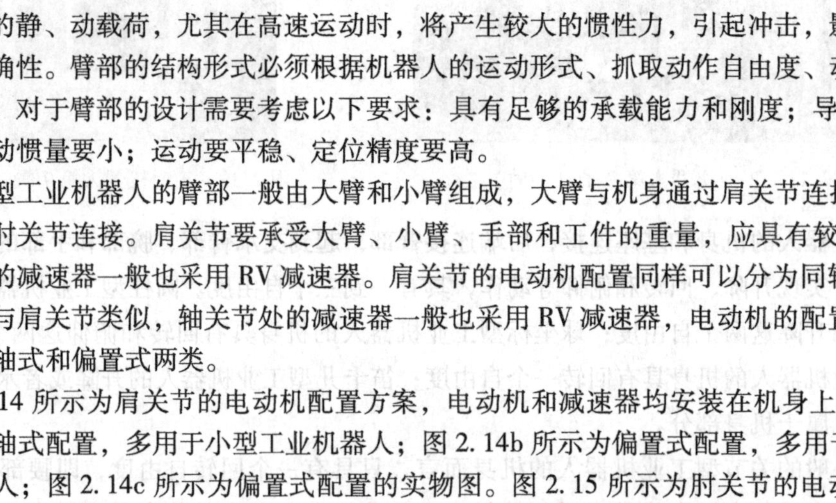

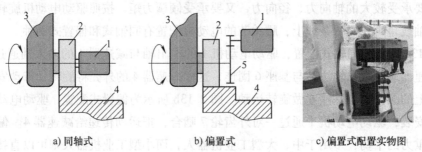

图 2.14　肩关节电动机配置方案

1—肩关节电动机　2—减速器　3—大臂　4—机身　5—齿轮

人；图 2. 15b 所示为偏置式配置，多用于中、大型工业机器人；图 2. 15c 所示为偏置式配置的实物图。对于中、大型工业机器人，肘关节也经常使用中空 RV 减速器，以便于走线。

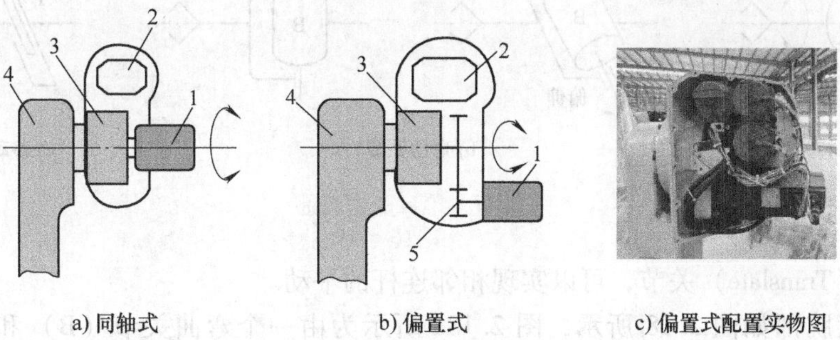

图 2. 15　肘关节电动机配置方案

1—肘关节电动机　2—小臂　3—减速器　4—大臂　5—齿轮

2. 6　工业机器人腕部机构设计

工业机器人的腕部是连接手部和臂部的部件，起到支承作用。工业机器人通过六个自由度实现末端达到任意位姿，其中腰部、肩部、肘部三个关节实现空间三维位置，而腕部的自由度主要用来实现位姿。为了使手部能够处于空间里任意的方向，要求腕部能够实现绕空间三个坐标轴 x、y、z 的转动，即具有回转（Roll，R）、俯仰（Pitch，P）和偏转（Yaw，Y）三个自由度，如图 2. 16 所示。

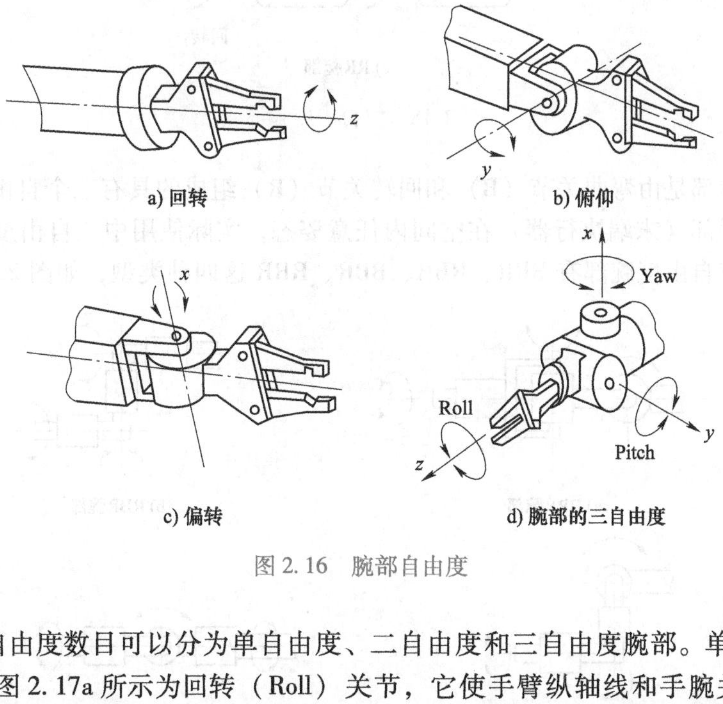

图 2. 16　腕部自由度

腕部按照自由度数目可以分为单自由度、二自由度和三自由度腕部。单自由度腕部如图 2. 17 所示，图 2. 17a 所示为回转（Roll）关节，它使手臂纵轴线和手腕关节轴线同轴，这种回转关节旋转角度大，可以达到 360°；图 2. 17b 所示为弯曲（Bend）关节，关节轴线与前、后两个连接件的轴线相垂直，弯曲关节受到结构上的干涉，旋转角度较小；图 2. 17c

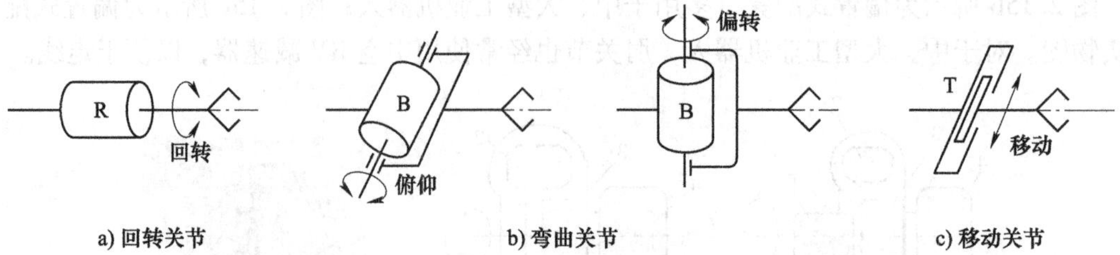

图 2.17　单自由度腕部

所示为移动（Translate）关节，可以实现相邻连杆的平动。

二自由度腕部如图 2.18 所示，图 2.18a 所示为由一个弯曲关节（B）和一个回转关节（R）组成的 BR 腕部，图 2.18b 所示为由两个弯曲关节（B）组成的 BB 腕部；图 2.18c 所示为两个回转关节（R）串联的情况，此时两个关节共轴，退化成一个自由度，变成了单自由度腕部。对于二自由度腕部，最常见的是 BR 腕部。

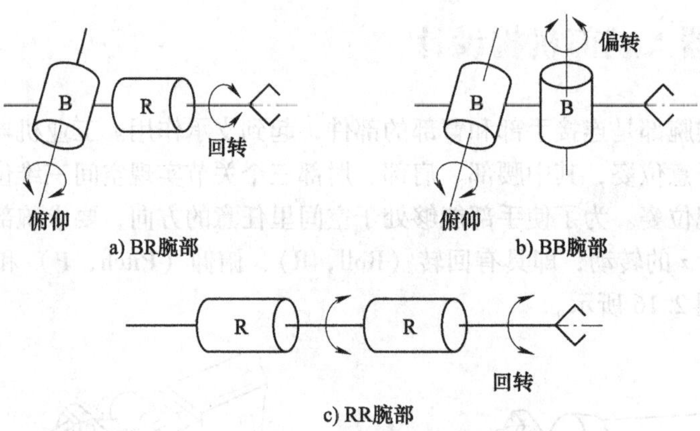

图 2.18　二自由度腕部

三自由度腕部是由弯曲关节（B）和回转关节（R）组成的具有三个自由度的腕部。由于腕部要实现手部（末端执行器）在空间内任意姿态，实际使用中三自由度腕部应用最为广泛，常见的三自由度腕部有 BRR、RBR、BBR、RRR 这四种类型，如图 2.19 所示。其中

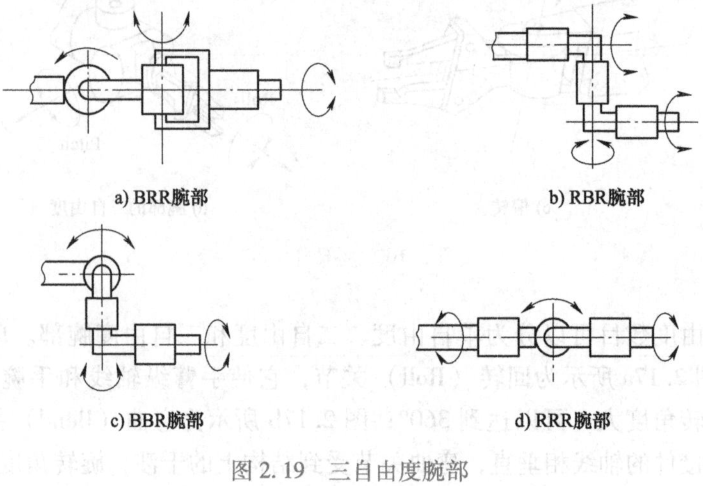

图 2.19　三自由度腕部

RBR 腕部是关节型工业机器人最主流的腕部结构形式。

习　题　2

2-1　简述工业机器人常见的结构类型，以及每一种结构类型的特点。

2-2　工业机器人常用的减速器有哪些类型？

2-3　工业机器人进行机身机构设计需要注意什么？

2-4　工业机器人进行臂部机构设计需要注意什么？

2-5　简述常见的工业机器人腕部结构形式。

第 3 章 机器人机构学的数学基础

从机构学的发展历史来看，机构学的诞生及早期发展与数学息息相关，如 Burmester 提出了机构位移、速度和加速度分析的运动几何方法。现代机构学的诞生同样也离不开数学的推动作用，18—19 世纪期间诞生的各种经典数学相继完善成熟，并逐渐用在各类工程应用中；进入 20 世纪以后，又涌现了一些新的数学分支，如拓扑学、微分流形等。20 世纪中叶，计算机的发明与大量算法的提出大大提高了机构分析与综合的计算效率。

与机构学联系紧密的数学工具有很多：既包括欧氏几何、线性代数与矩阵理论、用于拓扑分析与综合的图论等，还包括线性几何、几何代数等。本章从机器人机构学研究的角度出发，介绍了最基本的机器人机构学的数学基础。首先介绍了矩阵法在三维空间描述中的应用；然后介绍了李群和李代数的基本算法；最后引出了旋量的概念以及旋量在机构学中的应用。

3.1 三维空间刚体运动

3.1.1 刚体的位姿描述

在描述物体（如零件、工具或机械手）间关系时，要用到位置矢量、坐标系等概念。首先需要建立这些概念及其表示法。

1. 位置描述

一旦建立了一个坐标系，就能够用某个 3×1 的位置矢量来确定该空间内任一点的位置，对于直角坐标系 $\{A\}$，空间任一点 p 的位置可用 3×1 的列矢量 ${}^{A}\boldsymbol{p}$ 表示为

$$ {}^{A}\boldsymbol{p}=\begin{pmatrix}p_x\\p_y\\p_z\end{pmatrix} \tag{3.1}$$

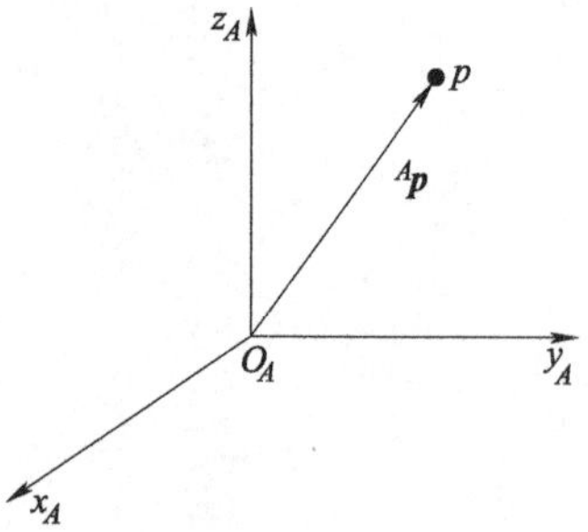

图 3.1 位置表示

式中，p_x，p_y，p_z 是点 p 在坐标系 $\{A\}$ 中的三个坐标分量；${}^{A}\boldsymbol{p}$ 的上标 A 代表参考坐标系 $\{A\}$。称 ${}^{A}\boldsymbol{p}$ 为位置矢量，如图 3.1 所示。

2. 姿态描述

为了研究机器人的运动与操作，往往不仅要表示空间某个点的位置，而且需要表示物体的方位（Orientation）。物体的方位（姿态）可由某个固接于此物体的坐标系描述。为了规定空间某刚体 B 的方位，设

置一直角坐标系 {B} 与此刚体固接。用坐标系 {B} 的三个单位主矢量 $\boldsymbol{x}_B$，$\boldsymbol{y}_B$，$\boldsymbol{z}_B$ 相对于参考坐标系 {A} 的方向余弦组成的3×3 阶矩阵，即

$$ {}^A_B\boldsymbol{R} = ({}^A\boldsymbol{x}_B \quad {}^A\boldsymbol{y}_B \quad {}^A\boldsymbol{z}_B) = \begin{pmatrix} r_{11} & r_{12} & r_{13} \\ r_{21} & r_{22} & r_{23} \\ r_{31} & r_{32} & r_{33} \end{pmatrix} \tag{3.2} $$

来表示刚体 B 相对于坐标系 {A} 的方位。${}^A_B\boldsymbol{R}$ 称为旋转矩阵，式中上标 A 代表参考坐标系 {A}，下标 B 代表被描述的坐标系 {B}。${}^A_B\boldsymbol{R}$ 共有 9 个元素，但只有 3 个是独立的。由于${}^A_B\boldsymbol{R}$ 的三个列矢量${}^A\boldsymbol{x}_B$，${}^A\boldsymbol{y}_B$，${}^A\boldsymbol{z}_B$都是单位矢量，且两两相互垂直，因而它的 9 个元素满足 6 个约束条件（正交条件），即

$$ {}^A\boldsymbol{x}_B \cdot {}^A\boldsymbol{x}_B = {}^A\boldsymbol{y}_B \cdot {}^A\boldsymbol{y}_B = {}^A\boldsymbol{z}_B \cdot {}^A\boldsymbol{z}_B = 1 \tag{3.3} $$

$$ {}^A\boldsymbol{x}_B \cdot {}^A\boldsymbol{y}_B = {}^A\boldsymbol{y}_B \cdot {}^A\boldsymbol{z}_B = {}^A\boldsymbol{z}_B \cdot {}^A\boldsymbol{x}_B = 0 \tag{3.4} $$

${}^A\boldsymbol{x}_B$，${}^A\boldsymbol{y}_B$，${}^A\boldsymbol{z}_B$是正交的，并且满足

$$ {}^A_B\boldsymbol{R}^{-1} = {}^A_B\boldsymbol{R}^{\mathrm{T}} \tag{3.5} $$

$$ |{}^A_B\boldsymbol{R}| = 1 \tag{3.6} $$

式中，上标 T 表示转置；“|　|”为行列式符号，对应于轴 x，y，z 作转角为 θ 的旋转变换，其旋转矩阵分别为

$$ \boldsymbol{R}(x,\theta) = \begin{pmatrix} 1 & 0 & 0 \\ 0 & \cos\theta & -\sin\theta \\ 0 & \sin\theta & \cos\theta \end{pmatrix} \tag{3.7} $$

$$ \boldsymbol{R}(y,\theta) = \begin{pmatrix} \cos\theta & 0 & \sin\theta \\ 0 & 1 & 0 \\ -\sin\theta & 0 & \cos\theta \end{pmatrix} \tag{3.8} $$

$$ \boldsymbol{R}(z,\theta) = \begin{pmatrix} \cos\theta & -\sin\theta & 0 \\ \sin\theta & \cos\theta & 0 \\ 0 & 0 & 1 \end{pmatrix} \tag{3.9} $$

图 3.2 表示一物体（这里为抓手）的方位，此物体与坐标系 {B} 固接，并相对于参考坐标系 {A} 运动。

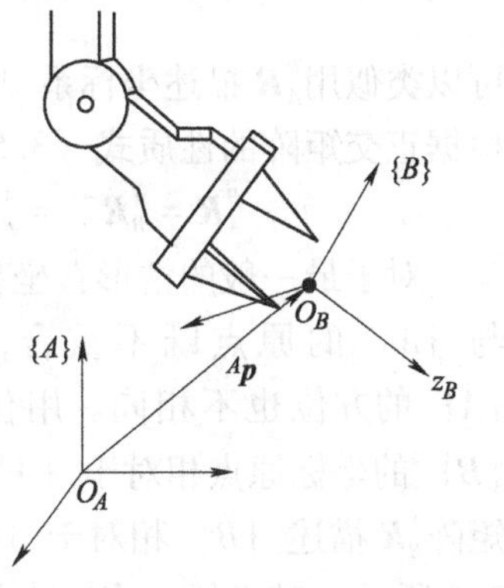

图 3.2　方位表示

3. 位姿描述

上面已经讨论了采用位置矢量描述点的位置，用旋转矩阵描述物体的方位。要完全描述刚体 B 在空间的位姿（位置和姿态），通常将物体 B 与某一坐标系 {B} 相固连。{B} 的坐标原点一般选在物体 B 的特征点上，如质心等。相对参考系 {A}，坐标系 {B} 的原点位置和坐标轴的方位分别由位置矢量${}^A\boldsymbol{p}_{B_O}$和旋转矩阵${}^A_B\boldsymbol{R}$ 描述。这样刚体 B 的位姿可由坐标系 {B} 来描述，即有

$$ \{B\} = \{{}^A_B\boldsymbol{R}\ {}^A\boldsymbol{p}_{B_O}\} \tag{3.10} $$

当表示位置时，式（3.10）中的旋转矩阵${}^A_B\boldsymbol{R} = \boldsymbol{I}$（单位矩阵）；当表示方位时，式（3.10）中的位置矢量${}^A\boldsymbol{p}_{B_O}=0$。

3.1.2 坐标变换

空间中任意点 p 在不同坐标系中的描述是不同的，为了阐明点 p 从一个坐标系的描述到另一个坐标系的描述关系，需要讨论这种变换的数学问题。

1. 平移坐标变换

设坐标系 {B} 与 {A} 具有相同的方位，但 {B} 坐标系的原点与 {A} 的原点不重合，用位置矢量 ${}^{A}\boldsymbol{p}_{B_O}$ 描述它相对于 {A} 的位置，如图 3.3 所示，称 ${}^{A}\boldsymbol{p}_{B_O}$ 为 {B} 相对于 {A} 的平移矢量。如果点 p 在坐标系 {B} 中的位置矢量为 ${}^{B}\boldsymbol{p}$，那么它相对于坐标系 {A} 的位置矢量 ${}^{A}\boldsymbol{p}$ 可由矢量相加得出，即

$$ {}^{A}\boldsymbol{p} = {}^{B}\boldsymbol{p} + {}^{A}\boldsymbol{p}_{B_O} \tag{3.11} $$

称上式为坐标平移变换。

2. 旋转坐标变换

设坐标系 {B} 与 {A} 有共同的坐标原点，但两者的方位不同，如图 3.4 所示，用旋转矩阵 ${}^{A}_{B}\boldsymbol{R}$ 描述 {B} 相对于 {A} 的方位。同一点 p 在两个坐标系 {A} 和 {B} 中的描述 ${}^{A}\boldsymbol{p}$ 和 ${}^{B}\boldsymbol{p}$ 具有如下变换关系，即

$$ {}^{A}\boldsymbol{p} = {}^{A}_{B}\boldsymbol{R} \cdot {}^{B}\boldsymbol{p} \tag{3.12} $$

称上式为坐标旋转变换。

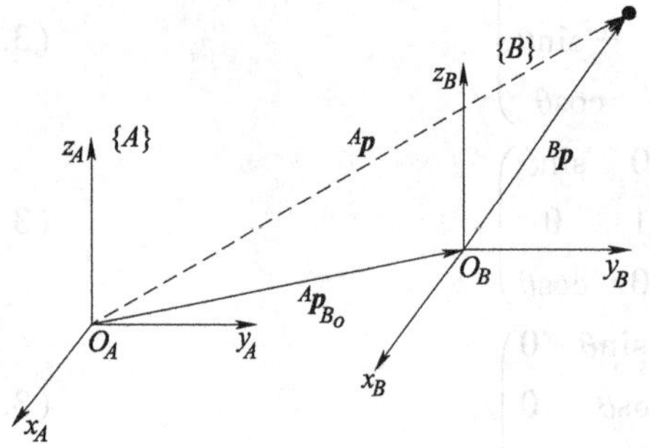

图 3.3 平移变换

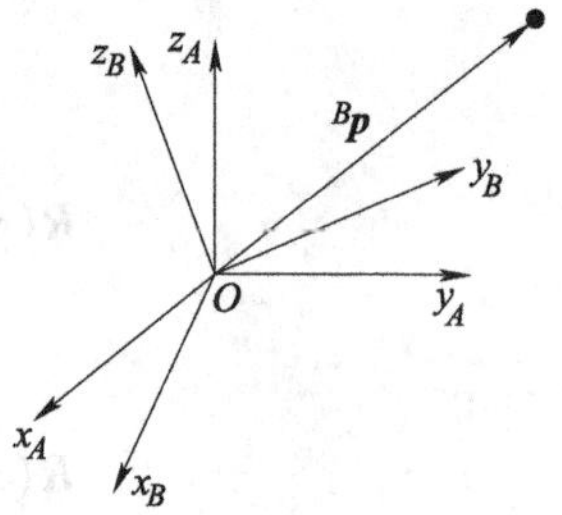

图 3.4 旋转变换

可以类似用 ${}^{B}_{A}\boldsymbol{R}$ 描述坐标系 {A} 相对于 {B} 的方位。${}^{B}_{A}\boldsymbol{R}$ 和 ${}^{A}_{B}\boldsymbol{R}$ 都是正交矩阵，两者互逆，根据正交矩阵的性质式（3.5）和式（3.6）可得

$$ {}^{B}_{A}\boldsymbol{R} = {}^{A}_{B}\boldsymbol{R}^{-1} = {}^{A}_{B}\boldsymbol{R}^{\mathrm{T}} \tag{3.13} $$

对于最一般的情形：坐标系 {B} 的原点与 {A} 的原点既不重合，{B} 的方位与 {A} 的方位也不相同。用位置矢量 ${}^{A}\boldsymbol{p}_{B_O}$ 描述 {B} 的坐标原点相对于 {A} 的位置；用旋转矩阵 ${}^{A}_{B}\boldsymbol{R}$ 描述 {B} 相对于 {A} 的方位，如图 3.5 所示。对于任一点 p 在两坐标系 {A} 和 {B} 中的描述 ${}^{A}\boldsymbol{p}$ 和 ${}^{B}\boldsymbol{p}$ 具有如下变换关系

$$ {}^{A}\boldsymbol{p} = {}^{A}_{B}\boldsymbol{R}\,{}^{B}\boldsymbol{p} + {}^{A}\boldsymbol{p}_{B_O} \tag{3.14} $$

可把上式看成坐标旋转和坐标平移的复合变换。实际上，规定一个过渡坐标系 {C}，

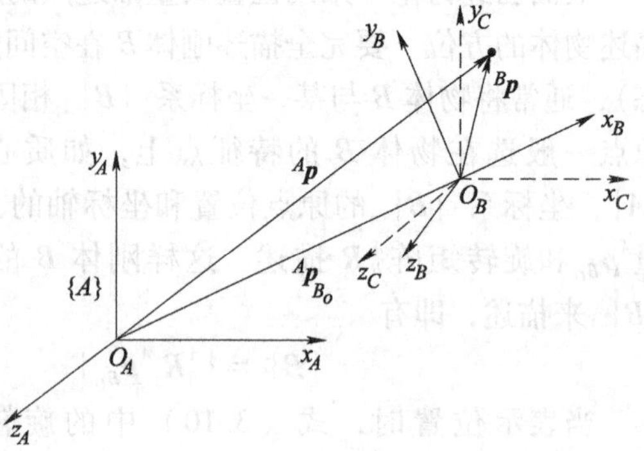

图 3.5 复合变换

使 {C} 的原点与 {B} 的原点重合，而 {C} 的方位与 {A} 的方位相同，据式（3.11）可得向过渡坐标系的变换，即

$$^{C}\boldsymbol{p}={}_{B}^{C}\boldsymbol{R}^{B}\boldsymbol{p}={}_{B}^{A}\boldsymbol{R}^{B}\boldsymbol{p} \tag{3.15}$$

再由式（3.11）可得复合变换，即

$$^{A}\boldsymbol{p}={}^{C}\boldsymbol{p}+{}^{A}\boldsymbol{p}_{C_O}={}_{B}^{A}\boldsymbol{R}^{B}\boldsymbol{p}+{}^{A}\boldsymbol{p}_{B_O} \tag{3.16}$$

3.1.3　齐次坐标和齐次变换

齐次坐标是指在原有三维坐标的基础上，增加一维坐标而形成四维坐标，如空间点 p 的齐次坐标为 $\boldsymbol{p}=(4,\ 6,\ 8,\ w)$，4、6、8 分别对应 p 点在空间坐标系中的 x、y、z 坐标，w 为其对应的比例因子。p 点的齐次坐标的形式是不唯一的，例如，$\boldsymbol{p}=(4,\ 6,\ 8,\ 1)$ 和 $\boldsymbol{p}=(8,\ 12,\ 16,\ 2)$ 表示的是同一个 p 点。当比例因子 $w=0$ 时，该齐次坐标表示某一向量。例如，$\boldsymbol{x}=(1,\ 0,\ 0,\ 0)$ 表示坐标系的 x 轴单位向量，$\boldsymbol{y}=(0,\ 1,\ 0,\ 0)$ 表示坐标系的 y 轴单位向量，$\boldsymbol{z}=(0,\ 0,\ 1,\ 0)$ 表示坐标系的 z 轴单位向量。

空间某一点 p 在不同的参考系中有不同的描述，空间某向量以及空间某坐标系坐标轴的三个单位向量在不同的坐标系中的描述也各不相同，寻找这些不同描述的关系就要用到齐次变换的方法。

1. 平移齐次坐标变换

空间某点由矢量 $a\boldsymbol{i}+b\boldsymbol{j}+c\boldsymbol{k}$ 描述，其中 $\boldsymbol{i}$，$\boldsymbol{j}$，$\boldsymbol{k}$ 为轴 x，y，z 上的单位矢量，此点可用平移齐次变换表示为

$$\mathrm{Trans}(a,b,c)=\begin{pmatrix}1&0&0&a\\0&1&0&b\\0&0&1&c\\0&0&0&1\end{pmatrix} \tag{3.17}$$

式中，Trans 表示平移变换。

对已知矢量 $\boldsymbol{u}=(x,\ y,\ z,\ w)^{\mathrm{T}}$进行平移变换所得的矢量$\boldsymbol{v}$ 为

$$\boldsymbol{v}=\begin{pmatrix}1&0&0&a\\0&1&0&b\\0&0&1&c\\0&0&0&1\end{pmatrix}\begin{pmatrix}x\\y\\z\\w\end{pmatrix}=\begin{pmatrix}\dfrac{x}{w}+a\\\dfrac{y}{w}+a\\\dfrac{z}{w}+a\\1\end{pmatrix} \tag{3.18}$$

即可把此变换看成矢量 $(x/y)\boldsymbol{i}+(y/w)\boldsymbol{j}+(z/w)\boldsymbol{k}$ 与矢量 $a\boldsymbol{i}+b\boldsymbol{j}+c\boldsymbol{k}$ 之和。

2. 旋转齐次坐标变换

对应于轴 x、y、z 做转角为 θ 的旋转变换，分别可得

$$\mathrm{Rot}(x,\theta)=\begin{pmatrix}1&0&0&0\\0&\cos\theta&-\sin\theta&0\\0&\sin\theta&\cos\theta&0\\0&0&0&1\end{pmatrix} \tag{3.19}$$

$$\mathrm{Rot}(y,\theta)=\begin{pmatrix}\cos\theta & 0 & \sin\theta & 0\\ 0 & 1 & 0 & 0\\ -\sin\theta & 0 & \cos\theta & 0\\ 0 & 0 & 0 & 1\end{pmatrix} \tag{3.20}$$

$$\mathrm{Rot}(z,\theta)=\begin{pmatrix}\cos\theta & -\sin\theta & 0 & 0\\ \sin\theta & \cos\theta & 0 & 0\\ 0 & 0 & 1 & 0\\ 0 & 0 & 0 & 1\end{pmatrix} \tag{3.21}$$

式中，Rot 表示旋转矩阵。

3.1.4 旋转向量

三维空间的姿态描述除了可以使用最常用的旋转矩阵 $\boldsymbol{R}$ 以外，还有一些常用的其他表示方法，如旋转向量。旋转向量是利用一个旋转轴和一个旋转角来描述姿态。可以利用一个方向与旋转轴一致，长度等于旋转角的向量来描述，这种向量称为旋转向量，或者角轴（Axis-Angle），利用角轴这一个三维向量即可描述旋转。同样，对于变化矩阵，可以使用一个旋转向量和一个平移向量来表示一次变化。

假设旋转向量的旋转轴为一个单位长度的向量 $\boldsymbol{n}$，角度为 θ，则向量 $\theta\boldsymbol{n}$ 则可以描述这次旋转。旋转向量和旋转矩阵描述的是同一个旋转时，从旋转向量到旋转矩阵的转换可以利用罗德里格斯公式表示为

$$\boldsymbol{R}=\cos\theta\boldsymbol{I}+(1-\cos\theta)\boldsymbol{n}\boldsymbol{n}^{\mathrm{T}}+\sin\theta\boldsymbol{n}^{\wedge} \tag{3.22}$$

式中，符号“∧”是旋转向量到旋转矩阵的转换符。反之，从旋转矩阵到旋转向量也可以进行转换。旋转向量的转角为

$$\theta=\arccos\frac{\mathrm{tr}\boldsymbol{R}-1}{2} \tag{3.23}$$

对于旋转轴 $\boldsymbol{n}$，因为旋转轴上的向量做旋转后不变，即

$$\boldsymbol{R}\boldsymbol{n}=\boldsymbol{n} \tag{3.24}$$

因此旋转轴 $\boldsymbol{n}$ 是旋转矩阵 $\boldsymbol{R}$ 特征值为 1 对应的特征向量。

3.1.5 欧拉角

欧拉旋转定理要求绕 3 个轴依次旋转，但不能绕同一根轴连续旋转两次。旋转顺序可以分为欧拉式和卡尔丹式两种。欧拉式是指绕一个特定的轴重复旋转，但不连续，如 XYX、XZX、YXY、YZY、ZXZ 和 ZYZ。卡尔丹式是指绕着 3 个不同的轴旋转，如 XYZ、XZY、YZX、YXZ、ZXY 和 ZYX。

一种广泛使用的欧拉旋转角类型是横滚-俯仰-偏航（Roll-Pitch-Yaw，RPY）角，即

$$\boldsymbol{R}=\boldsymbol{R}_x(\theta_r)\boldsymbol{R}_y(\theta_p)\boldsymbol{R}_z(\theta_y) \tag{3.25}$$

它通常在航海、航天等领域用于直观地表示物体的姿态。

欧拉角的表示方法有一个不可避免的问题，就是奇异点。奇异点是由机器人的逆运动学引起的。当遇到奇异点时，可能有无限种方式到达机器人的同一位置。如果没有选择最优解，假定有一个，机器人关节可能被命令以一种不可能的方式移动。当第二次旋转的角度为 90°时，第一次旋转和第三次旋转将使用同一根轴，这时候系统丢失了一个自由度。以

式（3.25）为例，当俯仰角 $\theta_p=90°$时，利用循环旋转规则可得

$$\boldsymbol{R}_x(\theta)\boldsymbol{R}_y(90°) \equiv \boldsymbol{R}_y(90°)\boldsymbol{R}_z(\theta) \tag{3.26}$$

因此，

$$\boldsymbol{R}=\boldsymbol{R}_y(90°)\boldsymbol{R}_z(\theta_r)\boldsymbol{R}_z(\theta_y)=\boldsymbol{R}_y(90°)\boldsymbol{R}_z(\theta_r+\theta_y) \tag{3.27}$$

从上式中可以看出，丢失了绕 x 轴旋转的描述，这种现象称为万向节锁死。

3.1.6　四元数

旋转矩阵用 9 个量来表示 3 自由度的旋转，具有冗余性；欧拉角和旋转向量是紧凑的，但具有奇异性。四元数是由汉密尔顿（Hamilton）提出的一种类似于复数的代数形式。

一个四元数包括一个实部和三个虚部，也可以认为是一个标量加上一个向量，即

$$\boldsymbol{q}=s+\boldsymbol{v}=s+v_1\mathrm{i}+v_2\mathrm{j}+v_3\mathrm{k} \tag{3.28}$$

式中，s 是实部，$s\in\mathbb{R}$；$\boldsymbol{v}$ 是虚部，$\boldsymbol{v}\in\mathbb{R}^3$；i，j，k 为四元数的三个虚部，且$\mathrm{i}^2=\mathrm{j}^2=\mathrm{k}^2=\mathrm{ijk}=-1$。

四元数同样可以表达旋转。假设一个空间三维点 $\boldsymbol{p}=(x,y,z)\in\mathbb{R}^3$，以及一个由单位四元数 $\boldsymbol{q}$ 指定的旋转。三维点 $\boldsymbol{p}$ 经过旋转变为 $\boldsymbol{p}'$。如果使用旋转矩阵表示，则 $\boldsymbol{p}'=\boldsymbol{R}\boldsymbol{p}$。利用四元数来表示此旋转，首先把空间点 $\boldsymbol{p}$ 写成虚四元数的形式，即

$$\boldsymbol{p}=(0,x,y,z)^{\mathrm{T}}=(0,\boldsymbol{v})^{\mathrm{T}} \tag{3.29}$$

旋转后的点 $\boldsymbol{p}'$可以表示为

$$\boldsymbol{p}'=\boldsymbol{q}\boldsymbol{p}\boldsymbol{q}^{-1} \tag{3.30}$$

四元数乘法的结果仍为四元数，把四元数 $\boldsymbol{p}'$的虚部取出，即旋转之后的坐标。

3.2　反对称矩阵

3.2.1　反对称矩阵定义

一个 $n\times n$ 阶的矩阵 $\boldsymbol{S}$，当且仅当

$$\boldsymbol{S}^{\mathrm{T}}+\boldsymbol{S}=0 \tag{3.31}$$

此时，被称为反对称（Skew Symmetric）矩阵。

用 $\mathfrak{so}(3)$ 表示所有 3×3 阶反对称矩阵组成的集合。

如果 $\boldsymbol{S}\in\mathfrak{so}(3)$ 具有元素$S_{ij}=0$（i，j = 1，2，3），那么式（3.31）等价于下述 9 个公式。

$$S_{ij}+S_{ji}=0(i,j=1,2,3) \tag{3.32}$$

从式（3.32）中，可以看到$S_{ii}=0$，即矩阵 $\boldsymbol{S}$ 的对角线元素为零，而非对角线元素$S_{ij}(i\neq j)$满足关系$S_{ij}=-S_{ji}$。因此，$\boldsymbol{S}$ 仅包含 3 个独立项，并且每个 3×3 阶的反对称矩阵具有下述形式，即

$$\boldsymbol{S}=\begin{pmatrix}0 & -S_3 & S_2\\ S_3 & 0 & -S_1\\ -S_2 & S_1 & 0\end{pmatrix} \tag{3.33}$$

如果 $\boldsymbol{a}=(a_x,\ a_y,\ a_z)^{\mathrm{T}}$是一个三维向量，将对应的反对称矩阵 $\boldsymbol{S}(\boldsymbol{a})$ 定义为如下形式，即

$$S(a)=\begin{pmatrix}0 & -a_z & a_y\\ a_z & 0 & -a_x\\ -a_y & a_x & 0\end{pmatrix} \tag{3.34}$$

3.2.2 反对称矩阵性质

反对称矩阵具备几个性质，它们对于后续的推导十分有用。这些性质包括：

1）操作符 S 是线性的，也就是说

$$S(\alpha a+\beta b)=\alpha S(a)+\beta S(b) \tag{3.35}$$

对于任何属于$\mathbb{R}^3$的向量 a 和 b，以及任意的标量 α 和 β，上式成立。

2）对应任何属于$\mathbb{R}^3$的向量 a 和 p，有

$$S(a)p=a\times p \tag{3.36}$$

式中，$a\times p$ 表示向量叉积。

3）对于 $R\in \mathrm{SO}(3)$ 以及 $a\in\mathbb{R}^3$，有

$$RS(a)R^{\mathrm{T}}=S(Ra) \tag{3.37}$$

为了看清这一点，使用下述事实：如果 $R\in \mathrm{SO}(3)$，并且 a 和 b 为$\mathbb{R}^3$中的向量，那么有

$$R(a\times b)=Ra\times Rb \tag{3.38}$$

这可以通过直接运算来证明。通常情况下，式（3.38）并不成立，除非 R 是正交矩阵。它表明：如果使用旋转矩阵 R 来转动向量 a 和 b，然后计算旋转向量 Ra 和 Rb 的叉积，其结果与先计算叉积 $a\times b$，然后再旋转得到 $R(a\times b)$ 相同。现在，可以很容易地从式（3.36）和式（3.38）出发，按照下列方式推导得出式（3.39）。令 $b\in\mathbb{R}^3$表示一个任意向量，那么

$$RS(a)R^{\mathrm{T}}b=R(a\times R^{\mathrm{T}}b)=(Ra)\times(RR^{\mathrm{T}}b)=(Ra)\times b=S(Ra)b \tag{3.39}$$

因此得到想要的结果。式（3.39）的左侧表示矩阵 $S(a)$ 的一个相似变换。因此，这个公式表明：$S(a)$ 在坐标系中经过 R 旋转操作的矩阵表示与反对称矩阵 $S(Ra)$ 相同，其中 $S(Ra)$ 对应于向量 a 被转过 R 这种情形。

4）对于一个 $n\times n$ 阶的反对称矩阵 S，以及任何一个向量 $X\in\mathbb{R}^n$，有

$$X^{\mathrm{T}}SX=0 \tag{3.40}$$

3.2.3 旋转矩阵的导数

现在，假设旋转矩阵 R 是单个变量 θ 的一个函数。因此，对于每个 θ，$R=R(\theta)\in \mathrm{SO}(3)$。

由于对于所有的 θ，所对应的旋转矩阵 R 都是正交矩阵，因此有

$$R(\theta)R(\theta)^{\mathrm{T}}=I \tag{3.41}$$

将式（3.41）的两端对 θ 做微分，使用函数的微分公式，得到

$$\left(\frac{\mathrm{d}}{\mathrm{d}\theta}R\right)R(\theta)^{\mathrm{T}}+R(\theta)\left(\frac{\mathrm{d}}{\mathrm{d}\theta}R^{\mathrm{T}}\right)=0 \tag{3.42}$$

定义矩阵 S 为

$$S=\left(\frac{\mathrm{d}}{\mathrm{d}\theta}R\right)R(\theta)^{\mathrm{T}} \tag{3.43}$$

那么 S 的转置为

$$S^{\mathrm{T}}=\left[\left(\frac{\mathrm{d}}{\mathrm{d}\theta}\boldsymbol{R}\right)\boldsymbol{R}(\theta)^{\mathrm{T}}\right]^{\mathrm{T}}=\boldsymbol{R}(\theta)\left(\frac{\mathrm{d}}{\mathrm{d}\theta}\boldsymbol{R}^{\mathrm{T}}\right)\tag{3.44}$$

因此，式（3.42）表明

$$\boldsymbol{S}^{\mathrm{T}}+\boldsymbol{S}=0\tag{3.45}$$

换言之，式（3.43）中定义的矩阵 $\boldsymbol{S}$ 为反对称矩阵。将式（3.43）的两端同时右乘 $\boldsymbol{R}$，并且使用 $\boldsymbol{R}^{\mathrm{T}}\boldsymbol{R}=\boldsymbol{I}$ 这一事实得到

$$\frac{\mathrm{d}}{\mathrm{d}\theta}\boldsymbol{R}=\boldsymbol{S}\boldsymbol{R}(\theta)\tag{3.46}$$

式（3.46）表明：计算旋转矩阵 $\boldsymbol{R}$ 的导数，等同于乘以一个反对称矩阵 $\boldsymbol{S}$ 的矩阵乘法操作。最常遇到的情况是，$\boldsymbol{R}$ 是一个基础旋转矩阵或几个基础旋转矩阵的乘积。

3.3　李群与李代数

三维旋转矩阵构成了特殊正交群 SO(3)，而变换矩阵构成了特殊欧式群 SE(3)。

$$\mathrm{SO}(3)=\{\boldsymbol{R}\in\mathbb{R}^{3\times3}\mid \boldsymbol{R}\boldsymbol{R}^{\mathrm{T}}=\boldsymbol{I},\det(\boldsymbol{R})=1\}\tag{3.47}$$

$$\mathrm{SE}(3)=\left\{\boldsymbol{T}=\begin{pmatrix}\boldsymbol{R}&\boldsymbol{t}\\\boldsymbol{0}^{\mathrm{T}}&1\end{pmatrix}\in\mathbb{R}^{4\times4}\mid \boldsymbol{R}\in\mathrm{SO}(3),\boldsymbol{t}\in\mathbb{R}^{3}\right\}\tag{3.48}$$

3.3.1　李群的定义

群指的是一个集合加上一种运算的代数结构。对于集合 A，如果运算记作“·”，则群可以记作 $G=(A,\ \cdot)$。群要求这个运算满足以下几个条件：

1）封闭性：$\forall a_1,\ a_2\in A,\ a_1\cdot a_2\in A$。

2）结合律：$\forall a_1,\ a_2,\ a_3\in A,\ (a_1\cdot a_2)\cdot a_3=a_1\cdot(a_2\cdot a_3)$。

3）幺元：$\exists a_0\in A,\ \text{s.t.}\ \forall a\in A,\ a_0\cdot a=a\cdot a_0=a$。

4）逆：$\forall a\in A,\ \exists a^{-1}\in A,\ \text{s.t.}\ a\cdot a^{-1}=a_0$。

群结构保证了在群上的运算具有良好的性质。李群指的是具有连续（光滑）性质的群，而 SO(n) 和 SE(n) 在实数空间上都是连续的。由于刚体本身能够在空间中连续运动，所以刚体运动的描述属于李群的概念。

3.3.2　李代数的定义

考虑到任意旋转矩阵 $\boldsymbol{R}$ 满足 $\boldsymbol{R}\boldsymbol{R}^{\mathrm{T}}=\boldsymbol{I}$，$\boldsymbol{R}$ 本身是随时间变化的函数，即 $\boldsymbol{R}(t)$。则存在

$$\boldsymbol{R}(t)\boldsymbol{R}(t)^{\mathrm{T}}=\boldsymbol{I}\tag{3.49}$$

在等式两侧进行求导，得

$$\dot{\boldsymbol{R}}(t)\boldsymbol{R}(t)^{\mathrm{T}}+\boldsymbol{R}(t)\dot{\boldsymbol{R}}(t)^{\mathrm{T}}=0\tag{3.50}$$

整理得

$$\dot{\boldsymbol{R}}(t)\boldsymbol{R}(t)^{\mathrm{T}}=-[\dot{\boldsymbol{R}}(t)\boldsymbol{R}(t)^{\mathrm{T}}]^{\mathrm{T}}\tag{3.51}$$

$\dot{\boldsymbol{R}}(t)\boldsymbol{R}(t)^{\mathrm{T}}$ 本身是一个反对称矩阵。由 3.2 节可知向量和反对称矩阵本身存在一一对应的关系，即

$$a^{\wedge}=A=\begin{pmatrix}0 & -a_3 & a_2\\ a_3 & 0 & -a_1\\ -a_2 & a_1 & 0\end{pmatrix}, A^{\vee}=a \tag{3.52}$$

式中，运算符∧，∨分别表示向量到矩阵和矩阵到向量的运算关系。

因此，对于反对称矩阵$\dot{R}(t)R(t)^{\mathrm{T}}$，可以找到一个和它对应的三维向量$\boldsymbol{\phi}(t)\in\mathbb{R}^3$，即

$$\dot{R}(t)\,R(t)^{\mathrm{T}}=\boldsymbol{\phi}(t)^{\wedge} \tag{3.53}$$

在等式两侧右乘$R(t)$，有

$$\dot{R}(t)\,R(t)^{\mathrm{T}}R(t)=\boldsymbol{\phi}(t)^{\wedge}R(t) \tag{3.54}$$

$$\dot{R}(t)=\begin{pmatrix}0 & -\phi_3 & \phi_2\\ \phi_3 & 0 & -\phi_1\\ -\phi_2 & \phi_1 & 0\end{pmatrix}R(t) \tag{3.55}$$

考虑$t_0=0$时刻的旋转矩阵$R(0)=I$，把$R(t)$在$t_0=0$附近进行一阶泰勒展开，即

$$\begin{aligned}R(t)&\approx R(t_0)+\dot{R}(t_0)(t-t_0)\\ &=I+\boldsymbol{\phi}(t_0)^{\wedge}t\end{aligned} \tag{3.56}$$

考虑到$\dot{R}(t)=\boldsymbol{\phi}(t_0)^{\wedge}R(t)=\boldsymbol{\phi}_0^{\wedge}R(t)$，且初始值$R(0)=I$，解微分方程得

$$R(t)=\exp\,(\boldsymbol{\phi}_0^{\wedge}t) \tag{3.57}$$

可以看出在$t=0$附近，旋转矩阵R可以由$\exp(\boldsymbol{\phi}_0^{\wedge}t)$计算得到。也就是说旋转矩阵和反对称矩阵之间通过指数关系进行了一一对应。这里的$\boldsymbol{\phi}$正是对应到SO(3)上的李代数$\mathfrak{so}(3)$，而这种关系反映的正是李群和李代数之间的指数/对数映射。

对于每一个$\boldsymbol{\phi}$都可以生成一个反对称矩阵$\boldsymbol{\Phi}=\boldsymbol{\phi}^{\wedge}=\begin{pmatrix}0 & -\phi_3 & \phi_2\\ \phi_3 & 0 & -\phi_1\\ -\phi_2 & \phi_1 & 0\end{pmatrix}\in\mathbb{R}^{3\times3}$，由于向量$\boldsymbol{\phi}$和反对称矩阵$\boldsymbol{\Phi}$是一一对应的，李代数$\mathfrak{so}(3)$可以称为三维向量或者三维反对称矩阵，即

$$\mathfrak{so}(3)=\{\boldsymbol{\phi}\in\mathbb{R}^3,\boldsymbol{\Phi}=\boldsymbol{\phi}^{\wedge}\in\mathbb{R}^{3\times3}\} \tag{3.58}$$

同样，对于SE(3)，也有对应的李代数$\mathfrak{se}(3)$，与$\mathfrak{so}(3)$类似，$\mathfrak{se}(3)$位于$\mathbb{R}^6$空间内，即

$$\mathfrak{se}(3)=\left\{\boldsymbol{\xi}=\begin{pmatrix}\boldsymbol{\rho}\\ \boldsymbol{\phi}\end{pmatrix}\in\mathbb{R}^6,\boldsymbol{\rho}\in\mathbb{R}^3,\boldsymbol{\phi}\in\mathfrak{so}(3),\boldsymbol{\xi}^{\wedge}=\begin{pmatrix}\boldsymbol{\phi}^{\wedge} & \boldsymbol{\rho}\\ \boldsymbol{0}^{\mathrm{T}} & 0\end{pmatrix}\in\mathbb{R}^{4\times4}\right\} \tag{3.59}$$

对于每个李代数$\mathfrak{se}(3)$，记作$\boldsymbol{\xi}$，是一个六维向量。前三维为平移，记作$\boldsymbol{\rho}$；后三维为旋转，记作$\boldsymbol{\phi}$，即$\mathfrak{so}(3)$。在$\mathfrak{se}(3)$中，使用$\boldsymbol{\xi}^{\wedge}$将一个六维向量转换成四维矩阵。

3.3.3 指数与对数映射

任意矩阵的指数映射可以写成一个泰勒展开，在收敛的情况下其结果为

$$\exp(A)=\sum_{n=0}^{\infty}\frac{1}{n!}A^n \tag{3.60}$$

对于$\mathfrak{so}(3)$中的任意$\boldsymbol{\phi}$，也可以写成其指数映射的形式，即

$$\exp(\boldsymbol{\phi}^{\wedge})=\sum_{n=0}^{\infty}\frac{1}{n!}(\boldsymbol{\phi}^{\wedge})^{n} \tag{3.61}$$

由于 $\boldsymbol{\phi}$ 是三维向量，可以写成 $\boldsymbol{\phi}=\theta\boldsymbol{a}$，其中 $\boldsymbol{a}$ 是长度为 1 的单位向量，因此 $\boldsymbol{a}^{\wedge}$ 满足以下性质：

$$\boldsymbol{a}^{\wedge}\boldsymbol{a}^{\wedge}=\begin{pmatrix}-a_2^2-a_3^2 & a_1a_2 & a_1a_3\\ a_1a_2 & -a_1^2-a_3^2 & a_2a_3\\ a_1a_3 & a_2a_3 & -a_1^2-a_2^2\end{pmatrix}=\boldsymbol{a}\boldsymbol{a}^{\mathrm{T}}-\boldsymbol{I} \tag{3.62}$$

$$\boldsymbol{a}^{\wedge}\boldsymbol{a}^{\wedge}\boldsymbol{a}^{\wedge}=\boldsymbol{a}^{\wedge}(\boldsymbol{a}\boldsymbol{a}^{\mathrm{T}}-\boldsymbol{I})=-\boldsymbol{a}^{\wedge} \tag{3.63}$$

因此，

$$\begin{aligned}\exp(\boldsymbol{\phi}^{\wedge})&=\exp(\theta\boldsymbol{a}^{\wedge})=\sum_{n=0}^{\infty}\frac{1}{n!}(\theta\boldsymbol{a}^{\wedge})^{n}\\&=\boldsymbol{I}+\theta\boldsymbol{a}^{\wedge}+\frac{1}{2!}\theta^2\boldsymbol{a}^{\wedge}\boldsymbol{a}^{\wedge}+\frac{1}{3!}\theta^3\boldsymbol{a}^{\wedge}\boldsymbol{a}^{\wedge}\boldsymbol{a}^{\wedge}+\frac{1}{4!}\theta^4\boldsymbol{a}^{\wedge}\boldsymbol{a}^{\wedge}\boldsymbol{a}^{\wedge}\boldsymbol{a}^{\wedge}+\cdots\\&=\boldsymbol{a}\boldsymbol{a}^{\mathrm{T}}-\boldsymbol{a}^{\wedge}\boldsymbol{a}^{\wedge}+\theta\boldsymbol{a}^{\wedge}+\frac{1}{2!}\theta^2\boldsymbol{a}^{\wedge}\boldsymbol{a}^{\wedge}+\frac{1}{3!}\theta^3\boldsymbol{a}^{\wedge}\boldsymbol{a}^{\wedge}\boldsymbol{a}^{\wedge}+\frac{1}{4!}\theta^4\boldsymbol{a}^{\wedge}\boldsymbol{a}^{\wedge}\boldsymbol{a}^{\wedge}\boldsymbol{a}^{\wedge}+\cdots\\&=\boldsymbol{a}\boldsymbol{a}^{\mathrm{T}}+\left(\theta-\frac{1}{3!}\theta^3+\frac{1}{5!}\theta^5-\cdots\right)\boldsymbol{a}^{\wedge}-\left(1-\frac{1}{2!}\theta^2+\frac{1}{4!}\theta^4-\cdots\right)\boldsymbol{a}^{\wedge}\boldsymbol{a}^{\wedge}\\&=\boldsymbol{a}^{\wedge}\boldsymbol{a}^{\wedge}+\boldsymbol{I}+\sin\theta\boldsymbol{a}^{\wedge}-\cos\theta\boldsymbol{a}^{\wedge}\boldsymbol{a}^{\wedge}\\&=(1-\cos\theta)\boldsymbol{a}^{\wedge}\boldsymbol{a}^{\wedge}+\boldsymbol{I}+\sin\theta\boldsymbol{a}^{\wedge}\\&=\cos\theta\boldsymbol{I}+(1-\cos\theta)\boldsymbol{a}\boldsymbol{a}^{\mathrm{T}}+\sin\theta\boldsymbol{a}^{\wedge}\end{aligned} \tag{3.64}$$

此处的表达和罗德里格斯公式相同，表明了 $\mathfrak{so}(3)$ 本质上就是由旋转变量组成的空间，而其指数映射即罗德里格斯公式。

同样的，$\mathfrak{se}(3)$ 的指数映射为

$$\begin{aligned}\exp(\boldsymbol{\xi}^{\wedge})&=\begin{pmatrix}\sum_{n=0}^{\infty}\frac{1}{n!}(\boldsymbol{\phi}^{\wedge})^{n} & \sum_{n=0}^{\infty}\frac{1}{(n+1)!}(\boldsymbol{\phi}^{\wedge})^{n}\boldsymbol{\rho}\\ \boldsymbol{0}^{\mathrm{T}} & 1\end{pmatrix}\\&=\begin{pmatrix}\boldsymbol{R} & \boldsymbol{J}\boldsymbol{\rho}\\ \boldsymbol{0}^{\mathrm{T}} & 1\end{pmatrix}=\boldsymbol{T}\end{aligned} \tag{3.65}$$

矩阵右上角的推导和 $\mathfrak{so}(3)$ 推导类似，可以得到

$$\boldsymbol{J}=\frac{\sin\theta}{\theta}\boldsymbol{I}+\left(1-\frac{\sin\theta}{\theta}\right)\boldsymbol{a}\boldsymbol{a}^{\mathrm{T}}+\frac{1-\cos\theta}{\theta}\boldsymbol{a}^{\wedge} \tag{3.66}$$

3.3.4　刚体运动的指数坐标

图 3.6 所示为刚体绕固定轴做旋转运动，是刚体运动中较为常见的一种运动形式，尤其在机器人机构学中，机器人中的各连杆绕固定轴的旋转运动十分常见。设 $\boldsymbol{\omega}(\boldsymbol{\omega}\in\mathbb{R}^3)$ 表示旋转轴方向的单位矢量，$\theta(\theta\in\mathbb{R})$ 为转角。对于刚体的每一个旋转运动，都有一个旋转矩阵 $\boldsymbol{R}(\boldsymbol{R}\in\mathbb{R}^3)$ 与之对应，因此，可将 $\boldsymbol{R}$ 写成 $\boldsymbol{\omega}$ 和 θ 的函数。

在转动刚体上取任意一点 p，如果刚体以单位角速度绕轴 $\boldsymbol{\omega}$ 做匀速转动，那么 p 点的速度 $\dot{\boldsymbol{p}}$ 可以表示为

$$\dot{\boldsymbol{p}}=\boldsymbol{\omega}\times\boldsymbol{p}(t)=\boldsymbol{\omega}^{\wedge}\boldsymbol{p}(t) \tag{3.67}$$

式（3.67）是一个以时间为变量的一阶线性微分方程，其解为

$$\boldsymbol{p}(t)=\mathrm{e}^{\boldsymbol{\omega}^{\wedge}t}\boldsymbol{p}(0) \tag{3.68}$$

式中，$\boldsymbol{p}(0)$ 为该点的初始位置；$\mathrm{e}^{\boldsymbol{\omega}^{\wedge}t}$ 为矩阵指数，对其进行泰勒展开，为

$$\mathrm{e}^{\boldsymbol{\omega}^{\wedge}t}=\boldsymbol{I}+\boldsymbol{\omega}^{\wedge}t+\frac{(\boldsymbol{\omega}^{\wedge}t)^2}{2!}+\frac{(\boldsymbol{\omega}^{\wedge}t)^3}{3!}+\cdots \tag{3.69}$$

如果刚体以单位角速度绕轴 $\boldsymbol{\omega}$ 旋转角度 θ（以 θ 为变量），则旋转矩阵为

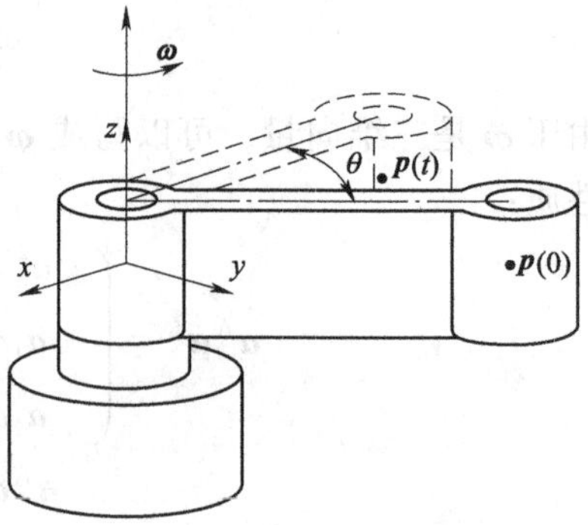

图 3.6　刚体绕固定轴旋转

$$\boldsymbol{R}(\boldsymbol{\omega},\theta)=\mathrm{e}^{\theta\boldsymbol{\omega}^{\wedge}} \tag{3.70}$$

以上各式中，$\boldsymbol{\omega}^{\wedge}$ 为反对称矩阵，满足 $\boldsymbol{\omega}^{\wedge\mathrm{T}}=\boldsymbol{\omega}^{\wedge-1}=-\boldsymbol{\omega}^{\wedge}$。为此定义所有的 3×3 阶反对称矩阵组成的集合为 $\mathfrak{so}(3)$，即

$$\mathfrak{so}(3)=\{\boldsymbol{\omega}^{\wedge}\in\mathbb{R}^3,\boldsymbol{\omega}^{\wedge\mathrm{T}}=-\boldsymbol{\omega}^{\wedge}\} \tag{3.71}$$

$\boldsymbol{\omega}^{\wedge}\in\mathfrak{so}(3)$ 称为三维旋转群 SO(3) 的李代数。通常情况下为了表达方便，$\boldsymbol{\omega}^{\wedge}$ 取单位矩阵的形式，即 $\|\boldsymbol{\omega}^{\wedge}\|=1$。因此，对 $\mathrm{e}^{\theta\boldsymbol{\omega}^{\wedge}}$ 进行泰勒展开，得到

$$\mathrm{e}^{\theta\boldsymbol{\omega}^{\wedge}}=\boldsymbol{I}+\theta\boldsymbol{\omega}^{\wedge}+\frac{(\theta\boldsymbol{\omega}^{\wedge})^2}{2!}+\frac{(\theta\boldsymbol{\omega}^{\wedge})^3}{3!}+\cdots \tag{3.72}$$

式（3.72）可以写成

$$\mathrm{e}^{\theta\boldsymbol{\omega}^{\wedge}}=\boldsymbol{I}+\left(\theta-\frac{\theta^3}{3!}+\frac{\theta^5}{5!}-\cdots\right)\boldsymbol{\omega}^{\wedge}+\left(\frac{\theta^2}{2!}-\frac{\theta^4}{4!}+\frac{\theta^6}{6!}-\cdots\right)\boldsymbol{\omega}^{\wedge 2} \tag{3.73}$$

因此，

$$\mathrm{e}^{\theta\boldsymbol{\omega}^{\wedge}}=\boldsymbol{I}+\boldsymbol{\omega}^{\wedge}\sin\theta+\boldsymbol{\omega}^{\wedge 2}(1-\cos\theta) \tag{3.74}$$

由此得到罗德里格斯公式，与式（3.22）表达相同。

以上有关罗德里格斯公式是通过寻找 SO(3) 与 $\mathfrak{so}(3)$ 的物理意义推导出来的，虽然相比从 SO(3) 与 $\mathfrak{so}(3)$ 的指数映射推导过程，相对更为烦琐些，但理解起来却容易一些。

欧拉定理：空间绕某一固定点 O 的旋转必定是绕过 O 点一条固定轴线的转动，也就是说，指数映射 $\mathrm{e}^{\theta\boldsymbol{\omega}^{\wedge}}$ 与旋转矩阵 $\boldsymbol{R}$ 是等价的。即

1）反对称矩阵 $\boldsymbol{\omega}^{\wedge}$ 的矩阵指数是正交矩阵。对于任一反对称矩阵 $\boldsymbol{\omega}^{\wedge}$ 和 θ，都有 $\mathrm{e}^{\theta\boldsymbol{\omega}^{\wedge}}\in$ SO(3)。

2）对于给定的旋转矩阵 $\boldsymbol{R}$，必存在 $\boldsymbol{\omega}$，且 $\|\boldsymbol{\omega}\|=1$，以及 θ，使得 $\boldsymbol{R}=\mathrm{e}^{\theta\boldsymbol{\omega}^{\wedge}}$。

3）任一旋转矩阵 $\boldsymbol{R}$ 都可以等效成绕某一固定轴旋转一定的角度。

指数坐标提供了旋转矩阵的一种局部参数化的表达方式，而上述旋转运动的表示方法通常称为等效轴表示法，如图 3.7 所示。实际上，这种表示方法并不唯一，也可以用其他整体或局部的方式对旋转矩阵进行参数表示，其中比较常用的有局部参数表示方法还有欧拉角表示法，整体参数表示方法还有四元数表示法。

对刚体转动的指数映射有了一定了解之后，再来讨论一下一般刚体运动，如图 3.8 所示。

为简便起见，这里以转动为例。例如，图 3.8a 所示为一个转动关节，设 $\boldsymbol{\omega}(\boldsymbol{\omega}\in\mathbb{R}^3)$ 表

示其旋转轴方向的单位矢量，$\boldsymbol{r}$ 为轴上一点。如果物体以单位角速度绕轴 $\boldsymbol{\omega}$ 做匀速转动，那么物体上一点 p 的速度 $\dot{\boldsymbol{p}}$ 可以表示为

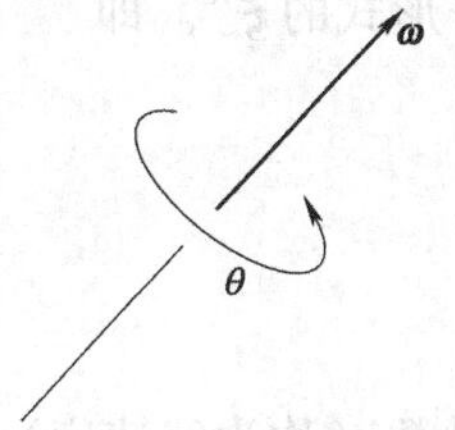

图 3.7 旋转矩阵的等效轴与转角

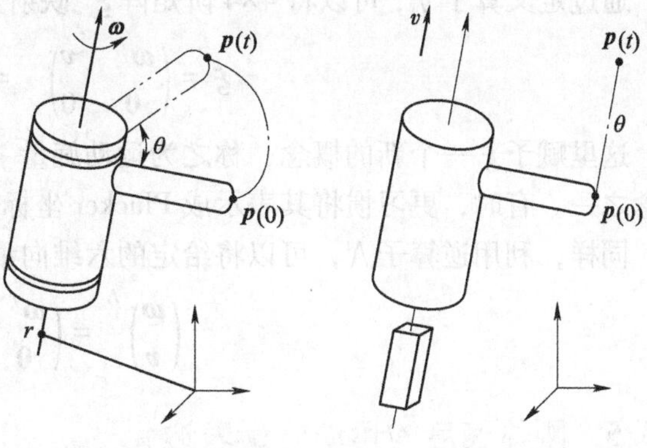

a) 一般刚体运动 b) 平移运动

图 3.8 刚体运动

$$\dot{\boldsymbol{p}} = \boldsymbol{\omega} \times [\boldsymbol{p}(t) - \boldsymbol{r}] \tag{3.75}$$

引入如下 4×4 阶矩阵 $\boldsymbol{\xi}^{\wedge}$，即

$$\boldsymbol{\xi}^{\wedge} = \begin{pmatrix} \boldsymbol{\omega}^{\wedge} & \boldsymbol{r} \times \boldsymbol{\omega} \\ \boldsymbol{0}^{\mathrm{T}} & 0 \end{pmatrix} \tag{3.76}$$

则式（3.76）可以写成

$$\begin{pmatrix} \dot{\boldsymbol{p}} \\ 0 \end{pmatrix} = \begin{pmatrix} \boldsymbol{\omega}^{\wedge} & \boldsymbol{r} \times \boldsymbol{\omega} \\ \boldsymbol{0}^{\mathrm{T}} & 0 \end{pmatrix} \begin{pmatrix} \boldsymbol{p} \\ 1 \end{pmatrix} = \boldsymbol{\xi}^{\wedge} \begin{pmatrix} \boldsymbol{p} \\ 1 \end{pmatrix} \tag{3.77}$$

也可以写成

$$\dot{\boldsymbol{p}} = \boldsymbol{\xi}^{\wedge} \boldsymbol{p} \tag{3.78}$$

式（3.78）是一个以 t 为自变量的一阶线性微分方程，其解为

$$\boldsymbol{p}(t) = \mathrm{e}^{t\boldsymbol{\xi}^{\wedge}} \boldsymbol{p}(0) \tag{3.79}$$

式中，$\boldsymbol{p}(0)$ 为该点的初始位置；$\mathrm{e}^{t\boldsymbol{\xi}^{\wedge}}$ 为矩阵指数。进行泰勒展开，即

$$\mathrm{e}^{t\boldsymbol{\xi}^{\wedge}} = \boldsymbol{I} + t\boldsymbol{\xi}^{\wedge} + \frac{(t\boldsymbol{\xi}^{\wedge})^2}{2!} + \frac{(t\boldsymbol{\xi}^{\wedge})^3}{3!} + \cdots \tag{3.80}$$

同样，当刚体以单位速度 $\boldsymbol{v}$ 平移时（图 3.8b），点 p 的速度为

$$\dot{\boldsymbol{p}}(t) = \boldsymbol{v} \tag{3.81}$$

求解微分方程，得到

$$\boldsymbol{p}(t) = \mathrm{e}^{t\boldsymbol{\xi}^{\wedge}} \boldsymbol{p}(0) \tag{3.82}$$

其中，t 代表移动量，而

$$\boldsymbol{\xi}^{\wedge} = \begin{pmatrix} \boldsymbol{0} & \boldsymbol{v} \\ \boldsymbol{0} & 0 \end{pmatrix} \tag{3.83}$$

以上各式中的 4×4 阶矩阵 $\boldsymbol{\xi}^{\wedge}$ 可以认为是对反对称矩阵 $\boldsymbol{\omega}^{\wedge} \in \mathrm{SO}(3)$ 的推广，满足

$$\mathrm{SE}(3) = \{\boldsymbol{\xi}^{\wedge} \mid \boldsymbol{\xi}^{\wedge}(\boldsymbol{\omega}^{\wedge};\boldsymbol{v}) : \boldsymbol{v} \in \mathbb{R}^3, \boldsymbol{\omega}^{\wedge} \in \mathrm{SO}(3)\} \tag{3.84}$$

$\boldsymbol{\xi}^{\wedge}\mathrm{SE}(3)$ 就是欧式群 SE(3) 的李代数表达，物理上表示刚体的广义瞬间速度，其中，

$$\boldsymbol{\xi}^{\wedge}=\begin{pmatrix}\boldsymbol{\omega}^{\wedge} & \boldsymbol{v}\\ \boldsymbol{0} & 0\end{pmatrix}_{4\times4}\in\mathbb{R}^{4\times4} \tag{3.85}$$

通过定义算子∨，可以将4×4阶矩阵$\boldsymbol{\xi}^{\wedge}$映射为六维向量$\boldsymbol{\xi}$。即

$$\boldsymbol{\xi}=\begin{pmatrix}\boldsymbol{\omega}^{\wedge} & \boldsymbol{v}\\ \boldsymbol{0} & 0\end{pmatrix}^{\vee}=\begin{pmatrix}\boldsymbol{\omega}\\ \boldsymbol{v}\end{pmatrix}_{6\times1} \tag{3.86}$$

这里赋予$\boldsymbol{\xi}$一个新的概念，称之为运动旋量（Twist）。同时，它也是本书中最为重要的概念之一。有时，更习惯将其表示成Plucker坐标的形式$\boldsymbol{\xi}=(\boldsymbol{\omega};\ \boldsymbol{v})$，也称运动旋量坐标。

同样，利用逆算子∧，可以将给定的六维向量$\boldsymbol{\xi}$构造成矩阵形式的$\boldsymbol{\xi}^{\wedge}$。即

$$\begin{pmatrix}\boldsymbol{\omega}\\ \boldsymbol{v}\end{pmatrix}^{\wedge}=\begin{pmatrix}\boldsymbol{\omega}^{\wedge} & \boldsymbol{v}\\ \boldsymbol{0} & 0\end{pmatrix} \tag{3.87}$$

3.3.5 刚体速度的运动旋量表达

空间上某一质点的瞬时运动速度可以认为是其位置矢量的导数（称为线速度）。该点速度的表示不仅与其轨迹求导的相对坐标系有关，也与观测坐标系有关。如果令该点相对于物体坐标系｛B｝的位置用${}^{B}\boldsymbol{p}$表示，则该点运动速度定义为${}^{B}\boldsymbol{p}$对时间的导数，即

$${}^{B}\boldsymbol{v}_{\mathrm{p}}(t)=\frac{\mathrm{d}}{\mathrm{d}t}\,{}^{B}\boldsymbol{p}(t) \tag{3.88}$$

此外，还必须指明速度矢量是在哪个坐标系中描述的。与其他矢量一样，速度矢量必须指明观测坐标系，若相对于惯性坐标系｛A｝描述，则记为${}^{A}\boldsymbol{v}_{\mathrm{p}}(t)$。如果观测坐标系与惯性坐标系不同，需要利用旋转矩阵$\boldsymbol{R}$的导数进行变换。例如，点p相对惯性坐标系的运动速度可通过${}_{B}^{A}\boldsymbol{R}$的导数来实现与其在物体坐标系下的运动速度进行转换，即

$${}^{A}\boldsymbol{v}_{\mathrm{p}}={}_{B}^{A}\dot{\boldsymbol{R}}\,{}^{B}\boldsymbol{p} \tag{3.89}$$

旋转矩阵$\boldsymbol{R}$由9个元素组成，求解$\boldsymbol{R}$意味着要对这9个元素进行求解，因此效率较低；不过，式（3.89）可以写成

$${}^{A}\boldsymbol{v}_{\mathrm{p}}=({}_{B}^{A}\dot{\boldsymbol{R}}\,{}_{B}^{A}\boldsymbol{R}^{-1})\,{}_{B}^{A}\boldsymbol{R}\,{}^{B}\boldsymbol{p}={}_{B}^{A}\boldsymbol{R}({}_{B}^{A}\boldsymbol{R}^{-1}\,{}_{B}^{A}\dot{\boldsymbol{R}})\,{}^{B}\boldsymbol{p} \tag{3.90}$$

可以证明，$\dot{\boldsymbol{R}}\boldsymbol{R}^{-1}$和$\boldsymbol{R}^{-1}\dot{\boldsymbol{R}}$都是反对称矩阵，而反对称矩阵中只含有3个参数，从而可以简化计算。

空间角速度的定义：在惯性坐标系中描述的刚体瞬时角速度称为空间角速度，记作$\boldsymbol{\omega}^{S}\in\mathbb{R}^{3}$，且

$$\boldsymbol{\omega}^{\wedge S}=\dot{\boldsymbol{R}}\boldsymbol{R}^{-1} \tag{3.91}$$

物体角速度的定义：在物体坐标系中描述的刚体瞬时角速度称为物体角速度，记作$\boldsymbol{\omega}^{B}\in\mathbb{R}^{3}$，且

$$\boldsymbol{\omega}^{\wedge B}=\boldsymbol{R}^{-1}\dot{\boldsymbol{R}} \tag{3.92}$$

由式（3.92），可以导出空间角速度与物体角速度之间的映射关系，即

$$\boldsymbol{\omega}^{\wedge S}=\boldsymbol{R}\boldsymbol{\omega}^{\wedge B}\boldsymbol{R}^{-1} \tag{3.93}$$

$$\boldsymbol{\omega}^{\wedge B}=\boldsymbol{R}^{-1}\boldsymbol{\omega}^{\wedge S}\boldsymbol{R} \tag{3.94}$$

式（3.88）、式（3.90）可以转换成

$${}^{A}\boldsymbol{v}_{\mathrm{p}}={}_{B}^{A}\boldsymbol{\omega}^{\wedge S}\,{}_{B}^{A}\boldsymbol{R}\,{}^{B}\boldsymbol{p}={}_{B}^{A}\boldsymbol{\omega}^{S}\times{}^{A}\boldsymbol{p} \tag{3.95}$$

$$ {}^{B}\boldsymbol{v}_{\mathrm{p}} = {}_{B}^{A}\boldsymbol{\omega}^{\wedge B}{}_{B}^{A}\boldsymbol{R}^{-1A}\boldsymbol{p} = {}_{B}^{A}\boldsymbol{\omega}^{B} \times {}^{B}\boldsymbol{p} \tag{3.96} $$

式（3.95）和式（3.96）分别给出了空间上某一质点基于空间角速度及物体角速度的运动速度的简洁表达式，当然也适合于空间上某一刚体做旋转运动时的速度表达。

例 3.1　分别用空间角速度和物体角速度来描述一个单自由度机器人的旋转运动。已知机器人在某一参考位形下的轨迹为

$$ \boldsymbol{R} = \begin{pmatrix} \cos\theta & -\sin\theta & 0 \\ \sin\theta & \cos\theta & 0 \\ 0 & 0 & 1 \end{pmatrix} $$

解：由于

$$ \boldsymbol{\omega}^{\wedge S} = \dot{\boldsymbol{R}}\boldsymbol{R}^{-1} = \dot{\boldsymbol{R}}\boldsymbol{R}^{\mathrm{T}} = \begin{pmatrix} 0 & -\dot{\theta} & 0 \\ \dot{\theta} & 0 & 0 \\ 0 & 0 & 0 \end{pmatrix} $$

$$ \boldsymbol{\omega}^{\wedge B} = \boldsymbol{R}^{-1}\dot{\boldsymbol{R}} = \boldsymbol{R}^{\mathrm{T}}\dot{\boldsymbol{R}} = \begin{pmatrix} 0 & -\dot{\theta} & 0 \\ \dot{\theta} & 0 & 0 \\ 0 & 0 & 0 \end{pmatrix} $$

因此，该机器人的空间角速度和物体角速度相同，均为 $\boldsymbol{\omega}^{S} = \boldsymbol{\omega}^{B} = (0,\ 0,\ \dot{\theta})^{\mathrm{T}}$。

上面讨论了质点的瞬时运动速度，下面来看刚体速度的运动旋量表达方法。刚体在位形空间中按照参数曲线${}_{B}^{A}\boldsymbol{g}(t) = [\boldsymbol{R}(t),\ \boldsymbol{t}(t)] \in SE(3)$ 运动时，相当于物体坐标系 $\{B\}$ 相对于惯性坐标系 $\{A\}$ 的刚体运动。用刚体变换表示为

$$ {}_{B}^{A}\boldsymbol{g}(t) = \begin{pmatrix} {}_{B}^{A}\boldsymbol{R}(t) & {}_{B}^{A}\boldsymbol{t}(t) \\ 0 & 1 \end{pmatrix} \tag{3.97} $$

虽然${}_{B}^{A}\dot{\boldsymbol{g}}(t)$ 没有特别的物理意义，但${}_{B}^{A}\dot{\boldsymbol{g}}{}_{B}^{A}\boldsymbol{g}^{-1}$和${}_{B}^{A}\boldsymbol{g}^{-1A}{}_{B}\dot{\boldsymbol{g}}$却有着重要的意义。

空间速度的定义：在惯性坐标系中描述的广义刚体速度称为空间速度，记作$\boldsymbol{V}^{\wedge S} \in SE(3)$，且

$$ \boldsymbol{V}^{\wedge S} = \dot{\boldsymbol{g}}\boldsymbol{g}^{-1} = \begin{pmatrix} \dot{\boldsymbol{R}}\boldsymbol{R}^{\mathrm{T}} & -\dot{\boldsymbol{R}}\boldsymbol{R}^{\mathrm{T}}\boldsymbol{t} + \dot{\boldsymbol{t}} \\ 0 & 0 \end{pmatrix} \tag{3.98} $$

写成六维列向量的形式为

$$ \boldsymbol{V}^{S} = \begin{pmatrix} \boldsymbol{\omega}^{S} \\ \boldsymbol{v}^{S} \end{pmatrix} = \begin{pmatrix} (\dot{\boldsymbol{R}}\boldsymbol{R}^{\mathrm{T}})^{\vee} \\ -\dot{\boldsymbol{R}}\boldsymbol{R}^{\mathrm{T}}\boldsymbol{t} + \dot{\boldsymbol{t}} \end{pmatrix} \tag{3.99} $$

物体速度的定义：在物体坐标系中描述的广义刚体速度称为物体速度，记作$\boldsymbol{V}^{\wedge B} \in SE(3)$，且

$$ \boldsymbol{V}^{\wedge B} = \boldsymbol{g}^{-1}\dot{\boldsymbol{g}} = \begin{pmatrix} \boldsymbol{R}^{\mathrm{T}}\dot{\boldsymbol{R}} & \boldsymbol{R}^{\mathrm{T}}\dot{\boldsymbol{t}} \\ \boldsymbol{0} & 0 \end{pmatrix} \tag{3.100} $$

写成六维列向量的形式为

$$V^B=\begin{pmatrix}\boldsymbol{\omega}^B\\ \boldsymbol{v}^B\end{pmatrix}=\begin{pmatrix}(\boldsymbol{R}^{\mathrm{T}}\dot{\boldsymbol{R}})^{\vee}\\ \boldsymbol{R}^{\mathrm{T}}\dot{\boldsymbol{t}}\end{pmatrix} \tag{3.101}$$

空间速度与物体速度之间存在着相似变换关系，实际上，

$$V^{\wedge S}=\dot{g}\,g^{-1}=g(g^{-1}\dot{g})\,g^{-1}=g\,V^{\wedge B}\,g^{-1} \tag{3.102}$$

分解得

$$\boldsymbol{\omega}^S=\boldsymbol{R}\boldsymbol{\omega}^B \tag{3.103}$$

$$\boldsymbol{v}^S=-\boldsymbol{\omega}^S\times\boldsymbol{t}+\dot{\boldsymbol{t}}=\boldsymbol{t}\times(\boldsymbol{R}\,\boldsymbol{\omega}^B)+\boldsymbol{R}\boldsymbol{v}^B \tag{3.104}$$

写成向量得形式为

$$V^S=\begin{pmatrix}\boldsymbol{\omega}^S\\ \boldsymbol{v}^S\end{pmatrix}=\begin{pmatrix}\boldsymbol{R} & 0\\ \boldsymbol{t}^{\wedge}\boldsymbol{R} & \boldsymbol{R}\end{pmatrix}\begin{pmatrix}\boldsymbol{\omega}^B\\ \boldsymbol{v}^B\end{pmatrix}=\begin{pmatrix}\boldsymbol{R} & 0\\ \boldsymbol{t}^{\wedge}\boldsymbol{R} & \boldsymbol{R}\end{pmatrix}V^B=\boldsymbol{Ad}_g\,V^B \tag{3.105}$$

由式（3.105）可以看出，用 $\boldsymbol{Ad}_g$ 可以表示从物体速度到空间速度的映射，进而实现坐标变换。显然 $\boldsymbol{Ad}_g$ 是可逆的，其逆矩阵为

$$\boldsymbol{Ad}_g^{-1}=\begin{pmatrix}\boldsymbol{R}^{\mathrm{T}} & 0\\ -\boldsymbol{R}^{\mathrm{T}}\boldsymbol{t}^{\wedge} & \boldsymbol{R}^{\mathrm{T}}\end{pmatrix} \tag{3.106}$$

进一步可证得

$$\boldsymbol{Ad}_g^{-1}=\boldsymbol{Ad}_{g^{-1}} \tag{3.107}$$

可以将式（3.107）推广至同一刚体速度在任意两个坐标系之间的变换，即

$$V^A=\boldsymbol{Ad}_g\,V^B \tag{3.108}$$

若$\boldsymbol{\xi}^{\wedge}\in\mathrm{SE}(3)$ 是 $\boldsymbol{\xi}\in\mathbb{R}^6$的运动旋量，则对于任意的 $g\in\mathrm{SE}(3)$，$g\,\boldsymbol{\xi}^{\wedge}g^{-1}$是 $\boldsymbol{Ad}_g\boldsymbol{\xi}\in\mathbb{R}^6$的运动旋量。

例 3.2 分别用空间速度和物体速度来描述一个单自由度机器人的刚体运动（图 3.9）。其中，物体坐标系 $\{B\}$ 相对惯性坐标系 $\{A\}$ 的位形已知。其中 l_1、l_2 分别为两连杆的长度。即

$$\boldsymbol{T}=\begin{pmatrix}\cos\theta & -\sin\theta & 0 & -l_2\sin\theta\\ \sin\theta & \cos\theta & 0 & l_1+l_2\cos\theta\\ 0 & 0 & 1 & 0\\ 0 & 0 & 0 & 1\end{pmatrix}$$

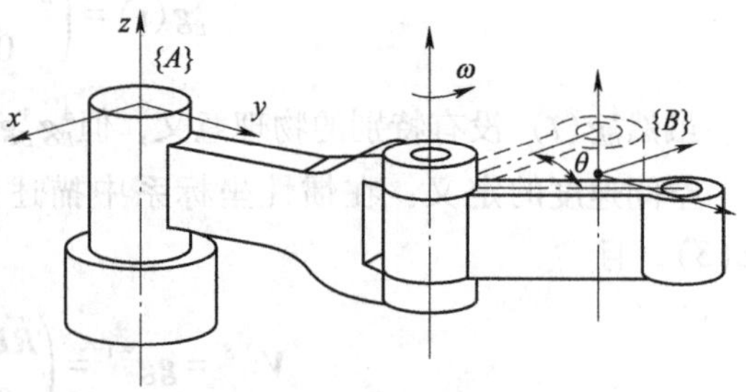

图 3.9　例 3.2 图

解： 由 $V^B=\begin{pmatrix}\boldsymbol{\omega}^B\\ \boldsymbol{v}^B\end{pmatrix}=\begin{pmatrix}(\boldsymbol{R}^{\mathrm{T}}\dot{\boldsymbol{R}})^{\vee}\\ \boldsymbol{R}^{\mathrm{T}}\dot{\boldsymbol{t}}\end{pmatrix}$，$V^S=\begin{pmatrix}\boldsymbol{\omega}^S\\ \boldsymbol{v}^S\end{pmatrix}=\begin{pmatrix}(\dot{\boldsymbol{R}}\boldsymbol{R}^{\mathrm{T}})^{\vee}\\ -\dot{\boldsymbol{R}}\boldsymbol{R}^{\mathrm{T}}\boldsymbol{t}+\dot{\boldsymbol{t}}\end{pmatrix}$

可得

$$\boldsymbol{v}^B=\begin{pmatrix}-l_2\dot{\theta}\\ 0\\ 0\end{pmatrix},\ \boldsymbol{\omega}^B=\begin{pmatrix}0\\ 0\\ \dot{\theta}\end{pmatrix},\ \boldsymbol{v}^S=\begin{pmatrix}l_1\dot{\theta}\\ 0\\ 0\end{pmatrix},\ \boldsymbol{\omega}^S=\begin{pmatrix}0\\ 0\\ \dot{\theta}\end{pmatrix}$$

物体速度的物理意义比较直观，$\boldsymbol{v}^B$表示的是物体坐标系的坐标原点相对惯性坐标系的线速度；$\boldsymbol{\omega}^B$表示的是物体坐标系相对惯性坐标系的角速度。无论$\boldsymbol{v}^B$还是 $\boldsymbol{\omega}^B$都在物体坐标系下

描述。例如，在例 3.2 中，物体速度可以解释为：假想从物体坐标系的角度来观测物体坐标系的原点，其线速度总是沿 x 轴的负方向，其大小由杆长l_2来决定；而角速度总是沿 z 轴方向。

空间速度的物理意义就不是很直观了，$\boldsymbol{v}^S$表示的是刚体上与惯性坐标系原点相重合点的瞬时线速度，而不是指物体坐标系原点的绝对线速度；$\boldsymbol{\omega}^S$表示的是物体坐标系相对惯性坐标系的角速度，参考坐标系是惯性坐标系。例如，在例 3.2 中，空间速度可以解释为：假想从惯性坐标系的原点来观测刚体上的一点，其线速度是指该点通过惯性坐标系原点的瞬时线速度；而角速度总是沿 z 轴方向。

下面来研究刚体运动速度之间复合变换的问题。

空间速度的复合变换：假设存在 3 个坐标系 $\{A\}$，$\{B\}$，$\{C\}$，则各自对应的空间速度间存在如下关系：

$$ {}_C^A\boldsymbol{V}^S = {}_B^A\boldsymbol{V}^S + \boldsymbol{Ad}_{{}_B^A g}\, {}_C^B\boldsymbol{V}^S \qquad (3.109)$$

物体速度的复合变换：假设存在 3 个坐标系 $\{A\}$，$\{B\}$，$\{C\}$，则各自对应的物体速度间存在如下关系：

$$ {}_C^A\boldsymbol{V}^B = \boldsymbol{Ad}_{{}_C^B g^{-1}}\, {}_B^A\boldsymbol{V}^B + {}_C^B\boldsymbol{V}^B \qquad (3.110)$$

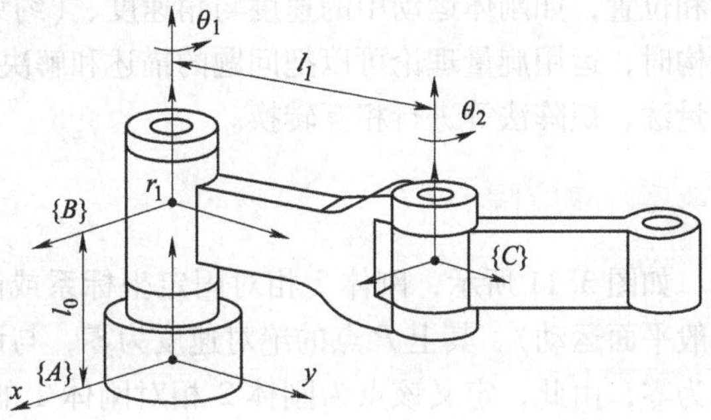

图 3.10　例 3.3 图

例 3.3　求 2 自由度机器人末端执行器相对惯性坐标系的空间速度（图 3.10）。

解：直接通过观察可以得到

$$ {}_B^A\boldsymbol{v}^S = \begin{pmatrix}0\\0\\0\end{pmatrix},\ {}_B^A\boldsymbol{\omega}^S = \begin{pmatrix}0\\0\\\dot{\theta}_1\end{pmatrix},\ {}_C^B\boldsymbol{v}^S = \begin{pmatrix}l_1\dot{\theta}_2\\0\\0\end{pmatrix},\ {}_C^B\boldsymbol{\omega}^S = \begin{pmatrix}0\\0\\\dot{\theta}_2\end{pmatrix}$$

$$\boldsymbol{Ad}_{{}_B^A g} = \begin{pmatrix} {}_B^A\boldsymbol{R} & 0 \\ \begin{pmatrix}0\\0\\l_0\end{pmatrix}^{\wedge} {}_B^A\boldsymbol{R} & {}_B^A\boldsymbol{R} \end{pmatrix} = \begin{pmatrix} \cos\theta_1 & -\sin\theta_1 & 0 & 0 & 0 & 0 \\ \sin\theta_1 & \cos\theta_1 & 0 & 0 & 0 & 0 \\ 0 & 0 & 1 & 0 & 0 & 0 \\ -l_0\sin\theta_1 & l_0\cos\theta_1 & 0 & \cos\theta_1 & -\sin\theta_1 & 0 \\ l_0\cos\theta_1 & -l_0\sin\theta_1 & 0 & \sin\theta_1 & \cos\theta_1 & 0 \\ 0 & 0 & 0 & 0 & 0 & 1 \end{pmatrix}$$

根据式（3.109）得

$$ {}_C^A\boldsymbol{V}^S = {}_B^A\boldsymbol{V}^S + \boldsymbol{Ad}_{{}_B^A g}\, {}_C^B\boldsymbol{V}^S = \begin{pmatrix}0\\0\\1\\0\\0\\0\end{pmatrix}\dot{\theta}_1 + \begin{pmatrix}0\\0\\1\\l_1\cos\theta_1\\l_1\sin\theta_1\\0\end{pmatrix}\dot{\theta}_2 = \begin{pmatrix}0\\0\\\dot{\theta}_1+\dot{\theta}_2\\l_1\dot{\theta}_2\cos\theta_1\\l_1\dot{\theta}_2\sin\theta_1\\0\end{pmatrix}$$

3.4 旋量

三维刚体运动有三个平移自由度和三个旋转自由度，组成了六个自由度的连续运动群（六维李群）。它的李代数是所有无穷小刚体运动组成的六维向量空间（为李群单元处的切空间），其中无穷小平移占有三个维数，无穷小旋转占有另外三个维数。这个六维空间中的任意一个向量都被称为一个旋量，通过指数映射成一个三维刚体运动。

旋量理论已成为空间机构学研究中一种非常重要的数学工具，涉及的主要概念包括主旋量、运动旋量及力旋量等。通常意义上的旋量由 2 个三维矢量组成，可以同时表示向量的方向和位置，如刚体运动中的速度与角速度、（约束）力与力偶等。因此，在分析复杂的空间机构时，运用旋量理论可以把问题的描述和解决变得十分简洁统一，而且易于和其他方法如向量法、矩阵法等进行相互转换。

3.4.1 速度瞬心

如图 3.11 所示，刚体 2 相对固定坐标系或静止刚体 1 做平面运动（包括移动、转动、一般平面运动）。其上 P 点的绝对速度为零，与该点位置重合的静止刚体 1 上点的绝对速度也为零，由此，定义该点为刚体 2 相对刚体 1 的瞬心，同时也为两个刚体的同速点。或者说，在任一瞬时，某一刚体的平面运动都可看作绕某一相对静止点的转动，该相对静止点称为速度瞬心。任意两个刚体都有相对瞬心。找到瞬心 P 后，就容易确定刚体上其他各点的速度。例如，图 3.11 上点 C 的速度为

$$\boldsymbol{v}_{\mathrm{C}} = \boldsymbol{v}_{\mathrm{P}} + \boldsymbol{v}_{\mathrm{CP}} = \boldsymbol{\omega}_2 \boldsymbol{r}_{\mathrm{CP}} \tag{3.111}$$

3.4.2 旋量及其含义

点、直线和平面是描述欧氏几何空间的三种基本元素，而作为另外一种几何元素，旋量（screw quantity 或 screw），也称螺旋，是一条具有节距的直线，它是由直线引申而来的。简单而言，旋量可以直观地视为一个机械螺旋。

设 $\boldsymbol{s}$ 与 $\boldsymbol{s}^0$ 为三维空间的两个矢量，其中 $\boldsymbol{s}$ 为单位矢量，$\boldsymbol{s}^0=\boldsymbol{r}\times\boldsymbol{s}+h\boldsymbol{s}$，则 $\boldsymbol{s}$ 与 $\boldsymbol{s}^0$ 共同构成一个单位旋量（图 3.12），记作

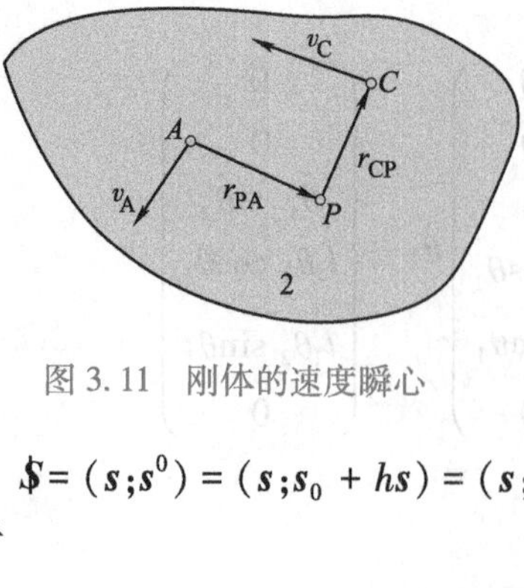

图 3.11 刚体的速度瞬心

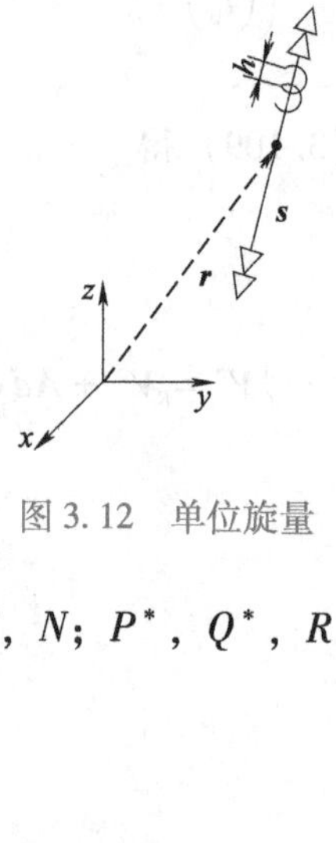

图 3.12 单位旋量

$$\$ = (\boldsymbol{s};\boldsymbol{s}^0) = (\boldsymbol{s};\boldsymbol{s}_0 + h\boldsymbol{s}) = (\boldsymbol{s};\boldsymbol{r}\times\boldsymbol{s} + h\boldsymbol{s}) = (L,\ M,\ N;\ P^*,\ Q^*,\ R^*) \tag{3.112}$$

或者

$$\$=\begin{pmatrix} s \\ s^0 \end{pmatrix}=\begin{pmatrix} s \\ s_0+hs \end{pmatrix}=\begin{pmatrix} s \\ r\times s+hs \end{pmatrix} \tag{3.113}$$

或者

$$\$=\begin{pmatrix} s^{\wedge} & r\times s+hs \\ \mathbf{0} & 0 \end{pmatrix} \tag{3.114}$$

或者

$$\$=s+\in s^0 \tag{3.115}$$

其中，式（3.112）是旋量的 Plucker 坐标表示形式；式（3.113）是旋量的向量表示形式；式（3.114）是旋量的李代数表示形式；式（3.115）是旋量的对偶数表示形式，s 为原部矢量，s_0为对偶部矢量。

式中，s 为表示旋量轴线方向的单位矢量，可用 3 个方向余弦表示，即 $s=(L, M, N)$，$L^2+M^2+N^2=1$；r 为指向旋量轴线上任意一点的向量［r 用$\$$上其他点 $r'(r'=r+\lambda s)$ 代替时，式（3.112）的结果相同，即 r 在$\$$上可以任意选定，其中 λ 大小决定 r'指向$\$$上的位置］；s^0为旋量的对偶部矢量，$s^0=(P^*,Q^*,R^*)=(P+hL,Q+hM,R+hN)$；$h$ 为节距（pitch），$h=s\cdot s^0=LP^*+MQ^*+NR^*$。

为简化表示（尤其对于特别指明的旋量类型），一般旋量可以用两端带双空心箭头的线表示，偶量用两端各带一个空心箭头的线表示，线矢量用两端无箭头的线表示。由于单位旋量满足 $s\cdot s=1$（归一化条件），6 个 Plucker 坐标中只需要 5 个独立的参数来确定。不过，如果用 Plucker 坐标表示一个任意的旋量，而不是单位旋量，就需要 6 个独立的参数来确定。

定义

$$\$=(\mathcal{L},\mathcal{M},\mathcal{N};\mathcal{P}^*,\mathcal{Q}^*,\mathcal{R}^*)=(s;s^0) \tag{3.116}$$

且

$$\$=\rho\$ \tag{3.117}$$

式中，ρ 表示旋量的幅值。

考虑单位旋量$\$=(s;\ s^0)$ 是齐次坐标的表达形式，因此用纯量 ρ 数乘后，$\rho(s;\ s^0)$ 仍表示同一旋量。可以证明，单位旋量的方向 s 与原点的位置无关，而 s^0与原点的位置有关。例如，将旋量（s; s^0）的原点由点 O 移至点 A，旋量变成（s; s^A），且

$$s^A=s^0+\overline{AO}\times s \tag{3.118}$$

对式（3.118）两边计算与 s 的标量积，得到

$$s\cdot s^A=s\cdot s^0 \tag{3.119}$$

可以看到 $s\cdot s^0$是原点不变量，同样可以证明旋量的节距 h 也是原点不变量。旋量在空间中对应有一条确定的轴线，为此，可将 s^0分解成平行和垂直于 s 的两个分量 hs 和 s^0-hs，即

$$\$=(s;s^0)=(s;s_0-hs)+(0;hs)=(s;s_0)+(0;hs) \tag{3.120}$$

式（3.120）表明 1 个线矢量和 1 个偶量可以组成 1 个旋量，而 1 个旋量可以看作是 1 个线矢量和 1 个偶量的同轴叠加，如图 3.13 所示。

如图 3.14 所示，若用 $\omega(\omega\in\mathbb{R}^3)$ 替换 s，用 $v(v\in\mathbb{R}^3)$ 替换 s^0，则式（3.113）变成

$$\$=\begin{pmatrix} \omega \\ v \end{pmatrix}=\begin{pmatrix} \omega \\ r\times\omega+h\omega \end{pmatrix} \tag{3.121}$$

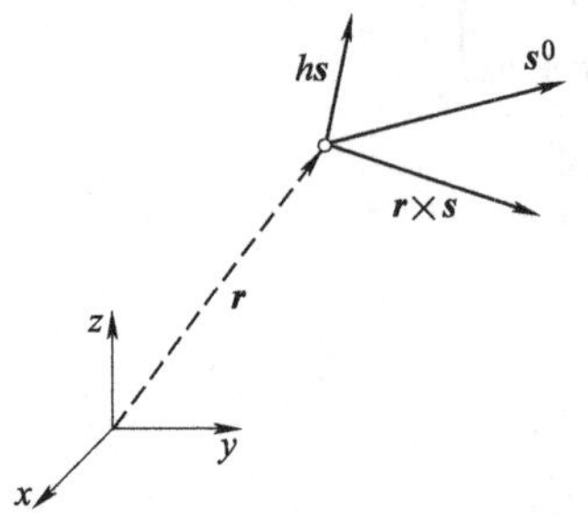

图 3.13　单位旋量的分解

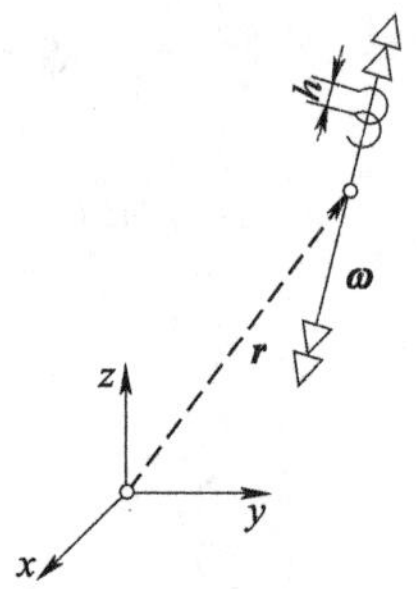

图 3.14　运动旋量

式（3.121）表示刚体运动的瞬时速度，可以将其称为单位运动旋量。一个运动旋量 $\boldsymbol{T}$ 可以通过三个参数来确定：$\boldsymbol{\omega}$，$\boldsymbol{r}$，h。反之，假设给定一个运动旋量，也可以唯一确定这三个参数。具体可以通过对运动旋量分解来实现，如图 3.15 所示，将运动旋量分解成一个与转动轴线平行的分量（沿 $\boldsymbol{\omega}$ 方向）和一个与转动轴线正交的分 $\boldsymbol{\omega}$（沿 $\boldsymbol{r}\times\boldsymbol{\omega}$ 方向），则

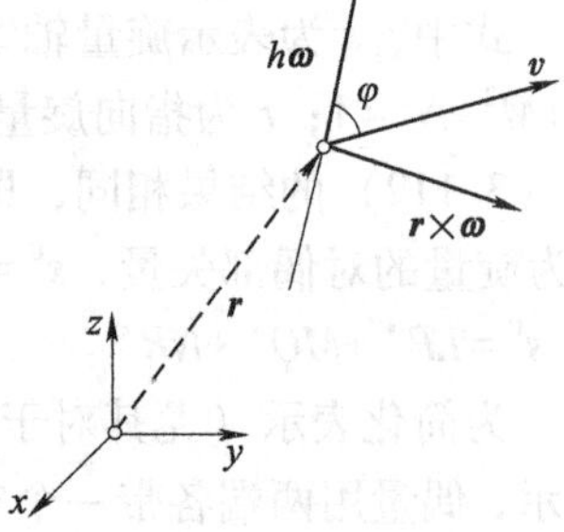

图 3.15　运动旋量的分解

$$|\boldsymbol{v}|\cos\varphi = h|\boldsymbol{\omega}| \tag{3.122}$$

根据矢量标量积的定义，可得

$$\boldsymbol{\omega}\cdot\boldsymbol{v} = |\boldsymbol{\omega}||\boldsymbol{v}|\cos\varphi \tag{3.123}$$

因而

$$h = \frac{\boldsymbol{\omega}\cdot\boldsymbol{v}}{\boldsymbol{\omega}\cdot\boldsymbol{\omega}} \tag{3.124}$$

$$\boldsymbol{r} = \frac{\boldsymbol{\omega}\times\boldsymbol{v}}{\boldsymbol{\omega}\cdot\boldsymbol{\omega}} \tag{3.125}$$

由此可以导出 h 和 $\boldsymbol{r}$，这样就求得了运动旋量 $\boldsymbol{T}$ 的三个参数 $\boldsymbol{\omega}$，$\boldsymbol{r}$，h。

例 3.4　已知某一运动旋量为 $\boldsymbol{T}=(1, 1, 0; 1, 3, 0)$，求 $\boldsymbol{\omega}$，$\boldsymbol{r}$，h。

解：根据运动旋量的表达，可得 $\boldsymbol{v}=(1, 3, 0)^{\mathrm{T}}$，$\boldsymbol{\omega}=(1, 1, 0)^{\mathrm{T}}$。

正则化 $\boldsymbol{\omega}$ 得到单位矢量

$$\boldsymbol{\omega} = \left(\frac{\sqrt{2}}{2}, \frac{\sqrt{2}}{2}, 0\right)^{\mathrm{T}}$$

进一步，可以计算 $\boldsymbol{r}$，h，得

$$h = \frac{\boldsymbol{\omega}\cdot\boldsymbol{v}}{\boldsymbol{\omega}\cdot\boldsymbol{\omega}} = 2$$

$$\boldsymbol{r} = \frac{\boldsymbol{\omega}\times\boldsymbol{v}}{\boldsymbol{\omega}\cdot\boldsymbol{\omega}} = (0,0,1)^{\mathrm{T}}$$

与表示刚体瞬时运动相似，刚体上的作用力也可以表示成旋量的形式。与运动旋量相对应的物理概念是力旋量，如图 3.16 所示，若用 $\boldsymbol{f}$($\boldsymbol{f} \in \mathbb{R}^3$) 替换单位旋量中的 $\boldsymbol{s}$，用 $\boldsymbol{\tau}$($\boldsymbol{\tau} \in \mathbb{R}^3$) 替换 $\boldsymbol{s}^0$，则式（3.113）变成

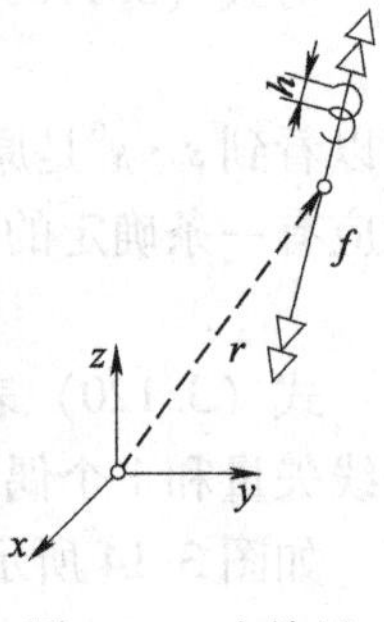

图 3.16　力旋量

$$\$=\begin{pmatrix}\boldsymbol{f}\\\boldsymbol{\tau}\end{pmatrix}=\begin{pmatrix}\boldsymbol{f}\\\boldsymbol{r}\times\boldsymbol{f}+h\boldsymbol{f}\end{pmatrix} \tag{3.126}$$

实际上，式（3.126）有着明确的物理意义，即可以表示刚体上的广义力，因此将其称为单位力旋量。

注意以上的表达均没有考虑幅值的存在，如果考虑幅值的存在，则式（3.126）变成

$$\boldsymbol{W}=f\$=\begin{pmatrix}\boldsymbol{f}\\\boldsymbol{\tau}\end{pmatrix}=\begin{pmatrix}\boldsymbol{f}\\\boldsymbol{r}\times\boldsymbol{f}+h\boldsymbol{f}\end{pmatrix}=(f_x,f_y,f_z,\tau_x,\tau_y,\tau_z)^{\mathrm{T}} \tag{3.127}$$

式中，$\boldsymbol{f}$表示作用在刚体上的纯力；而$\boldsymbol{\tau}$表示对原点的矩。

作为特殊的旋量类型，自互易旋量（线矢量和偶量）对机构学研究具有十分重要的意义。实际上，线矢量可以表示运动学中的纯转动或静力学中的纯力（或约束力），而偶量可以表示运动学中的纯移动或静力学中的纯力偶（或约束力偶）。

1. 刚体的瞬时转动和转动副

如图3.17所示，刚体绕某一个转动关节做瞬时转动。设$\boldsymbol{\omega}(\boldsymbol{\omega}\in\mathbb{R}^3)$是表示其旋转轴方向的单位矢量，角速度大小为$\omega$，$\boldsymbol{r}$为旋转轴上一点。描述刚体在三维空间上绕某个轴的旋转运动只用一个角速度矢量是不够的，还需要给出该旋转轴线的空间位置。显然，根据前面对线矢量的定义，可以很容易地给出与该转动关节对应的坐标为$\omega(\boldsymbol{\omega};\boldsymbol{v}_0)$，或者$\omega\begin{pmatrix}\boldsymbol{\omega}\\\boldsymbol{r}\times\boldsymbol{\omega}\end{pmatrix}$。其中，线矢量的第二项$\omega\boldsymbol{v}_0=\omega\boldsymbol{r}\times\boldsymbol{\omega}$表示刚体上与原点重合的点的速度，也就是转动刚体在该重合点处的切向速度。因此当旋转轴通过坐标系原点时，表示该旋转轴的线矢量可以简化为$\boldsymbol{\omega}(\boldsymbol{\omega};0)$。

2. 刚体的瞬时移动和移动副

如图3.18所示的刚体做移动运动。设$\boldsymbol{v}(\boldsymbol{v}\in\mathbb{R}^3)$表示移动副导路中心线方向的单位矢量，速度大小为$v$。对于移动运动，刚体上所有点都有相同的移动速度，也就是说将速度方向平移并不改变刚体的运动状态，因而这里的$\boldsymbol{v}$是自由矢量。该自由矢量对应的坐标为$v(0;\boldsymbol{v})$，它是一个偶量。另外，刚体移动可以看作是绕转动轴线位于与$\boldsymbol{v}$正交的无穷远平面内的一个瞬时转动。

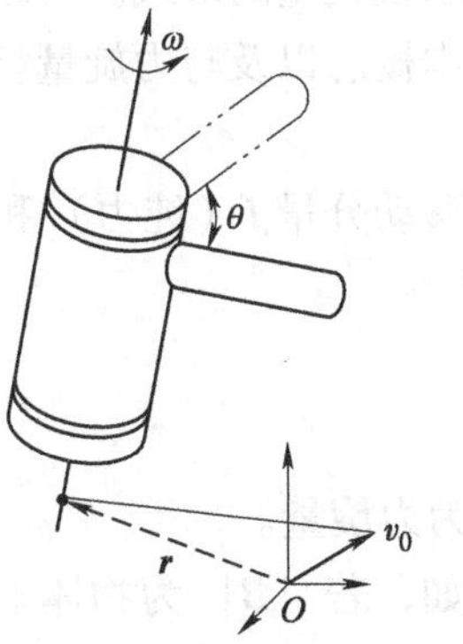

图3.17　刚体的瞬时转动与转轴

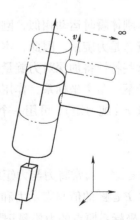

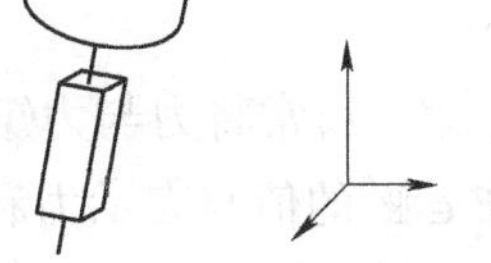

图3.18　刚体的瞬时移动

3. 刚体上的作用力

与刚体瞬时转动的表示类似，作用在刚体上的纯力或者施加在刚体上的纯力约束也可以用线矢量来表示。如图 3.19 所示，某刚体作用一纯力或力约束。设$\boldsymbol{f}(\boldsymbol{f}\in\mathbb{R}^3)$是表示该力作用线方向的单位矢量，大小为$f$，$r$为作用线上一点。若要清楚描述该力，只用一个方向矢量是不够的，还需要给出该作用线的空间位置。显然，根据前面对线矢量的定义，可以很容易地给出表示该力作用线的线矢量$f(\boldsymbol{f};\boldsymbol{\tau}_0)$，即$f\begin{pmatrix}\boldsymbol{f}\\ \boldsymbol{r}\times\boldsymbol{f}\end{pmatrix}$。

其中，线矢量的第二项$f\boldsymbol{\tau}_0=f\boldsymbol{r}\times\boldsymbol{f}$表示力对原点的力矩。当该力通过坐标系原点时，该线矢量可以简化为$f(\boldsymbol{f};\ 0)$。

4. 刚体上作用的力偶

如图 3.20 所示的刚体受到纯力偶的作用。设$\boldsymbol{\tau}(\boldsymbol{\tau}\in\mathbb{R}^3)$表示力偶平面法线方向的单位矢量，力偶大小为$\tau$。实际上，力偶也是一个自由矢量，即将力偶在其所在平面内平移并不改变它对刚体的作用效果。该自由矢量对应的坐标为$\tau(0;\ \boldsymbol{\tau})$，它也是一个偶量。另外，（约束）力偶也可以看作是一个作用在刚体上的“无限小的力”对原点的矩，该力的作用线与$\boldsymbol{\tau}$正交，并位于无穷远的平面上。

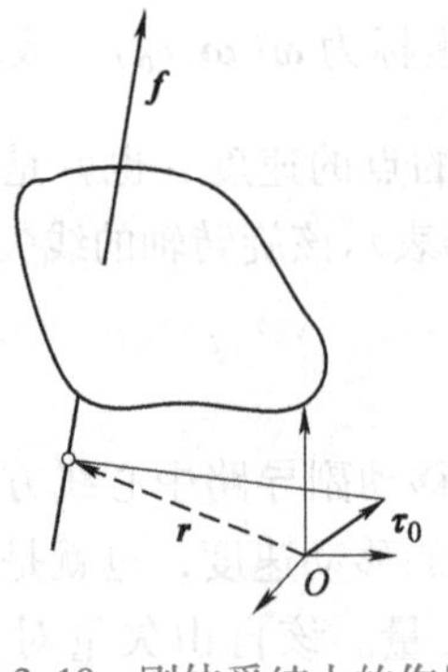

图 3.19　刚体受纯力的作用

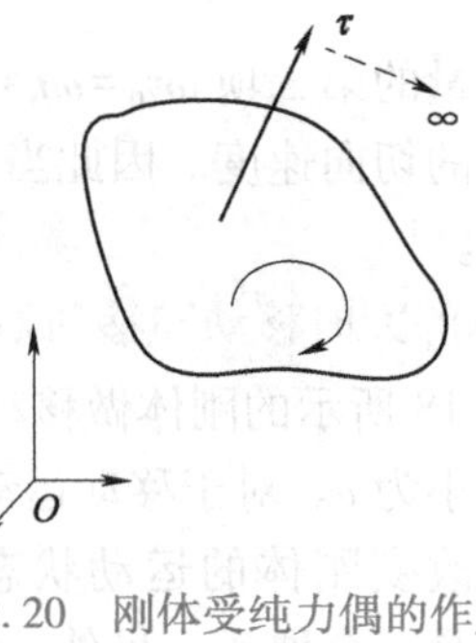

图 3.20　刚体受纯力偶的作用

3.4.3　力旋量

与表示刚体瞬时运动相似，刚体上的作用力也可以表示成旋量的形式。与运动旋量相对应的物理概念是力旋量。因此，本节重点讨论力旋量的基本概念以及与力旋量相关的一些几何特性，这些特性将加深对力旋量的理解。

相对于某一参考坐标系，作用在刚体上的广义力包括移动分量$\boldsymbol{f}$（纯力）和作用在一点的转动分量$\boldsymbol{\tau}$（纯力矩），可用一个六维列向量来表示，即

$$\boldsymbol{F}=\begin{pmatrix}\boldsymbol{f}\\ \boldsymbol{\tau}\end{pmatrix}\tag{3.128}$$

式中，$\boldsymbol{f}$，$\boldsymbol{\tau}\in\mathbb{R}^3$。通常将力与力矩组合而成的六维向量称为力旋量。

力旋量$\boldsymbol{F}\in\mathbb{R}^6$的值与表示力和力矩的坐标系有关。例如，若$\{B\}$为物体坐标系，则作用于$\{B\}$坐标系原点的力旋量记为${}^B\boldsymbol{F}=({}^B\boldsymbol{f},{}^B\boldsymbol{\tau})$，其中${}^B\boldsymbol{f}$和${}^B\boldsymbol{\tau}$均在坐标系$\{B\}$中描述。

力旋量与运动旋量的互易积即可定义成瞬时功。考虑刚体运动${}^A_B\boldsymbol{g}(\theta)$，其中$\{A\}$为惯性坐标系，$\{B\}$为物体坐标系。设${}^A_B\boldsymbol{V}^B\in\mathbb{R}^6$表示刚体瞬时速度，${}^B\boldsymbol{F}$表示施加给刚体的力旋

量。如果在坐标系 {B} 中描述这两个量，二者的互易积可表示无穷小的元功

$$\delta W = {}^{B}\boldsymbol{F}\cdot{}_{B}^{A}\boldsymbol{V}^{B} = {}^{B}\boldsymbol{F}^{\mathrm{T}}(\boldsymbol{\Delta}_{B}^{A}\boldsymbol{V}^{B}) = {}^{B}\boldsymbol{F}^{\mathrm{T}}{}_{B}^{A}\widehat{\boldsymbol{V}}^{B} = \boldsymbol{F}^{\mathrm{T}}\cdot{}_{B}^{A}\widehat{\boldsymbol{V}}^{B} = ({}^{B}\boldsymbol{f}\cdot{}_{B}^{A}\boldsymbol{v}^{B} + {}^{B}\boldsymbol{\tau}\cdot{}_{B}^{A}\boldsymbol{\omega}^{B}) \tag{3.129}$$

式中，${}_{B}^{A}\widehat{\boldsymbol{V}}^{B}$表示轴线坐标形式的物体速度。

如果有两个力旋量对于任何可能的刚体运动所做的功相同，则称它们等价。利用等价力旋量可以替换作用在不同点处或者不同坐标系下的力旋量。

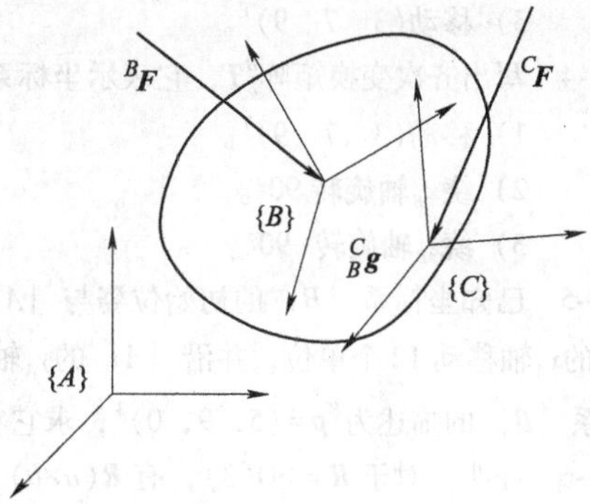

图 3.21　例 3.5 图

例 3.5　已知一力旋量${}^{B}\boldsymbol{F}$作用在坐标系 {B} 中的原点，要求确定作用在坐标系 {C} 原点处的等价力旋量（图 3.21）。

解：根据等价力旋量的定义，考察经过任意刚体运动时力旋量所做的瞬时元功。可得

$$\delta W = {}^{C}\boldsymbol{F}\cdot{}_{C}^{A}\widehat{\boldsymbol{V}}^{B} = {}^{B}\boldsymbol{F}\cdot{}_{B}^{A}\widehat{\boldsymbol{V}}^{B} = (\boldsymbol{Ad}_{{}_{B}^{C}\boldsymbol{g}}\,{}_{C}^{A}\widehat{\boldsymbol{V}}^{B})\cdot{}^{B}\boldsymbol{F} = (\boldsymbol{Ad}_{{}_{B}^{C}\boldsymbol{g}}\,{}^{B}\boldsymbol{F})\cdot{}_{C}^{A}\widehat{\boldsymbol{V}}^{B}$$

因此

$${}^{C}\boldsymbol{F} = \boldsymbol{Ad}_{{}_{B}^{C}\boldsymbol{g}}\,{}^{B}\boldsymbol{F}$$

将上式展开得

$$\begin{pmatrix} {}^{C}\boldsymbol{f} \\ {}^{C}\boldsymbol{\tau} \end{pmatrix} = \begin{pmatrix} {}_{B}^{C}\boldsymbol{R} & 0 \\ {}^{C}\boldsymbol{t}_{B}\,{}_{B}^{C}\boldsymbol{R} & {}_{B}^{C}\boldsymbol{R} \end{pmatrix}\begin{pmatrix} {}^{B}\boldsymbol{f} \\ {}^{B}\boldsymbol{\tau} \end{pmatrix}$$

对于刚体位形为${}_{B}^{A}\boldsymbol{g}\in \mathrm{SE}(3)$，作用在其上的合力旋量通常有两种表示方法：一种在物体坐标系 {B} 中表示，这时力旋量记为${}^{B}\boldsymbol{F}$，它表示等价力旋量作用在坐标系 {B} 中的原点；另一种在惯性坐标系 {A} 中表示，这时力旋量记为${}^{A}\boldsymbol{F}$。这些表示方法类似于刚体速度的惯性坐标系表示或物体坐标系表示。因此，借助前面的速度表示，可以很方便地给出力旋量在不同坐标系中的相互关系，具体可通过下列伴随矩阵的转置变换来表达。

$${}^{A}\boldsymbol{F} = \boldsymbol{Ad}_{\boldsymbol{g}}^{B}\boldsymbol{F}$$

表 3.1 给出了本书中几种常见物理量的旋量坐标。

表 3.1　各种物理量的旋量坐标比较

类型	节距特点	运动学	静力学	通用表达式
线矢量	$h=0$	角速度（$\boldsymbol{\omega}$; $\boldsymbol{r}\times\boldsymbol{\omega}$）	力（$\boldsymbol{f}$; $\boldsymbol{r}\times\boldsymbol{f}$）	（$\boldsymbol{s}$; $\boldsymbol{r}\times\boldsymbol{s}$）或者（$\boldsymbol{s}$; $\boldsymbol{s}_0$）
偶量	$h=\infty$	线速度（0; $\boldsymbol{v}$）	力偶（0; $\boldsymbol{\tau}$）	（0; $\boldsymbol{s}$）
旋量	h 为有限值	螺旋速度（$\boldsymbol{\omega}$; $\boldsymbol{r}\times\boldsymbol{\omega}+h\boldsymbol{\omega}$） 或者（$\boldsymbol{\omega}$; $\boldsymbol{v}$）	力旋量（$\boldsymbol{f}$; $\boldsymbol{r}\times\boldsymbol{f}+h\boldsymbol{f}$） 或者（$\boldsymbol{f}$; $\boldsymbol{\tau}$）	（$\boldsymbol{s}$; $\boldsymbol{r}\times\boldsymbol{s}+h\boldsymbol{s}$） 或者（$\boldsymbol{s}$; $\boldsymbol{s}^0$）

习　题　3

3-1　有一旋转变换，先绕固定坐标系z_0轴转 45°，再绕x_0轴转 30°，最后绕y_0轴转 60°，试求该齐次变换矩阵。

3-2　动坐标系 {B} 起初与固定坐标系 {O} 相重合，现绕z_0轴旋转 30°，然后绕旋转后的动坐标系的x_B轴旋转 45°，试写出动坐标系 {B} 的起始矩阵表达式和最终矩阵表达式。

3-3 写出齐次变换矩阵${}_B^A\boldsymbol{T}$，它表示坐标系｛B｝连续相对固定坐标系｛A｝做以下变换：

1）绕z_A轴旋转 90°。

2）绕x_A轴旋转-90°。

3）移动$(3\quad 7\quad 9)^{\mathrm{T}}$。

3-4 写出齐次变换矩阵${}_B^B\boldsymbol{T}$，它表示坐标系｛B｝连续相对自身坐标系｛B｝做以下变换：

1）移动$(3\quad 7\quad 9)^{\mathrm{T}}$。

2）绕x_B轴旋转 90°。

3）绕z_B轴旋转-90°。

3-5 已知坐标系｛B｝的初始位姿与｛A｝重合，首先坐标系｛B｝相对于｛A｝的z_A轴转 30°，再沿｛A｝的x_A轴移动 12 个单位，并沿｛A｝的y_A轴移动 6 个单位，求位置矢量${}^A\boldsymbol{p}_{B_0}$和旋转矩阵${}_B^A\boldsymbol{R}$。假设点 p 在坐标系｛B｝的描述为${}^B\boldsymbol{p}=(5,\ 9,\ 0)^{\mathrm{T}}$，求它在坐标系｛$A$｝中的描述${}^A\boldsymbol{p}$。

3-6 证明：对于$\boldsymbol{R}\in\mathrm{SO}(3)$，有$\boldsymbol{R}(a\times b)=\boldsymbol{R}a\times\boldsymbol{R}b$。

3-7 假设$\boldsymbol{a}=(1\quad -1.2)^{\mathrm{T}}$，以及$\boldsymbol{R}=\boldsymbol{R}_{x,90}$。通过直接运算来证明$\boldsymbol{R}\boldsymbol{S}(a)\boldsymbol{R}^{\mathrm{T}}=\boldsymbol{S}\boldsymbol{R}(a)$。

3-8 证明：全体正交矩阵集合对矩阵的乘法运算构成一个群。

3-9 试判断下面的矩阵是否满足群的条件：

$$\boldsymbol{A}=\begin{pmatrix}\cos\theta & -\sin\theta & x\\ \sin\theta & \cos\theta & y\\ 0 & 0 & 1\end{pmatrix},x,y,\theta\in\mathbb{R}$$

3-10 试判断下面的矩阵是否满足群的条件：

$$\boldsymbol{A}=\begin{pmatrix}\cos\theta & -\sin\theta & 0 & x\\ \sin\theta & \cos\theta & 0 & y\\ 0 & 0 & 1 & z\\ 0 & 0 & 0 & 1\end{pmatrix},x,y,z,\theta\in\mathbb{R}$$

3-11 对于旋转群及其李代数，

1）若$\boldsymbol{R}\in\mathrm{SO}(3)$，$\omega^{\wedge}$为对应的李代数，试证明$(\boldsymbol{R}\omega)^{\wedge}=\boldsymbol{R}\,\omega^{\wedge}\boldsymbol{R}^{\mathrm{T}}$。

2）若$\boldsymbol{R}\in\mathrm{SO}(2)$，$\omega^{\wedge}$为对应的李代数，试证明$\omega^{\wedge}=\boldsymbol{R}\,\omega^{\wedge}\boldsymbol{R}^{\mathrm{T}}$。

3-12 证明$\dot{\boldsymbol{R}}(t)\boldsymbol{R}^{-1}(t)$和$\boldsymbol{R}^{-1}(t)\dot{\boldsymbol{R}}(t)$都是反对称矩阵。

3-13 证明旋量的节距是原点不变量。

3-14 补充空格的数值，使之表示一个单位旋量，并确定该旋量的节距和轴线坐标。

1）$\left(\dfrac{1}{\sqrt{2}},\ 0,\ \_\_\_\_;\ 1,\ 0,\ 1\right)$。

2）$\left(\dfrac{3}{5\sqrt{2}},\ \dfrac{4}{5\sqrt{2}},\ \_\_\_\_;\ 0,\ -\dfrac{5}{4},\ 1\right)$。

第4章 工业机器人运动学分析

工业机器人运动学研究工业机器人的运动特性，包括工业机器人的位置、速度、加速度以及位置变量的所有高阶导数（对于时间或其他变量），而不考虑使工业机器人产生运动时施加的力。因此，工业机器人运动学涉及所有与运动有关的几何参数和时间参数。工业机器人的运动以及使之运动而施加的力和力矩之间的关系称为工业机器人动力学，将在第6章进行研究。

为了便于处理工业机器人的复杂几何参数，首先需要在工业机器人的每个连杆上分别固接一个连杆坐标系，然后再描述这些连杆坐标系之间的关系。除此之外，工业机器人运动学还研究当各个连杆通过关节连接起来后，连杆坐标系之间的相对关系。本章的研究重点是把工业机器人关节变量作为自变量，描述工业机器人末端执行器的位置和姿态与工业机器人基座之间的函数关系。

4.1 工业机器人正运动学分析

4.1.1 连杆坐标系的建立

为了描述每个连杆与相邻连杆之间的相对位置关系，需要在每个连杆上定义一个固连坐标系。根据固连坐标系所在连杆的编号对固连坐标系命名，因此，固连在连杆 i 上的固连坐标系称为坐标系 $\{i\}$。

对于连杆链中的中间连杆，按照下面的方法确定连杆上的固连坐标系：坐标系 $\{i\}$ 的 Z 轴为 Z_i 并与关节轴 i 重合，坐标系 $\{i\}$ 的原点位于公垂线 a_i 与关节轴的交点处，X_i 沿 a_i 方向由关节 i 指向关节 i+1。

当 $a_i=0$ 时（a_i 为沿 X_i 轴，从 Z_i 移动到 Z_{i+1} 的距离），X_i 垂直于 Z_i 和 Z_{i+1} 所在的平面。按右手定则绕 X_i 轴的转角定义为 α_i，由于 X_i 轴的方向可以有两种选择，因此 α_i 的符号也有两种选择。Y_i 轴由右手定则确定，从而完成了对坐标系 $\{i\}$ 的定义。图4.1所示为一般工业机器人上连杆坐标系 $\{i-1\}$ 和 $\{i\}$ 的位置。

对于连杆链中的首尾连杆，固连于机器人基座（即连杆0）上的坐标系为坐标系 $\{0\}$。这个坐标系是一个固定不动的坐标系，因此在研究工业机器人运动学问题时，可以把该坐标系作为参考坐标系，可以在这个参考坐标系中描述工业机器人所有其他连杆坐标系的位置。参考坐标系 $\{0\}$ 可以任意设定，但是为了使问题简化，通常设定 Z_0 沿关节轴1的方向，并且当关节变量 q_1 为0时，设定参考坐标系 $\{0\}$ 与坐标系 $\{1\}$ 重合。按照这个规定，总有

$a_0=0$。另外，当关节 1 为转动关节时，$d_1=0$；当关节 1 为移动关节时，$\theta_1=0$。

对于转动关节 n，设定 $\theta_n=0$，此时 X_n轴与 X_{n-1}轴的方向相同，选取坐标系 $\{n\}$ 的原点位置使之满足 $d_n=0$。对于移动关节 n，设定 X_n轴的方向使之满足 $\theta_n=0$。当 $d_n=0$ 时，选取坐标系 $\{n\}$ 的原点位于 $d_n=0$ 轴与关节轴 n 的交点位置。

如果按照上述规定将连杆坐标系固连于连杆上时，连杆参数可以定义如下：a_i为沿 X_i轴，从 Z_i移动到 Z_{i+1}的距离；α_i 为绕 X_i 轴，从 Z_i 移动到 Z_{i+1}的角度；d_i为沿 Z_i 轴，从 X_{i-1} 移动到 X_i的距离；θ_i为绕 Z_i 轴，从 X_{i-1} 移动到 X_i的角度。

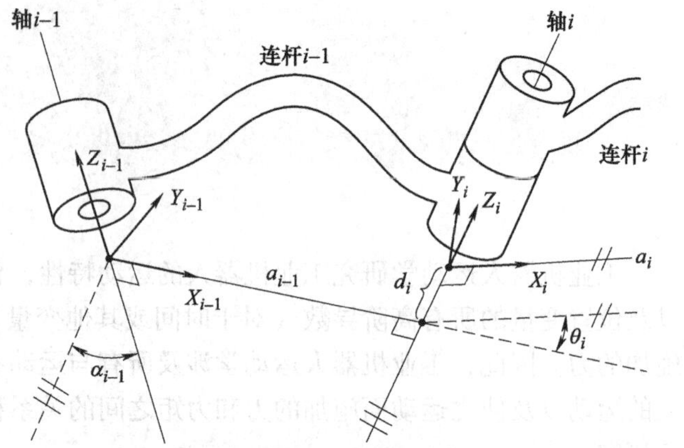

图 4.1　连杆坐标系

因为 a_i对应的是距离，因此通常设定 $a_i>0$。然而 α_i、d_i和 θ_i的值可以为正，也可以为负。

最后需要声明，按照上述方法建立的连杆固连坐标系并不是唯一的。首先，当选取 Z_i轴与关节轴 i 重合时，Z_i轴的指向有两种选择。此外，在关节轴相交的情况下（这时 $a_i=0$），由于 X_i轴垂直于 Z_i轴与 Z_{i+1}轴所在的平面，因此 X_i轴的指向也有两种选择。当关节轴 i 与 $i+1$ 平行时，坐标系 $\{i\}$ 的原点位置可以任意选择（通常选取该原点使之满足 $d_i=0$）。另外，当关节为移动关节时，坐标系的选取也有一定的任意性。

对于一个新机构，可以按照下面的步骤正确地建立连杆坐标系。

1）找出各关节轴，并标出（或画出）这些轴线的延长线。在下面的步骤 2）~5）中，仅考虑两条相邻的轴线（关节轴 i 和 $i+1$）。

2）找出关节轴 i 和 $i+1$ 之间的公垂线或关节轴 i 的和 $i+1$ 的交点，以关节轴 i 和 $i+1$ 的交点或公垂线与关节轴 i 的交点作为连杆坐标系 $\{i\}$ 的原点。

3）规定 Z_i轴沿关节轴 i 的方向。

4）规定 X_i沿公垂线的方向，如果关节轴 i 和 $i+1$ 相交，则规定 X_i轴垂直于关节轴 i 和 $i+1$ 所在的平面。

5）按照右手定则确定 Y_i轴。

6）当第一个关节变量为 0 时，规定坐标系 $\{0\}$ 和 $\{1\}$ 重合。对于坐标系 $\{n\}$，其原点和 i 的方向可以任意选取，但是在选取时，通常尽量使连杆参数为 0。

4.1.2　连杆 D-H 参数

工业机器人可以看成是由一系列刚体通过关节连接而成的一个运动链，将这些刚体称为连杆，通过关节将两个相邻的连杆连接起来。当两个刚体之间的相对运动是两个平面之间的相对滑动时，连接相邻两个刚体的运动副为低副。

在进行工业机器人的结构设计时，通常优先选择仅具有一个自由度的关节作为连杆的连接方式，大部分工业机器人中包括转动关节或移动关节。在极少数情况下，采用具有 n 个自由度的关节，这种关节可以看成是由 n 个单自由度的关节与 $n-1$ 个长度为 0 的连杆连接而成的。因此，不失一般性，这里仅对只含单自由度关节的工业机器人进行研究。

从工业机器人的固定基座开始为连杆进行编号，可以称固定基座为连杆 0，第一个可动连杆为连杆 1，以此类推，工业机器人最末端的连杆为连杆 n。为了确定末端执行器在三维空间的位置和姿态，工业机器人至少需要 6 个关节，典型的工业机器人具有 5 或 6 个关节。有些机器人实际上不是一个单独的运动链（其中含有平行四边形连杆机构或其他的闭式运动链）。

设计人员在进行机器人设计时，需要考虑典型机器人中单个连杆的许多特性：材料特性、回连杆的强度和刚度、关节轴承的类型和安装位置、外形、重量和转动惯量以及其他一些因素。

然而在建立机构运动学方程时，为了确定工业机器人两个相邻关节轴的位置关系，可把连杆看作是一个刚体，用空间的直线来表示关节轴，即用一个矢量来表示，连杆 i 绕关节轴相对于连杆 i-1 转动。由此可知，在描述连杆的运动时，一个连杆的运动可用两个参数描述，这两个参数定义了空间两个关节轴之间的相对位置。

三维空间中的任意两个关节轴之间的距离均为一个确定值，两个关节轴之间的距离即为两关节轴之间公垂线的长度。两关节轴之间的公垂线总是存在的，当两关节轴不平行时，两关节轴之间的公垂线只有一条。当两关节轴平行时，则存在无数条长度相等的公垂线。在图 4.1中，关节轴 i-1 和关节轴 i 之间公垂线的长度为 a_{i-1}，a_{i-1} 即为连杆长度。也可以用另一种方法来描述 a_{i-1}，以关节轴 i-1 为轴线作一个圆柱，并且把该圆柱的半径向外扩大，直到该圆柱与关节轴 i 相交时，这时圆柱的半径即等于 a_{i-1}。

用来定义两关节轴相对位置的第二个参数为连杆转角。假设作一个平面，并使该平面与两关节轴之间的公垂线垂直，然后把关节轴 i-1 和关节轴 i 投影到该平面上，在平面内关节轴 i-1 按照右手法则绕 a_{i-1} 转向关节轴 i，测量两轴线之间的夹角，用转角 α_{i-1} 定义连杆 i-1 的扭转角。在图 4.2 中，α_{i-1} 表示关节轴 i-1 和关节轴 i 之间的夹角（图中标有三条短画线的两条线为平行线）。当两个关节轴线相交时，两关节轴线之间的夹角可以在两者所在的平面中测量，但因为此时两根轴在同一平面，并不能体现连杆转角的概念，因此 α_{i-1} 没有意义。在这种特殊情况下，α_{i-1} 的大小和符号可以任意选取。

在机器人中把各个连杆连接起来时，设计人员还要考虑和解决许多问题。包括关节的强度、关节的润滑方式、轴承的类型以及轴承的装配方法。然而在研究机器人的运动学问题时，仅需要考虑两个参数，这两个参数完全确定了所有连杆的连接方式。

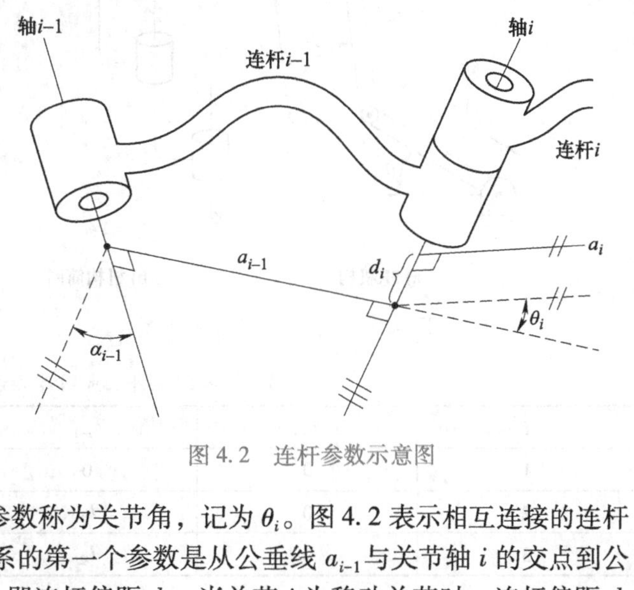

图 4.2　连杆参数示意图

相邻两个连杆之间有一个公共的关节轴。沿两个相邻连杆公共轴线方向的距离可以用一个参数描述，该参数称为连杆偏距，在关节轴 i 上的连杆偏距记为 d_i。用另一个参数描述两相邻连杆绕公共轴线旋转的夹角，该参数称为关节角，记为 θ_i。图 4.2 表示相互连接的连杆 i-1 和连杆 i，描述相邻两连杆连接关系的第一个参数是从公垂线 a_{i-1} 与关节轴 i 的交点到公垂线 a_i 与关节轴 i 的交点的有向距离，即连杆偏距 d_i。当关节 i 为移动关节时，连杆偏距 d_i

是一个变量。描述相邻两连杆连接关系的第二个参数是 a_{i-1} 的延长线和 a_i 之间绕关节轴 i 旋转所形成的夹角，即关节角 θ_i。图中标有双斜线的直线为平行线。当关节 i 为转动关节时，关节角 θ_i 是一个变量。

由上可知，机器人的每个连杆都可以用四个运动学参数来描述，其中两个参数用于描述连杆本身，另外两个参数用于描述连杆之间的连接关系。通常，对于转动关节，θ_i 为关节变量，其他三个连杆参数是固定不变的；对于移动关节，d_i 为关节变量，其他三个连杆参数是固定不变的。这种用连杆参数描述机构运动关系的规则称为 Denavit-Hartenberg 参数（简称 D-H 参数）。还有其他一些描述机构运动参数的方法，在此不作介绍。

根据上述方法，可以确定任意机构的 D-H 参数，并用这些参数来描述该机构。例如，对于一个 6 关节机器人，需要 18 个参数就可以完全描述这些固定的运动学参数。如果 6 关节机器人的 6 个关节均为转动关节，这时 18 个固定参数可以用 6 组（a_i，α_i，d_i）表示。

例 4.1　图 4.3 所示为一个平面三连杆工业机器人。因为三个关节均为转动关节，因此有时称该工业机器人为 RRR（或 3R）机构。图 4.3b 所示为该工业机器人的机构简图。图上标有双斜线的直线为平行线。在此机构上建立连杆坐标系并写出连杆 D-H 参数。

解：首先定义参考坐标系，即坐标系｛0｝，它固定在基座上。当第一个关节变量值 $\theta_1=0$ 时，坐标系｛0｝与坐标系｛1｝重合，因此建立的坐标系｛0｝如图 4.4 所示，且 Z_0 轴与关节 1 轴线重合。这个工业机器人所有的关节轴线都与工业机器人所在的平面垂直。由于该工业机器人位于一个平面上，因此所有的 Z 轴相互平行，没有连杆偏距，所有的 d_i 都为 0。所有关节都是旋转关节，因此当转角都为 0 时，所有的 X 轴一定在一条直线上。

由上面的分析很容易确定如图 4.4 所示的各坐标系，相应的连杆 D-H 参数见表 4-1。

由于所有的关节轴都是平行的，且所有的 Z 轴都垂直纸面向外，因此 α_i 都为 0。这显然是一个非常简单的机构。

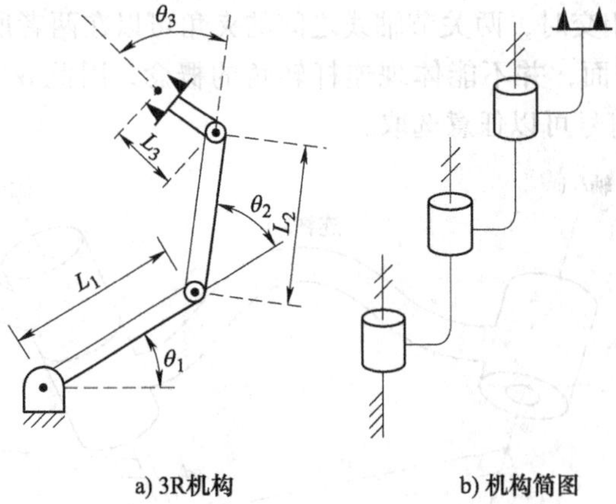

图 4.3　平面三连杆工业机器人

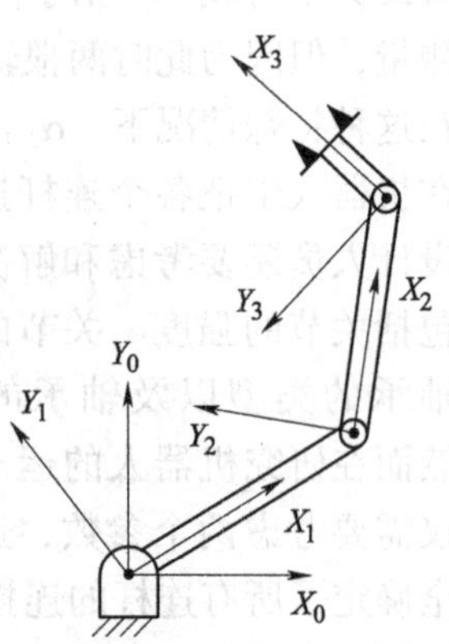

图 4.4　连杆坐标系的建立

表 4.1　平面三连杆工业机器人连杆 D-H 参数

i	α_{i-1}	a_{i-1}	d_i	θ_i
1	0	0	0	θ_1
2	0	L_1	0	θ_2
3	0	L_2	0	θ_3

运动学分析最后总是归结到一个坐标系里，这个坐标系的原点位于最后一个关节轴上，因此在连杆参数里没有 L_3。关于末端执行器的连杆偏距将在后面分别予以讨论。

例 4.2　图 4.5 所示为一个三自由度机器人，其中包括一个移动关节。该工业机器人为 RPR 机构（一种定义关节类型和顺序的表示方法）。它是一种“柱坐标”机器人，俯视时前两个关节可看作是极坐标的形式，最后一个关节（关节 3）可提供机械手的转动。图 4. 5b所示为该工业机器人的机构简图。注意表示移动关节的符号，还要注意“点”表示两个相邻关节轴的交点。关节轴 1 与关节轴 2 是相互垂直的。在此机构上建立连杆坐标系并写出连杆 D-H 参数。

解：图 4. 6a 所示为工业机器人的移动关节处于最小伸展状态时的情况。图 4-6b 所示为连杆坐标系的布局。

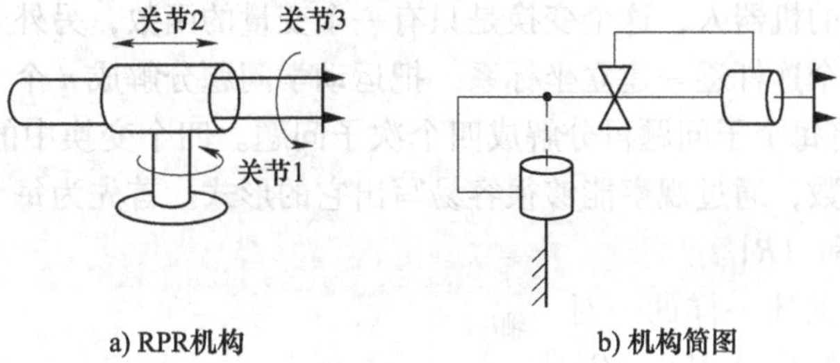

图 4. 5　非平面三连杆工业机器人

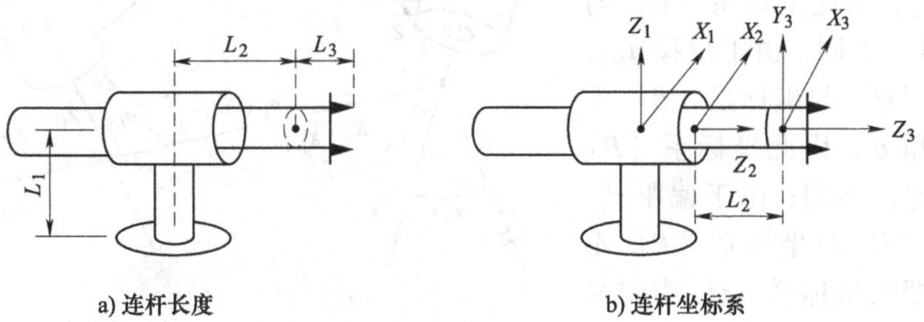

图 4. 6　连杆坐标系的建立

在图中机器人所处的位置 $\theta_1=0$，所以坐标系｛0｝和坐标系｛1｝在图中完全重合。坐标系｛0｝虽然没有建立在机器人法兰基座的最底部，但仍然刚性地固连于连杆 0 上，即机器人固定不动的部分，正如同进行运动学分析时并不需要将连杆坐标系一直向上描述到机械手的外部一样，反过来也不必将连杆坐标系固连于机器人基座的最底部。只要把坐标系｛0｝建立在固定连杆 0 的任意位置，把坐标系｛n｝（即最后一个坐标系）建立在工业机器人末端连杆的任意位置就行了。其他连杆偏距可用一般方法进行处理。

转动关节绕相连坐标系的 Z 轴旋转，而移动关节沿 Z 轴平动。对于移动关节 i，θ_i是常量，d_i是变量。如果连杆处于最小伸展状态时 $d_i=0$，则连杆坐标系｛2｝如图 4. 6b 所示，这时连杆偏距 d_2是一个实数。相应的连杆 D-H 参数见表 4. 2。

对于该机器人，$\theta_2=0$，d_2是变量。由于关节轴 1 和关节轴 2 相交，所以 $a_1=0$。为使 Z_1与 Z_2重合，Z_1需旋转（绕 Z_1轴）的角度 α_1必为 90°。

表 4.2　非平面三连杆工业机器人的连杆 D-H 参数

i	α_{i-1}	a_{i-1}	d_i	θ_i
1	0	0	0	θ_1
2	90°	0	d_2	0
3	0	0	L_2	θ_3

4.1.3　变换方程

在这一节，将导出相邻连杆间坐标系变换的一般形式，然后将这些独立的变换联系起来求出连杆 n 相对于连杆 0 的位置和姿态。

建立坐标系 $\{i\}$ 相对于坐标系 $\{i-1\}$ 的变换，一般这个变换是由四个连杆参数构成的函数。对任意给定的机器人，这个变换是只有一个变量的函数，另外三个参数是由机械系统确定的。通过对每个连杆逐一建立坐标系，把运动学问题分解成 n 个子问题。为了求解每个子问题，即${}^{i-1}_{i}T$，将每个子问题再分解成四个次子问题。四个变换中的每一个变换都是仅有一个连杆参数的函数，通过观察能够很容易写出它的形式。首先为每个连杆定义三个中间坐标系 $\{P\}$、$\{Q\}$ 和 $\{R\}$。

图 4.7 所示为与前述一样的一对关节，图中定义了坐标系 $\{P\}$、$\{Q\}$ 和 $\{R\}$。注意，为了表示简洁，在每一个坐标系中仅给出了 X 轴和 Z 轴。由于旋转 α_{i-1}，因此坐标系 $\{R\}$ 与坐标系 $\{i-1\}$ 不同；由于位移 a_{i-1}，因此坐标系 $\{Q\}$ 与坐标系 $\{R\}$ 不同；由于转角 θ_i，因此坐标系 $\{P\}$ 与坐标系 $\{Q\}$ 不同；由于偏距 d_i，因此坐标系 $\{i\}$ 与坐标系 $\{P\}$ 不同。如果想把在坐标系 $\{i\}$ 中定义的矢量变换成在坐标系 $\{i-1\}$ 中定义，这个变换矩阵可以写成

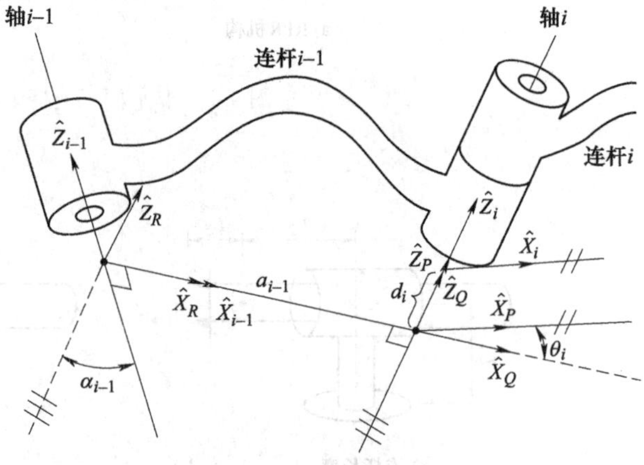

图 4.7　连杆中间坐标系

$$ {}^{i-1}\boldsymbol{P} = {}^{i-1}_{R}\boldsymbol{T}\,{}^{R}_{Q}\boldsymbol{T}\,{}^{Q}_{P}\boldsymbol{T}\,{}^{P}_{i}\boldsymbol{T}\,{}^{i}\boldsymbol{P} \tag{4.1} $$

即

$$ {}^{i-1}\boldsymbol{P} = {}^{i-1}_{i}\boldsymbol{T}\,{}^{i}\boldsymbol{P} \tag{4.2} $$

这里

$$ {}^{i-1}_{i}\boldsymbol{T} = {}^{i-1}_{R}\boldsymbol{T}\,{}^{R}_{Q}\boldsymbol{T}\,{}^{Q}_{P}\boldsymbol{T}\,{}^{P}_{i}\boldsymbol{T} \tag{4.3} $$

考虑每一个变换矩阵，式（4.2）可以写成

$$ {}^{i-1}_{i}\boldsymbol{T} = \boldsymbol{R}_X(\alpha_{i-1})\boldsymbol{D}_X(a_{i-1})\boldsymbol{R}_Z(\theta_i)\boldsymbol{D}_Z(d_i) \tag{4.4} $$

即

$$ {}^{i-1}_{i}\boldsymbol{T} = \$_X(a_{i-1},\ \alpha_{i-1})\ \$_Z(d_i,\ \theta_i) \tag{4.5} $$

这里$\$_X$（$r$，$\phi$）代表沿 X 轴平移 r、再绕 Q 轴旋转角度 ϕ 的组合变换。由矩阵连乘计算出式（4.3），得到${}^{i-1}_{i}\boldsymbol{T}$ 的一般表达式为

$$
{}^{i-1}_{\ i}\boldsymbol{T}=\begin{pmatrix}\cos\theta_i & -\sin\theta_i & 0 & a_{i-1}\\ \sin\theta_i\cos\alpha_{i-1} & \cos\theta_i\cos\alpha_{i-1} & -\sin\alpha_{i-1} & -\sin\alpha_{i-1}d_i\\ \sin\theta_i\sin\alpha_{i-1} & \cos\theta_i\sin\alpha_{i-1} & \cos\alpha_{i-1} & \cos\alpha_{i-1}d_i\\ 0 & 0 & 0 & 1\end{pmatrix} \tag{4.6}
$$

例 4.3　表 4.2 是图 4.5 所示机器人对应的连杆 D-H 参数，试计算各连杆变换矩阵。

解：带入式（4.6），得

$$
{}^0_1\boldsymbol{T}=\begin{pmatrix}\cos\theta_1 & -\sin\theta_1 & 0 & 0\\ \sin\theta_1 & \cos\theta_1 & 0 & 0\\ 0 & 0 & 1 & 0\\ 0 & 0 & 0 & 1\end{pmatrix}
$$

$$
{}^1_2\boldsymbol{T}=\begin{pmatrix}1 & 0 & 0 & 0\\ 0 & 0 & -1 & -d_2\\ 0 & 0 & 1 & 0\\ 0 & 0 & 0 & 1\end{pmatrix}
$$

$$
{}^2_3\boldsymbol{T}=\begin{pmatrix}\cos\theta_3 & -\sin\theta_3 & 0 & 0\\ \sin\theta_3 & \cos\theta_3 & 0 & 0\\ 0 & 0 & 1 & L_2\\ 0 & 0 & 0 & 1\end{pmatrix}
$$

4.1.4　运动学方程

如果已经定义了连杆坐标系和相应的连杆参数，就能直接建立运动学方程。分别计算出各个连杆变换矩阵就能得出各个连杆参数的值，把这些连杆变换矩阵连乘就能得到一个坐标系 $\{n\}$ 相对于坐标系 $\{0\}$ 的变换矩阵，即

$$
{}^0_n\boldsymbol{T}={}^0_1\boldsymbol{T}{}^1_2\boldsymbol{T}{}^2_3\boldsymbol{T}\cdots{}^{n-1}_{\ n}\boldsymbol{T} \tag{4.7}
$$

变换矩阵 ${}^0_n\boldsymbol{T}$ 是关于 n 个关节变量的函数。如果能得到机器人关节位置传感器的值，机器人末端连杆在笛卡儿坐标系里的位置和姿态就能通过 ${}^0_n\boldsymbol{T}$ 计算出来。

例 4.4　图 4.8 所示为平面双连杆工业机器人。关节轴 z_0 和 z_1 均垂直于纸面，建立基坐标系 $o_0x_0y_0z_0$。将 z_0 轴与纸面的交点选作 o_0，x_0 轴的方向是完全任意的。坐标系 $o_1x_1y_1z_1$ 通过连杆坐标系建立的方法确定，其中 o_1 被放置在 z_1 轴与纸面交点处。

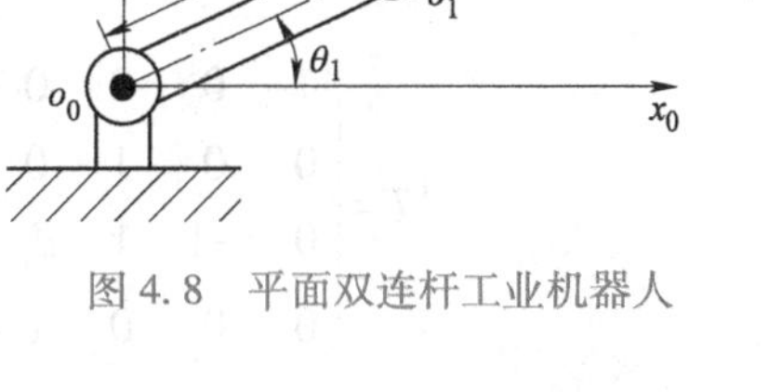

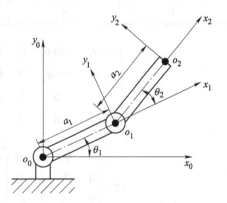

图 4.8　平面双连杆工业机器人

如图所示，通过将原点 o_2 放置在连杆 2 的末端来确定最终的坐标系 $o_2x_2y_2z_2$。连杆 D-H 参数见表 4.3。则所对应的变换矩阵为

表 4.3　平面双连杆工业机器人的连杆 D-H 参数

i	α_i	a_i	d_i	θ_i
1	0	a_1	0	θ_1
2	0	a_2	d_2	θ_2

$$ {}_1^0\boldsymbol{T}=\begin{pmatrix} \cos\theta_1 & -\sin\theta_1 & 0 & a_1\cos\theta_1 \\ \sin\theta_1 & \cos\theta_1 & 0 & a_1\sin\theta_1 \\ 0 & 0 & 1 & 0 \\ 0 & 0 & 0 & 1 \end{pmatrix} $$

$$ {}_2^1\boldsymbol{T}=\begin{pmatrix} \cos\theta_2 & -\sin\theta_2 & 0 & a_2\cos\theta_2 \\ \sin\theta_2 & \cos\theta_2 & 0 & a_2\sin\theta_2 \\ 0 & 0 & 1 & 0 \\ 0 & 0 & 0 & 1 \end{pmatrix} $$

因此

$$ {}_2^0\boldsymbol{T}={}_1^0\boldsymbol{T}{}_2^1\boldsymbol{T}=\begin{pmatrix} \cos(\theta_1+\theta_2) & -\sin(\theta_1+\theta_2) & 0 & a_1\cos\theta_1+a_2\cos(\theta_1+\theta_2) \\ \sin(\theta_1+\theta_2) & \cos(\theta_1+\theta_2) & 0 & a_1\sin\theta_1+a_2\sin(\theta_1+\theta_2) \\ 0 & 0 & 1 & 0 \\ 0 & 0 & 0 & 1 \end{pmatrix} $$

例 4.5 圆柱型三连杆机器人如图 4.9 所示，原点 o_1 布置在关节 1 处，原点 o_0 在 z_0 轴上的放置位置以及 x_0 轴的方向都是任意的。o_0 的位置是最自然的，但如果将 o_0 放置在关节 1 处同样可以。由于 z_0 与 z_1 重合，原点 o_1 放置在关节 1 处。当 $\theta_1=0$ 时，x_1 轴平行于 x_0，但是 x_1 轴的方向会发生改变，这是由于 θ_1 是可变的（θ_1 是关节变量）。由于 z_2 与 z_1 相交，原点 o_2 放置在两轴交点处。选择 x_2 的方向平行于 x_1，从而使 $\theta_2=0$。最后，第三坐标系放置在连杆 3 的末端。连杆 D-H 参数见表 4.4。所对应的变换矩阵为

表 4.4 圆柱型三连杆工业机器人的连杆 D-H 参数

i	α_i	a_i	d_i	θ_i
1	0	0	d_1	θ_1
2	−90°	0	d_2	0
3	0	0	d_3	0

$$ {}_1^0\boldsymbol{T}=\begin{pmatrix} \cos\theta_1 & -\sin\theta_1 & 0 & 0 \\ \sin\theta_1 & \cos\theta_1 & 0 & 0 \\ 0 & 0 & 1 & d_1 \\ 0 & 0 & 0 & 1 \end{pmatrix} $$

$$ {}_2^1\boldsymbol{T}=\begin{pmatrix} 1 & 0 & 0 & 0 \\ 0 & 0 & 1 & 0 \\ 0 & -1 & 1 & d_2 \\ 0 & 0 & 0 & 1 \end{pmatrix} $$

$$ {}_3^2\boldsymbol{T}=\begin{pmatrix} 1 & 0 & 0 & 0 \\ 0 & 1 & 0 & 0 \\ 0 & 0 & 1 & d_3 \\ 0 & 0 & 0 & 1 \end{pmatrix} $$

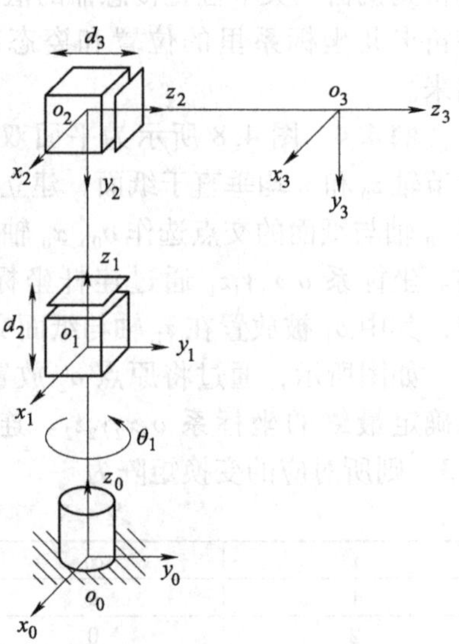

图 4.9 圆柱型三连杆机器人

$$ {}_3^0\boldsymbol{T}={}_1^0\boldsymbol{T}_2^1\boldsymbol{T}_3^2\boldsymbol{T}=\begin{pmatrix}\cos\theta_1 & 0 & -\sin\theta_1 & -\sin\theta_1 d_3\\ \sin\theta_1 & 0 & \cos\theta_1 & \cos\theta_1 d_3\\ 0 & 0 & 1 & d_1+d_2\\ 0 & 0 & 0 & 1\end{pmatrix} $$

例 4.6 图 4.10 所示为一个球形手腕，它是三连杆手腕结构，其中关节轴线 z_3、z_4、z_5 交于 o 点。点 o 被称为手腕中心（Wrist Center）。连杆 D-H 参数见表 4.5，最后的三个关节变量（θ_4、θ_5、θ_6）分别是相对于参考坐标系 $o_3x_3y_3z_3$ 的欧拉角 ϕ、θ 和 ψ，计算如下。

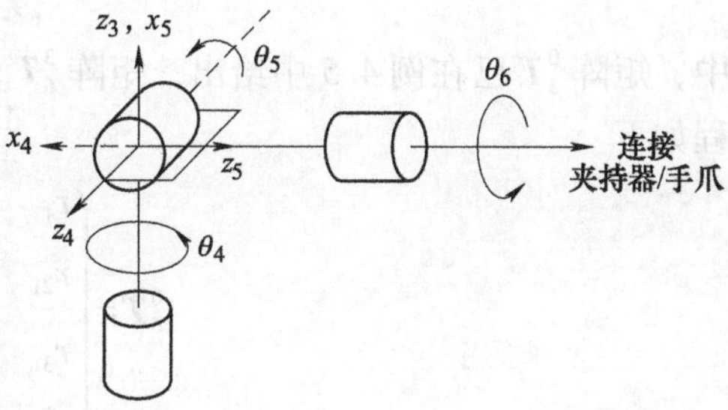

图 4.10 球形手腕坐标系配置

表 4.5 球形手腕的连杆 D-H 参数

i	α_i	a_i	d_i	θ_i
4	-90°	0	0	θ_4
5	90°	0	0	θ_5
6	0	0	d_6	θ_6

$$ {}_4^3\boldsymbol{T}=\begin{pmatrix}\cos\theta_4 & 0 & -\sin\theta_4 & 0\\ \sin\theta_4 & 0 & \cos\theta_4 & 0\\ 0 & -1 & 0 & 0\\ 0 & 0 & 0 & 1\end{pmatrix} $$

$$ {}_5^4\boldsymbol{T}=\begin{pmatrix}\cos\theta_5 & 0 & \sin\theta_5 & 0\\ \sin\theta_5 & 0 & -\cos\theta_5 & 0\\ 0 & 1 & 0 & 0\\ 0 & 0 & 0 & 1\end{pmatrix} $$

$$ {}_6^5\boldsymbol{T}=\begin{pmatrix}\cos\theta_6 & -\sin\theta_6 & 0 & 0\\ \sin\theta_6 & \cos\theta_6 & 0 & 0\\ 0 & 0 & 1 & d_6\\ 0 & 0 & 0 & 1\end{pmatrix} $$

$$ {}_6^3\boldsymbol{T}={}_4^3\boldsymbol{T}_5^4\boldsymbol{T}_6^5\boldsymbol{T}=\begin{pmatrix}{}_6^3\boldsymbol{R} & {}_6^3\boldsymbol{o}\\ \boldsymbol{0} & 1\end{pmatrix} $$

$$ =\begin{pmatrix}\cos\theta_4\cos\theta_5\cos\theta_6-\sin\theta_4\sin\theta_6 & -\cos\theta_4\cos\theta_5\sin\theta_6-\sin\theta_4\cos\theta_6 & \cos\theta_4\sin\theta_5 & \cos\theta_4\sin\theta_5 d_6\\ \sin\theta_4\cos\theta_5\cos\theta_6+\cos\theta_4\sin\theta_6 & -\sin\theta_4\cos\theta_5\sin\theta_6+\cos\theta_4\cos\theta_6 & \sin\theta_4\sin\theta_5 & \sin\theta_4\sin\theta_5 d_6\\ -\sin\theta_5\cos\theta_6 & -\sin\theta_5\sin\theta_6 & \cos\theta_5 & \cos\theta_5 d_6\\ 0 & 0 & 0 & 1\end{pmatrix} $$

例 4.7 假设在例 4.5 中的圆柱型机械臂上附加一个球型手腕，如图 4.11 所示。注意到关节 4 的旋转轴平行于 z_2，因此它与例 4.5 中的 z_3 轴重合。这意味着可以结合例 4.5、例 4.6 的结论推导正运动学公式，即

$$ {}_6^0\boldsymbol{T} = {}_3^0\boldsymbol{T}{}_6^3\boldsymbol{T} $$

其中，矩阵 ${}_3^0\boldsymbol{T}$ 已在例 4.5 中给出，矩阵 ${}_6^3\boldsymbol{T}$ 已在例 4.6 中给出。因此，该机械臂的正运动学方程如下

$$ {}_6^0\boldsymbol{T} = \begin{pmatrix} r_{11} & r_{12} & r_{13} & d_x \\ r_{21} & r_{22} & r_{23} & d_y \\ r_{31} & r_{32} & r_{33} & d_z \\ 0 & 0 & 0 & 1 \end{pmatrix} $$

其中，

$$ r_{11} = \cos\theta_1\cos\theta_4\cos\theta_5\cos\theta_6 - \cos\theta_1\sin\theta_4\sin\theta_6 + \sin\theta_1\sin\theta_5\cos\theta_6 $$
$$ r_{21} = \sin\theta_1\cos\theta_4\cos\theta_5\cos\theta_6 - \sin\theta_1\sin\theta_4\sin\theta_6 - \cos\theta_1\sin\theta_5\cos\theta_6 $$
$$ r_{31} = -\sin\theta_4\cos\theta_5\cos\theta_6 - \cos\theta_4\sin\theta_6 $$
$$ r_{12} = -\cos\theta_1\cos\theta_4\cos\theta_5\sin\theta_6 - \cos\theta_1\sin\theta_4\cos\theta_6 - \sin\theta_1\sin\theta_5\cos\theta_6 $$
$$ r_{22} = -\sin\theta_1\cos\theta_4\cos\theta_5\sin\theta_6 - \sin\theta_1\sin\theta_4\sin\theta_6 + \cos\theta_1\sin\theta_5\cos\theta_6 $$
$$ r_{32} = \sin\theta_4\cos\theta_5\cos\theta_6 - \cos\theta_4\cos\theta_6 $$
$$ r_{13} = \cos\theta_1\cos\theta_4\sin\theta_5 - \sin\theta_4\cos\theta_5 $$
$$ r_{23} = \sin\theta_1\cos\theta_4\sin\theta_5 + \cos\theta_5\cos\theta_6 $$
$$ r_{33} = -\sin\theta_4\sin\theta_5 $$
$$ d_x = \cos\theta_1\cos\theta_5 d_6 - s_1\cos\theta_5 d_6 - \sin\theta_1 d_3 $$
$$ d_y = \sin\theta_1\cos\theta_4\sin\theta_5 d_6 + \cos\theta_1\cos\theta_5 d_6 + \cos\theta_1 d_3 $$
$$ d_z = \sin\theta_4\sin\theta_5 d_6 + d_1 + d_2 $$

例 4.8 图 4.12 所示为斯坦福机械臂，该机械臂是一个带有球型手腕的球型（RRP）机械臂。这种机械臂在肩关节处有一个偏置，它使得正运动学和逆运动学问题稍微复杂化。首先使用 DH 约定来建立坐标系。连杆 D-H 参数见表 4.6。

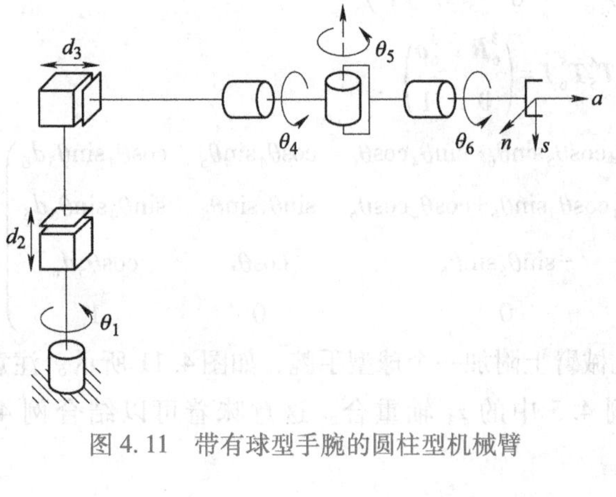

图 4.11　带有球型手腕的圆柱型机械臂

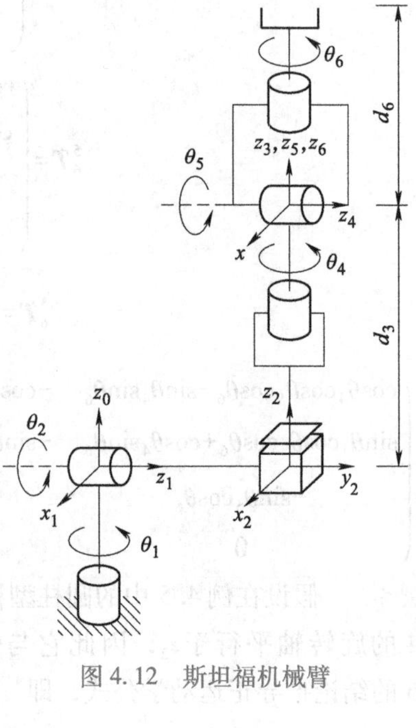

图 4.12　斯坦福机械臂

表 4.6　斯坦福机械臂的连杆 D-H 参数

i	α_i	a_i	d_i	θ_i
1	-90°	0	0	θ_1
2	90°	0	d_2	θ_2
3	0	0	d_3	0
4	-90°	0	0	θ_4
5	90°	0	0	θ_5
6	0	0	d_6	θ_6

$$ {}_1^0\boldsymbol{T}=\begin{pmatrix} \cos\theta_1 & 0 & -\sin\theta_1 & 0 \\ \sin\theta_1 & 0 & \cos\theta_1 & 0 \\ 0 & -1 & 0 & 0 \\ 0 & 0 & 0 & 1 \end{pmatrix} $$

$$ {}_2^1\boldsymbol{T}=\begin{pmatrix} \cos\theta_2 & 0 & \sin\theta_2 & 0 \\ \sin\theta_2 & 0 & -\cos\theta_2 & 0 \\ 0 & 1 & 0 & d_2 \\ 0 & 0 & 0 & 1 \end{pmatrix} $$

$$ {}_3^2\boldsymbol{T}=\begin{pmatrix} 1 & 0 & 0 & 0 \\ 0 & 1 & 0 & 0 \\ 0 & 0 & 1 & d_3 \\ 0 & 0 & 0 & 1 \end{pmatrix} $$

$$ {}_4^3\boldsymbol{T}=\begin{pmatrix} \cos\theta_4 & 0 & -\sin\theta_4 & 0 \\ \sin\theta_4 & 0 & \cos\theta_4 & 0 \\ 0 & -1 & 0 & 0 \\ 0 & 0 & 0 & 1 \end{pmatrix} $$

$$ {}_5^4\boldsymbol{T}=\begin{pmatrix} \cos\theta_5 & 0 & \sin\theta_5 & 0 \\ \sin\theta_5 & 0 & -\cos\theta_5 & 0 \\ 0 & -1 & 0 & 0 \\ 0 & 0 & 0 & 1 \end{pmatrix} $$

$$ {}_6^5\boldsymbol{T}=\begin{pmatrix} \cos\theta_6 & -\sin\theta_6 & 0 & 0 \\ \sin\theta_6 & \cos\theta_6 & 0 & 0 \\ 0 & 0 & 1 & d_6 \\ 0 & 0 & 0 & 1 \end{pmatrix} $$

$$ {}_6^0\boldsymbol{T}={}_1^0T{}_2^1T{}_3^2T{}_4^3T{}_5^4T{}_6^5T $$

$$ \begin{aligned} r_{11}=&\cos\theta_1[\cos\theta_2(\cos\theta_4\cos\theta_5\cos\theta_6-\sin\theta_4\sin\theta_6)-\sin\theta_2\sin\theta_5\cos\theta_6] \\ &-\sin\theta_1(\sin\theta_4\cos\theta_5\cos\theta_6+\cos\theta_4\sin\theta_6) \end{aligned} $$

$$ \begin{aligned} r_{21}=&\sin\theta_1[\cos\theta_2(\cos\theta_4\cos\theta_5\cos\theta_6-\sin\theta_4\sin\theta_6)-\sin\theta_2\sin\theta_5\cos\theta_6] \\ &+\cos\theta_1(\sin\theta_4\cos\theta_5\cos\theta_6+\cos\theta_4\sin\theta_6) \end{aligned} $$

$$r_{31}=-\sin\theta_2(\cos\theta_4\cos\theta_5\cos\theta_6-\sin\theta_4\sin\theta_6)-\sin\theta_2\sin\theta_5\cos\theta_6$$

$$r_{12}=\cos\theta_1[-\cos\theta_2(\cos\theta_4\cos\theta_5\cos\theta_6+\sin\theta_4\sin\theta_6)+\sin\theta_2\sin\theta_5\cos\theta_6]$$
$$-\sin\theta_1[-\sin\theta_4\cos\theta_5\cos\theta_6+\cos\theta_4\cos\theta_6]$$

$$r_{22}=-\sin\theta_1[-\cos\theta_2(\cos\theta_4\cos\theta_5\cos\theta_6-\sin\theta_4\sin\theta_6)+\sin\theta_2\sin\theta_5\cos\theta_6]$$
$$+\cos\theta_1(-\sin\theta_4\cos\theta_5\cos\theta_6+\cos\theta_4\cos\theta_6)$$

$$r_{32}=\sin\theta_2(\cos\theta_4\cos\theta_5\sin\theta_6+\sin\theta_4\cos\theta_6)+\cos\theta_2\sin\theta_5\sin\theta_6$$

$$r_{13}=\cos\theta_1(\cos\theta_2\cos\theta_4\cos\theta_5+\sin\theta_2\cos\theta_5)-\sin\theta_1\sin\theta_4\sin\theta_5$$

$$r_{23}=\sin\theta_1(\cos\theta_2\cos\theta_4\sin\theta_5+\sin\theta_2\cos\theta_5)+\cos\theta_1\sin\theta_4\cos\theta_5$$

$$r_{33}=-\sin\theta_2\cos\theta_4\cos\theta_5+\cos\theta_2\sin\theta_5$$

$$d_x=\cos\theta_1\sin\theta_2d_3-\sin\theta_1d_2+d_6(\cos\theta_1\cos\theta_2\cos\theta_4\sin\theta_5+\cos\theta_1\cos\theta_5\sin\theta_2-\sin\theta_1\sin\theta_4\sin\theta_5)$$

$$d_y=\sin\theta_1\sin\theta_2d_3+\cos\theta_1d_2+d_6(\cos\theta_1\sin\theta_4\sin\theta_5+\cos\theta_2\cos\theta_4\sin\theta_1\sin\theta_5+\cos\theta_5\sin\theta_1\sin\theta_2)$$

$$d_z=\cos\theta_2d_3+d_6(\cos\theta_2\cos\theta_5-\cos\theta_4\sin\theta_2\sin\theta_5)$$

4.2 工业机器人逆运动学分析

逆运动学分析指的是通过末端执行器的位置和姿态来求解对应的关节变量，在通常情况下，它比正运动学问题更加困难。

首先构造一般的逆运动学问题，在此之后介绍运动解耦原则，以及如何使用此原则来简化大多数现代机器人的逆运动学问题。采用运动解耦，可以独立地考虑位置和姿态问题。本节将介绍一种几何方法来求解定位问题，同时利用欧拉角参数化方法来求解姿态问题。

4.2.1 逆运动学问题的一般表达

一般的逆运动学问题可表述如下。给定一个4×4阶齐次变换矩阵

$$\boldsymbol{H}=\begin{pmatrix}\boldsymbol{R} & \boldsymbol{t}\\ \boldsymbol{0}^{\mathrm{T}} & 1\end{pmatrix}\in \mathrm{SE}(3) \tag{4.8}$$

寻找下列方程的一个解或多个解

$${}^{0}_{n}\boldsymbol{T}(q_1,\ \cdots,\ q_n)=\boldsymbol{H} \tag{4.9}$$

式中，$\boldsymbol{H}$ 代表末端执行器的期望位置和姿态。任务是求解关节变量 q_1，…，q_n 的取值，从而使得 ${}^{0}_{n}\boldsymbol{T}(q_1,\ \cdots,\ q_n)=\boldsymbol{T}$。

由式（4.9）可推导出包括 n 个未知变量的12个非线性方程，它们可被写作如下形式

$$T_{ij}(q_1,\ \cdots,\ q_n)=h_{ij}\ ,\ i=1,\ 2,\ 3,\ j=1,\ 2,\ 3,\ 4 \tag{4.10}$$

其中，T_{ij} 和 h_{ij} 分别表示 ${}^{0}_{n}\boldsymbol{T}$ 和 $\boldsymbol{H}$ 中的12个非平凡元素。由于 ${}^{0}_{n}\boldsymbol{T}$ 和 $\boldsymbol{H}$ 中的最后一行均为（0，0，0，1），式（4.9）中表示的16个方程中的4个可忽略。

例4.9 如图4.12所示的斯坦福机械臂，假设最终坐标系的期望位姿为

$$\boldsymbol{H}=\begin{pmatrix}0 & 1 & 0 & -0.154\\ 0 & 0 & 1 & 0.763\\ 1 & 0 & 0 & 0\\ 0 & 0 & 0 & 1\end{pmatrix}$$

为了求解对应的关节变量 θ_1、θ_2、d_3、θ_4、θ_5和θ_6，必须求解下列非线性三角函数方程组。

$$0=\cos\theta_1[\cos\theta_2(\cos\theta_4\cos\theta_5\cos\theta_6-\sin\theta_4\sin\theta_6)-\sin\theta_2\sin\theta_5\cos\theta_6]$$
$$-\sin\theta_1(\sin\theta_4\cos\theta_5\cos\theta_6+\cos\theta_4\sin\theta_6)$$
$$0=\sin\theta_1[\cos\theta_2(\cos\theta_4\cos\theta_5\cos\theta_6-\sin\theta_4\sin\theta_6)-\sin\theta_2\sin\theta_5\cos\theta_6]$$
$$+\cos\theta_1(\sin\theta_4\cos\theta_5\cos\theta_6+\cos\theta_4\sin\theta_6)$$
$$1=-\sin\theta_2(\cos\theta_4\cos\theta_5\cos\theta_6-\sin\theta_4\sin\theta_6)-\sin\theta_2\sin\theta_5\cos\theta_6$$
$$1=\cos\theta_1[-\cos\theta_2(\cos\theta_4\cos\theta_5\cos\theta_6+\sin\theta_4\sin\theta_6)+\sin\theta_2\sin\theta_5\cos\theta_6]$$
$$-\sin\theta_1(-\sin\theta_4\cos\theta_5\cos\theta_6+\cos\theta_4\cos\theta_6)$$
$$0=-\sin\theta_1[-\cos\theta_2(\cos\theta_4\cos\theta_5\cos\theta_6-\sin\theta_4\sin\theta_6)+\sin\theta_2\sin\theta_5\cos\theta_6]$$
$$+\cos\theta_1(-\sin\theta_4\cos\theta_5\cos\theta_6+\cos\theta_4\cos\theta_6)$$
$$0=\sin\theta_2(\cos\theta_4\cos\theta_5\sin\theta_6+\sin\theta_4\cos\theta_6)+\cos\theta_2\sin\theta_5\sin\theta_6$$
$$0=\cos\theta_1(\cos\theta_2\cos\theta_4\cos\theta_5+\sin\theta_2\cos\theta_5)-\sin\theta_1\sin\theta_4\sin\theta_5$$
$$0=\sin\theta_1(\cos\theta_2\cos\theta_4\sin\theta_5+\sin\theta_2\cos\theta_5)+\cos\theta_1\sin\theta_4\cos\theta_5$$
$$0=-\sin\theta_2\cos\theta_4\cos\theta_5+\cos\theta_2\sin\theta_5$$
$$-0.154=d_3\cos\theta_1\sin\theta_2-d_2\sin\theta_1+d_6(\cos\theta_1\cos\theta_2\cos\theta_4\sin\theta_5+\cos\theta_1\cos\theta_5\sin\theta_2-\sin\theta_1\sin\theta_4\sin\theta_5)$$
$$0.763=d_3\sin\theta_1\sin\theta_2+d_2\cos\theta_1+d_6(\cos\theta_1\sin\theta_4\sin\theta_5+\cos\theta_2\cos\theta_4\sin\theta_1\sin\theta_5+\cos\theta_5\sin\theta_1\sin\theta_2)$$
$$0=d_3\cos\theta_2+d_6(\cos\theta_2\cos\theta_5-\cos\theta_4\sin\theta_2\sin\theta_5)$$

如果 D-H 参数中的非零元素取值为：$d_2=0.154$，$d_6=0.263$，那么该方程组的一个解为

$$\theta_1=\pi/2,\ \theta_2=\pi/2,\ d_3=0.5,\ \theta_4=\pi/2,\ \theta_5=0,\ \theta_6=\pi/2$$

尽管还没有看到如何推导这个解，不难验证这个解满足斯坦福机械臂的正运动学方程。

当然，很难直接求解前面例子中方程的闭式解，对于大多数机器人手臂来说都有这种情况。因此，需要利用机器人的特殊运动结构来开发出高效且系统的解决技术。对于正运动学问题来说，可以通过求解正运动方程来得出唯一的解；而逆运动学问题可能有解，也可能没有解。即使逆解存在，它可能是唯一的，也可能不是唯一的。此外，因为这些正运动学方程通常是关节变量的复杂非线性函数，因此，逆解即使存在，也很难求得。

在求解逆运动学问题时，最感兴趣的是寻找方程的一个闭式解，而非一个数值解。寻找闭式解意味着寻找一个如下所示的显式关系

$$q_k=f_k(h_{11},\ \cdots,\ h_{34}),\ k=1,\ \cdots,\ n \tag{4.11}$$

优先选择闭式解有两个原因：第一，在某些应用中，如跟踪一个焊缝，其位置是由一个视觉系统提供的，逆运动学方程必须以很快的速率来求解。例如，每次求解耗时在 20ms 之内，因此实际中需要闭式表达式，而不是迭代搜索；第二，逆运动方程通常具有多解，拥有闭式解使得人们可以制定出从多解中选择一个特解的规则。

逆运动学问题的解的存在性这一实际问题取决于工程学以及数学方面的考虑。例如，转动关节的运动可能被限制在小于完整 360°的转动范围之内，这使得并非运动学方程的所有数学解都可以对应物理上可实现的机械臂位形。假设对于给定的位置和姿态，方程（4.9）将至少会有一个解存在。一旦在数学上确定了方程式的一个解，必须进一步检查它是否满足施加在可能关节运动范围上的所有约束。

4.2.2 逆运动学解耦

虽然逆运动学的一般问题是相当困难的，但事实证明，对于具有 6 个关节且其中最后 3 个关节轴线交于一点（例如上述的斯坦福机械臂）的机械臂，有可能将逆运动学问题进行

解耦，从而将其分解成两个相对简单的问题，它们分别被称为逆位置运动学和逆姿态运动学。换言之，对于一个带有球型手腕的6自由度机械臂，逆运动学问题可被分解成两个相对简单的问题，即首先求解手腕轴线交点的位置，以下称该交点为手腕中心或腕心；然后求解手腕的姿态角度。

为了更加具体，假设恰好有6个自由度，并且最后的3个关节轴线相交于一点 o_c。将方程（4.9）表述为两组，分别代表旋转和位置的方程

$$ {}_6^0\boldsymbol{R}(q_1, \cdots, q_6)=\boldsymbol{R} \tag{4.12}$$

$$ {}_6^0\boldsymbol{o}(q_1, \cdots, q_6)=\boldsymbol{o} \tag{4.13}$$

其中，$\boldsymbol{o}$ 和 $\boldsymbol{R}$ 分别为工具坐标系的期望位置和姿态，它们相对于世界坐标系进行表示。因此，给定 $\boldsymbol{o}$ 和 $\boldsymbol{R}$，逆运动学问题是求解所对应的 q_1，…，q_6。

球型手腕这一假设意味着轴线 z_3、z_4 以及 z_5 相交于o_c，根据4.1.1节建立坐标系原点的规则，坐标系原点位于关节处，因此 o_4 和 o_5 永远位于手腕中心 o。通常，o_3 也将处于o_c，但这对于下面的推导不是必需的。这个逆运动学假设的要点是，最后3个关节关于这些轴线的运动将不会改变 o_c 的位置，因此，手腕中心的位置仅仅是前3个关节变量的函数。

工具坐标系的原点（它的期望坐标由 o 给出）可以简单地通过将原点 o 沿 z_5 轴平移 d_6 而得出。z_5 和 z_6 是相同的轴线，并且矩阵 $\boldsymbol{R}$ 的第三列表示 z_6 相对于基础坐标系的方向，因此有

$$\boldsymbol{o}={}_c^0\boldsymbol{o}+d_6\boldsymbol{R}\begin{pmatrix}0\\0\\1\end{pmatrix} \tag{4.14}$$

因此，为了使机器人的末端执行器处于某点，其中该点位置坐标由 o 点给出，而末端执行器的姿态由 $\boldsymbol{R}=(r_{ij})$ 给出，一个充要条件是：手腕中心 o_c 的坐标由下式给出

$${}_c^0\boldsymbol{o}=\boldsymbol{o}-d_6\boldsymbol{R}\begin{pmatrix}0\\0\\1\end{pmatrix} \tag{4.15}$$

并且坐标系 $o_6x_6y_6z_6$ 相对于基础坐标系的姿态由 $\boldsymbol{R}$ 给出。如果将末端执行器的位置 $\boldsymbol{o}$ 的坐标分量记作 x_o，y_o 和z_o，并且手腕中心${}_c^0\boldsymbol{o}$ 的坐标分量为x_c，y_c和z_c，那么式（4.15）给出如下关系

$$\begin{pmatrix}x_c\\y_c\\z_c\end{pmatrix}=\begin{pmatrix}x_o-d_6r_{13}\\y_o-d_6r_{23}\\z_o-d_6r_{33}\end{pmatrix} \tag{4.16}$$

使用式（4.16）可能会求得前3个关节变量的值，这就决定了姿态变换矩阵 $\boldsymbol{R}_3^0$，它仅取决于前三个关节变量。现在，从下面的表达式中可以确定末端执行器相对于坐标系 $o_3x_3y_3z_3$ 的姿态

$$\boldsymbol{R}={}_3^0\boldsymbol{R}{}_6^3\boldsymbol{R} \tag{4.17}$$

$${}_6^3\boldsymbol{R}=({}_3^0\boldsymbol{R})^{-1}\boldsymbol{R}=({}_3^0\boldsymbol{R})^{\mathrm{T}}\boldsymbol{R} \tag{4.18}$$

最后3个关节角度可以作为一组对应于${}_6^3\boldsymbol{R}$ 的欧拉角来求解。注意到式（4.18）的右侧是完全已知的，这是因为 $\boldsymbol{R}$ 已经给定；一旦前3个关节变量已知，那么可以计算得出${}_3^0\boldsymbol{R}$。图4.13所示为运动学解耦。

4.2.3　逆向位置

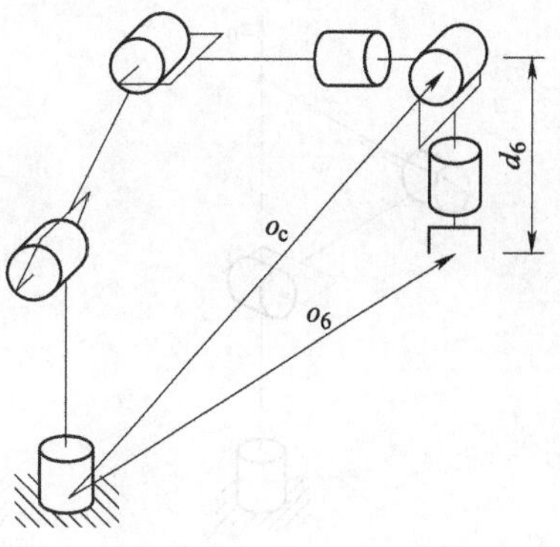

图 4.13　运动学解耦

对于常见的运动学配置，可以用几何方法来求解与式（4.15）中${}_{c}^{0}\boldsymbol{o}$相对应的关节变量q_1、q_2、q_3。将求解限制在使用几何方法有以下两个原因：第一，大多数机械臂具有简单的运动学设计，通常由第 2 章中给出的五种基本构型中的一种外加一个球型手腕而构成。事实上，机械臂的设计发展到目前的状态，一部分原因是由于通用逆运动学问题的求解有难度；第二，很少有技术可以求解适用于任意位形的通用逆运动学问题。

一般情况下，逆运动学问题的复杂度随着非零 D-H 参数数量的增加而增大。对于大多数机械臂，a_i 和 d_i 中的很多参数为零，α_i 为零或者$\pm\pi/2$ 等。尤其是在这些情况下，几何方法是最简单和最自然的。几何方法的总体思路是：通过将机械臂投影到 $x_{i-1}-y_{i-1}$ 平面，并求解一个简单的三角函数问题，来求解关节变量q_i。例如，为了求解θ_1，将机械臂投影到 x_0-y_0 平面，并使用三角函数来求解θ_1。通过两个重要例子来说明这种方法：关节型位形以及球坐标型位形。

1. 关节型位形

图 4.14 所示为肘型机械臂，其中${}_{c}^{0}\boldsymbol{o}$ 的分量分别标记为x_c、y_c、z_c。将 $\boldsymbol{o}_c$ 投影到 x_0-y_0 平面，如图 4.15 所示。从这个投影看到

$$\theta_1=\arctan(x_c,\ y_c) \tag{4.19}$$

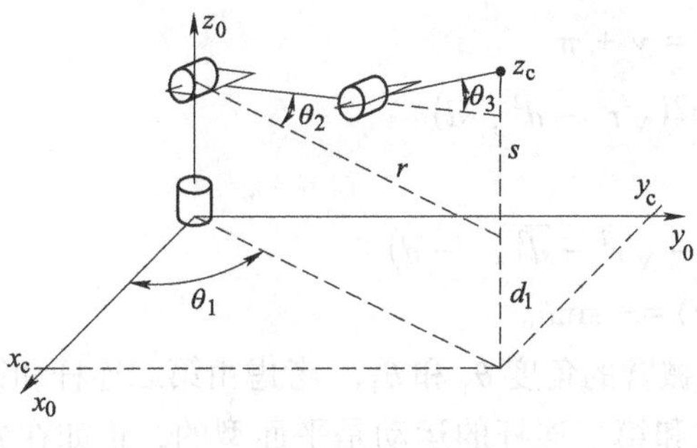

图 4.14　肘型机械臂

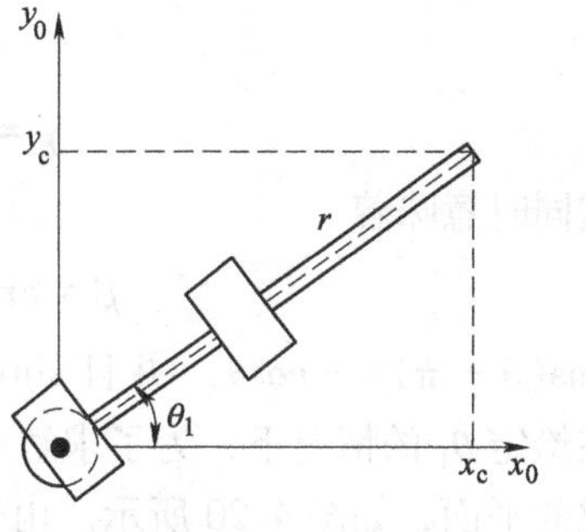

图 4.15　腕心在 x_0-y_0 平面上的投影

注意到 θ_1 的第二个有效解为

$$\theta_1=\pi+\arctan(x_c,\ y_c) \tag{4.20}$$

当然，这将反过来导致 θ_2 和 θ_3 的不同解。这些对应于 θ_1 的解是有效的，除非 $x_c=y_c=0$。在这种情况下，式（4.19）没有定义，并且机械臂处于一个奇异位形，如图 4.16 所示。在这个位置，手腕中心点 o_c 与 z_0 相交，因此 θ_1 的任何取值将会使 o_c 确定。因此，当 o_c 与 z_0 相交时，θ_1 有无穷多解。

如图 4.17 所示，如果存在一个偏置 $d=0$，那么手腕中心无法与 z_0 相交。在这种情况下，根据 D-H 参数如何分配，有 $d_2=d$ 或者 $d_3=d$；并且在一般情况下，θ_1 将会有两个解，它们分别对应于左臂位形和右臂位形，如图 4.18 和图 4.19 所示。

从图 4.18 中看到

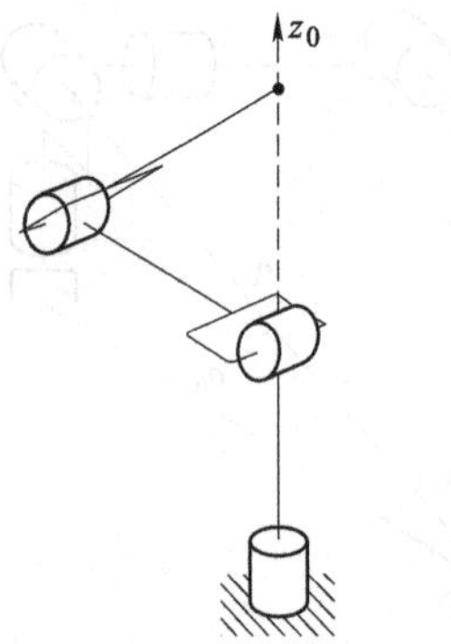

图 4.16　手腕中心处于 z_0 轴时的奇异位形

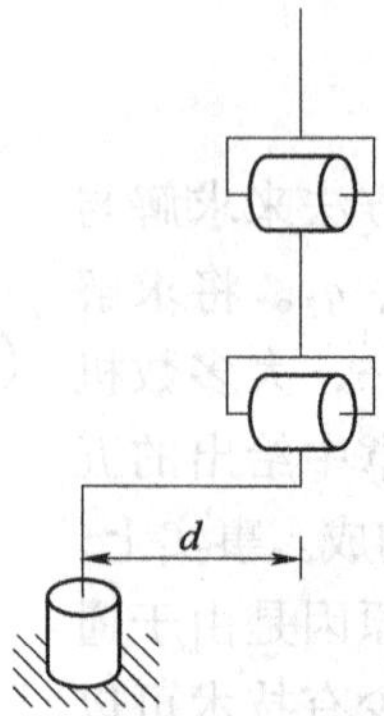

图 4.17　带有肩部偏置的肘型机械臂

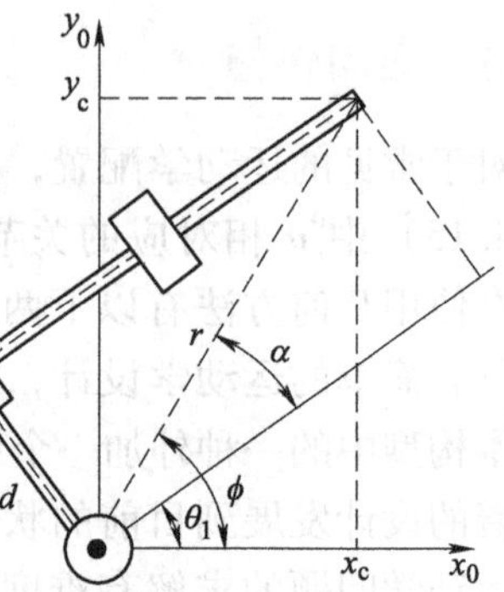

图 4.18　左臂位形

$$\theta_1 = \phi - \alpha \tag{4.21}$$

其中

$$\phi = \arctan(x_c,\ y_c) \tag{4.22}$$

$$\alpha = \arctan\left(\sqrt{r^2 - d^2},\ d\right) = \arctan\left(\sqrt{x_c^2 + y_c^2 - d^2},\ d\right) \tag{4.23}$$

第二个解对应于图 4.19 所示的右臂位形，由下式给出

$$\theta_1 = \arctan(x_c,\ y_c) + \arctan\left(-\sqrt{r^2 - d^2},\ -d\right) \tag{4.24}$$

注意到

$$\theta_1 = \alpha + \beta$$
$$\alpha = \arctan(x_c,\ y_c)$$
$$\beta = \gamma + \pi$$
$$\gamma = \arctan2\left(\sqrt{r^2 - d^2},\ d\right)$$

它同时意味着

$$\beta = \arctan2\left(-\sqrt{r^2 - d^2},\ -d\right)$$

由于 $\cos(\theta + \pi) = -\cos\theta$，并且 $\sin(\theta + \pi) = -\sin\theta$。

在给定 θ_1 的情况下，为了求解肘型机械臂的角度 θ_2 和 θ_3，考虑由第二连杆和第三连杆所组成的平面，如图 4.20 所示。由于第二和第三连杆的运动是平面型的，正如在先前推导中的那样，可以使用余旋定律得到

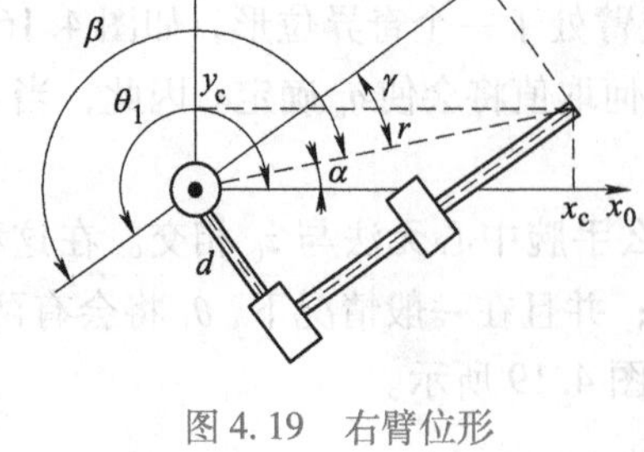

图 4.19　右臂位形

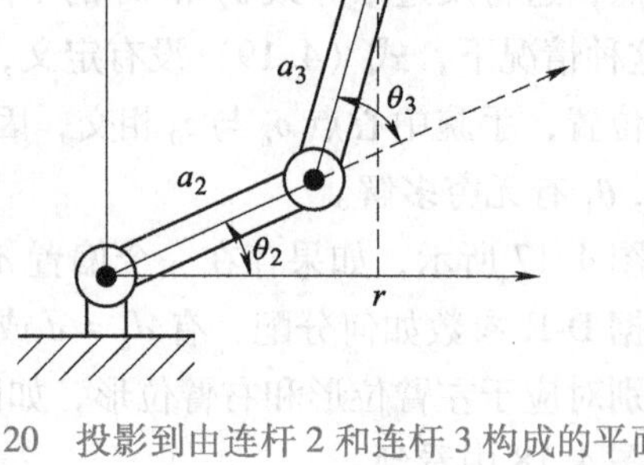

图 4.20　投影到由连杆 2 和连杆 3 构成的平面

$$\cos\theta_3 = \frac{r^2 + s^2 - a_2^2 - a_3^2}{2a_2a_3}$$

$$= \frac{x_c^2 + y_c^2 + d^2 + (z_c - d_1)^2 - a_2^2 - a_3^2}{2a_2a_3} = D \qquad (4.25)$$

这是由于 $r^2 = x_c^2 + y_c^2 - d^2$，并且 $s = z_c - d_1$。因此，θ_3 为

$$\theta_3 = \arctan(D, \pm\sqrt{1 - D^2}) \qquad (4.26)$$

θ_3 的两个解分别对应于肘部向下位置和肘部向上位置。同样 θ_2 为

$$\theta_2 = \arctan(r, s) - \arctan(a_2 + a_3c_s, a_ss_3)$$

$$= \arctan\left(\sqrt{x_c^2 + y_c^2 - d^2}, z_c - d_1\right) - \arctan(a_2 + a_3c_3, a_3s_3) \qquad (4.27)$$

带有偏置的肘型机械臂的一个实例是如图 4.21 所示的 PUMA 机器人。逆位置运动学有 4 个解。它们分别对应于如下情况：左型手臂-肘部向上，左型手臂-肘部向下，右型手臂-肘部向上，以及右型手臂-肘部向下。手腕姿态有两个解，因此 PUMA 机械臂的逆位置运动学总共有 8 个解。

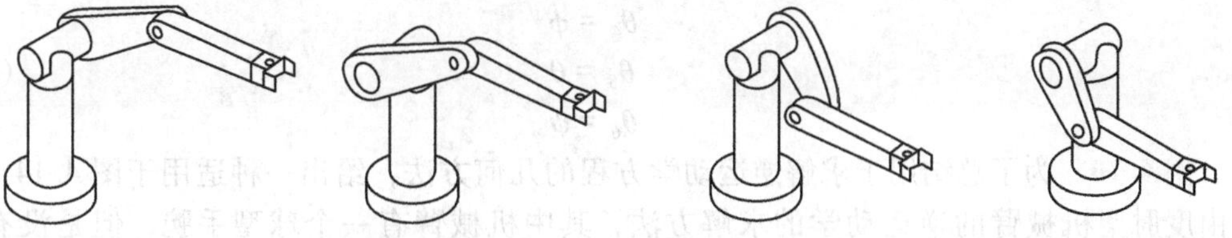

左型手臂–肘部向上　　右型手臂–肘部向上　　左型手臂–肘部向下　　右型手臂–肘部向下

图 4.21　PUMA 机械臂逆位置运动学的四种解

2. 球坐标型位形

接下来，将求解图 4.22 所示的三自由度球坐标型机械臂所对应的逆位置运动学。与肘型机械臂情形类似，第一个关节变量为基座的旋转，它的一个解为

$$\theta_1 = \arctan(x_c, y_c) \qquad (4.28)$$

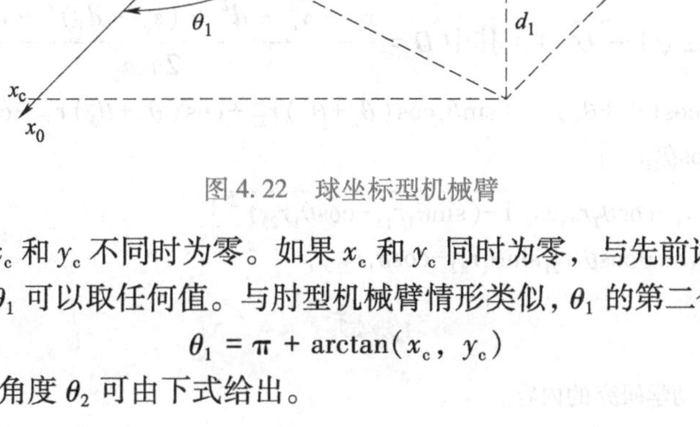

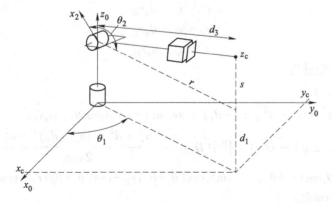

图 4.22　球坐标型机械臂

上式成立的条件是 x_c 和 y_c 不同时为零。如果 x_c 和 y_c 同时为零，与先前讨论类似，机械臂处于奇异位形，此时 θ_1 可以取任何值。与肘型机械臂情形类似，θ_1 的第二个解为

$$\theta_1 = \pi + \arctan(x_c, y_c) \qquad (4.29)$$

从图 4.22 中可知，角度 θ_2 可由下式给出。

$$\theta_2 = \pi/2 + \arctan(r,\ s) \tag{4.30}$$

其中 $r^2 = x_c^2 + y_c^2$, $s = z_c - d_1$。

线性距离 d_3 为

$$d_3 = \sqrt{r^2 + s^2} = \sqrt{x_c^2 + y_c^2 + (z_c - d_1)^2} \tag{4.31}$$

d_3 的负二次方根解可以忽略，因此，在手腕中心与 z_0 不相交的情况下，逆位置运动学有两个解。如果存在一个偏置的话，那么存在左型手臂和右型手臂位形，这与肘型机械臂的情况类似。

4.2.4 逆向姿态

在 4.2.3 节中，使用几何方法来求解逆位置运动学问题，这给出了对应于给定手腕中心位置的前三个关节变量的取值。逆姿态问题用于求解最后三个关节变量的取值，它们对应于相对于参考系 $o_3x_3y_3z_3$ 的给定姿态。对于一个球型手腕，这可以解释为如下问题：求解一组与给定的旋转矩阵 $\boldsymbol{R}$ 相对应的一组欧拉角。球型手腕所对应的旋转矩阵与欧拉变换所对应的旋转矩阵具有相同的形式。因此求解三个欧拉角 ϕ 、θ 、ψ ，并使用下列映射。

$$\begin{aligned} \theta_4 &= \phi \\ \theta_5 &= \theta \\ \theta_6 &= \psi \end{aligned} \tag{4.32}$$

例 4.10 为了总结用于求解逆运动学方程的几何方法，给出一种适用于图 4.14 中的 6 自由度肘型机械臂的逆运动学的求解方法，其中机械臂有一个球型手腕，但是没有关节偏置。

给定

$$\boldsymbol{o} = \begin{pmatrix} x_o \\ y_o \\ z_o \end{pmatrix},\ \boldsymbol{R} = \begin{pmatrix} r_{11} & r_{12} & r_{13} \\ r_{21} & r_{22} & r_{23} \\ r_{31} & r_{32} & r_{33} \end{pmatrix} \tag{4.33}$$

然后，根据

$$\begin{aligned} x_c &= x_o - d_6 r_{13} \\ y_c &= y_o - d_6 r_{23} \\ z_c &= z_o - d_6 r_{33} \end{aligned} \tag{4.34}$$

一组 D-H 关节变量为

$\theta_1 = \arctan(x_c,\ y_c)$

$\theta_2 = \arctan(\sqrt{x_c^2 + y_c^2 - d^2},\ z_c - d_1) - \arctan(a_2 + a_3\cos\theta_3,\ a_3 s_3)$

$\theta_3 = \arctan(D,\ \pm\sqrt{1 - D^2})$，其中 $D = \dfrac{x_c^2 + y_c^2 - d^2 + (z_c - d_1)^2 - a_2^2 - a_3^2}{2a_2a_3}$

$\theta_4 = \arctan[\cos\theta_1\cos(\theta_2+\theta_3)r_{13} + \sin\theta_1\cos(\theta_2+\theta_3)r_{23} + \cos(\theta_2+\theta_3)r_{33} - \cos\theta_1\sin(\theta_2+\theta_3)r_{13} - \sin\theta_1\sin(\theta_2+\theta_3)r_{23} + \cos\theta_{23}r_{33}]$

$\theta_5 = \arctan[\sin\theta_1 r_{13} - \cos\theta_1 r_{23} \pm \sqrt{1-(\sin\theta_1 r_{13} - \cos\theta_1 r_{23})^2}]$

$\theta_6 = \arctan(-\sin\theta_1 r_{11} + \cos\theta_1 r_{21} \sin\theta_1 r_{12} - \cos\theta_1 r_{22})$

习 题 4

4-1 简述机器人运动学研究的内容。

4-2　机器人运动学逆解具有多个。试说明剔除多余解的方法有哪些？若求得机器人某关节角的两个解为 $\theta_{i1}=40°$，$\theta_{i2}=220°$，若该关节运动空间为±250°且 $\theta_{i-1}=160°$，如何选择解？

4-3　图 4.23 所示为具有三个旋转关节的 3R 机械手，求末端机械手在基坐标系 $\{x_0, y_0\}$ 下的运动学方程。

4-4　考虑图 4.24 所示的三连杆关节型机器人，使用 D-H 约定规则来推导它的正运动学方程。

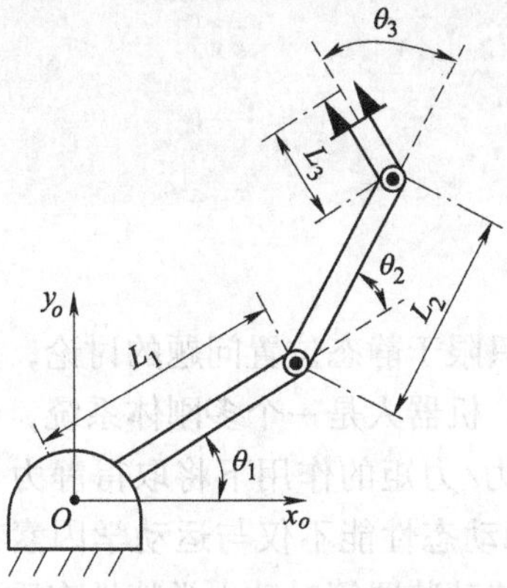

图 4.23　习题 4-3 图

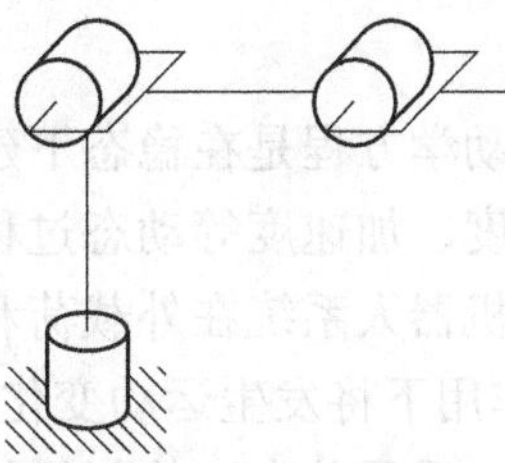
图 4.24　习题 4-4 图

4-5　在三连杆直角坐标机械臂上连接一个球型手腕，如图 4.25 所示。推导这个机械臂的正向运动学方程。

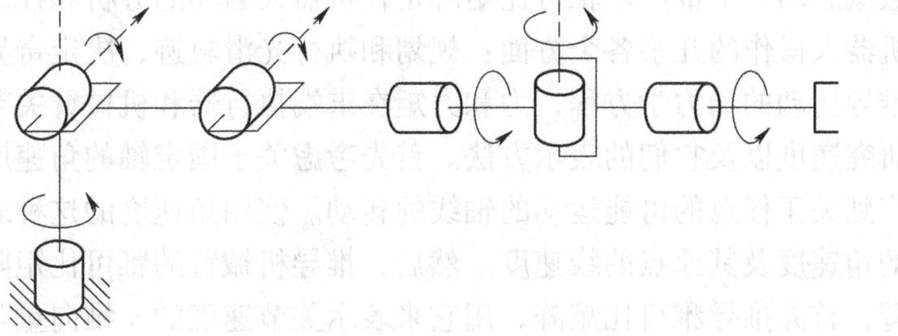
图 4.25　习题 4-5 图

4-6　考虑图 4.26 所示的平面三连杆机械臂，使用 D-H 约定规则来推导它的正运动学方程。

4-7　考虑图 4.27 所示的双连杆直角坐标机械臂，使用 D-H 约定规则来推导它的正运动学方程。

4-8　考虑图 4.28 所示的圆柱型机械臂，求解其逆位置运动学。

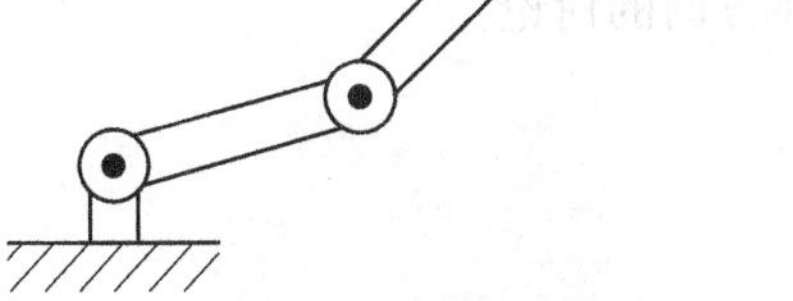
图 4.26　习题 4-6 图

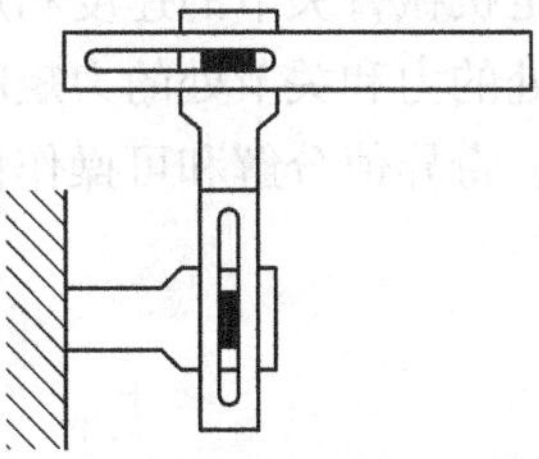
图 4.27　习题 4-7 图

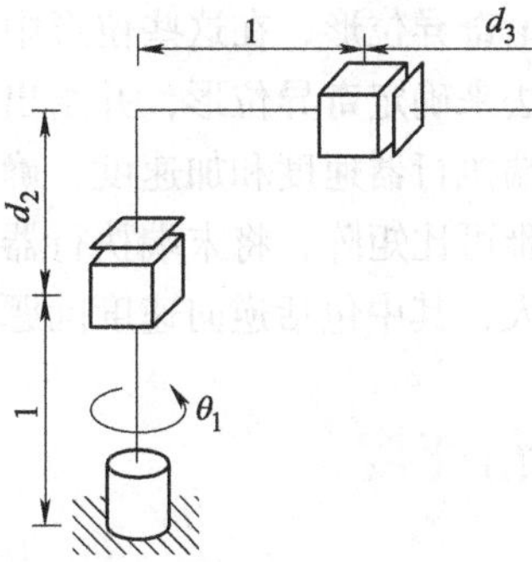

图 4.28　习题 4-8 图

4-9　针对习题 4-8 的圆柱型机械臂，添加球型手腕，求解其完整逆运动学。

第5章 速度运动学

工业机器人运动学方程是在稳态下建立的，它只限于静态位置问题的讨论，并未涉及机器人运动的力、速度、加速度等动态过程。实际上，机器人是一个多刚体系统，也是一个复杂的动力学系统，机器人系统在外载荷和关节驱动力/力矩的作用下将取得静力平衡，在关节驱动力/力矩的作用下将发生运动变化。机器人的动态性能不仅与运动学因素有关，还与机器人的结构形式、质量分布、执行机构的位置、传动装置等对动力学特性有重要影响的因素有关。

在数学上，正运动学方程在笛卡儿位置和姿态空间与关节位置空间之间定义了一个函数。接下来，速度之间的关系由这个函数的雅可比矩阵（Jacobian）来决定。雅可比矩阵是标量函数的导数概念的一个推广。雅可比矩阵是在机器人运动的分析和控制中最重要的量之一。它出现在机器人操作的几乎各个方面：规划和执行光滑轨迹，决定奇异位形，执行协调的拟人动作，推导运动的动力学方程，力和力矩在末端执行器和机械臂关节之间的转换。

本章首先研究速度以及它们的表示方法。首先考虑关于固定轴的角速度，然后借用反对称矩阵将它推广到关于任意的可能运动的轴线的转动。使用角速度的这种表示方法能够推导出移动坐标系的角速度及其原点的线速度。然后，推导机械臂的雅可比矩阵。对于由 n 个连杆组成的机械臂，首先推导雅可比矩阵，用它来表示关节速度的 n 维向量与末端执行器线速度和角速度的6维向量之间的瞬时转换，所以这个雅可比矩阵是 $6\times n$ 的。同样的方法也可用于确定关节速度与机械臂上任意一点线速度和角速度之间的转换。这对于在第6章中推导的动力学方程十分重要。然后研究末端执行器的速度是如何与附加工具的速度联系在一起的。接下来，将介绍分析型雅可比矩阵，它用到了对末端执行器速度的另一种参数化方法。然后，讨论奇异位形，在这些位形中，机械臂会失去一个或多个运动自由度。将展示如何使用几何方法来确定奇异位形，并给出几个例子。在此之后，简要讨论逆向问题，也就是根据给定的末端执行器速度和加速度，确定机械臂关节的速度和加速度。接下来，讨论如何使用机械臂的雅可比矩阵，将末端执行器处的力和关节处的力矩联系起来。在本章结尾，将探讨冗余机器人，其中包括逆向速度问题、奇异值分解和可操作性方面的讨论。

5.1 角速度

5.1.1 绕固定转轴的角速度

当刚体围绕一个固定轴线做纯转动时，刚体上的每一点都做圆周运动。这些圆的中心位于旋转轴线上。当刚体转动时，刚体上任何一点到旋转轴线的垂线都会扫过一个角度 θ，该角度对于刚体上的每一点都是相同的。如果 $\boldsymbol{k}$ 是沿旋转轴线方向的一个单位向量，那么角速度可由下式给出

$$\boldsymbol{\omega}=\dot{\theta}\boldsymbol{k} \tag{5.1}$$

式中，$\dot{\theta}$ 是角度 θ 对时间的导数。

给定一个刚体的角速度，刚体上任何一点的线速度由下式给出

$$\boldsymbol{v}=\boldsymbol{\omega}\times\boldsymbol{r} \tag{5.2}$$

式中，$\boldsymbol{r}$ 是从原点（在这种情况下假定原点位于旋转轴上）到该点的向量。因此，角速度的主要作用是在刚体上诱生点的线速度。在实际应用中，描述一个移动坐标系的运动，包括坐标系原点在空间中的运动以及坐标轴的旋转运动。因此，角速度将拥有与线速度等同的地位。

为了确定一个刚体对象的姿态角度，在该物体上固连一个参考坐标系，称为附体坐标系。然后，确定该附体坐标系的姿态角度。由于刚体对象上的每个点都具有相同的角速度（在给定时间间隔里，每个点扫过相同的角度），并且由于刚体上各点相对于附体坐标系的几何关系都是固定的，我们看到，角速度是附体坐标系自身的一个属性，而不是单个点的属性。各个单点可能会经历一个由角速度诱发而生成的线速度，但是讨论一个点自身在旋转没有任何意义。因此，在式（5.2）中，$\boldsymbol{v}$ 对应一个点的线速度，而 $\boldsymbol{\omega}$ 则对应着一个与旋转坐标系相关联的角速度。

在固定转轴的情况下，确定角位移的问题其实是一个平面问题，这是因为每个点的轨迹是一个圆，并且每个圆位于一个平面上。因此，人们倾向于使用 $\boldsymbol{\theta}$ 来表示角速度。然而，这种选择不能被推广到三维情况中，无论是旋转轴不固定，还是角速度为围绕不同轴线多次旋转累加的结果。出于这个原因，将推导一种更通用的表达式来表示角速度。这类似于在第 3 章中推导的用来表示三维姿态的旋转矩阵。

5.1.2 角速度的一般情况

现在，考虑角速度的一般情况，即关于一个任意的、可能移动的轴线的角速度。假设旋转矩阵 $\boldsymbol{R}$ 是随时间变化的，因此，对于任意的 $t\in\boldsymbol{R}$，有 $\boldsymbol{R}=\boldsymbol{R}(t)\in\mathrm{SO}(3)$。假设 $\boldsymbol{R}(t)$ 为 t 的连续可导函数，可知 $\boldsymbol{R}(t)$ 的时间导数 $\dot{\boldsymbol{R}}(t)$ 可写为如下形式

$$\dot{\boldsymbol{R}}(t)=\boldsymbol{S}[\boldsymbol{\omega}(t)]\boldsymbol{R}(t) \tag{5.3}$$

式中，矩阵 $\boldsymbol{S}(\boldsymbol{\omega}(t))$ 是反对称矩阵，向量 $\boldsymbol{\omega}(t)$ 为 t 时刻旋转坐标系相对于固定坐标系的角速度。

为了证明 $\boldsymbol{\omega}$ 是角速度向量，固连在一个移动坐标系上的点 p 相对于固定坐标系的坐标可以由 ${}^0\boldsymbol{p}={}^0_1\boldsymbol{R}{}^1\boldsymbol{p}$ 得出。对这个表达式做微分，得到

$$\frac{\mathrm{d}}{\mathrm{d}t}{}^0\boldsymbol{p}={}^0_1\dot{\boldsymbol{R}}{}^1\boldsymbol{p}=\boldsymbol{S}(\boldsymbol{\omega}){}^0_1\boldsymbol{R}{}^1\boldsymbol{p}=\boldsymbol{\omega}\times{}^0_1\boldsymbol{R}{}^1\boldsymbol{p}=\boldsymbol{\omega}\times{}^0\boldsymbol{p} \tag{5.4}$$

式（5.4）表明 $\boldsymbol{\omega}$ 的确是传统意义上的角速度向量。

式（5.3）表明了角速度和旋转矩阵导数之间的关系。尤其是，如果坐标系 $o_1x_1y_1z_1$ 相对于坐标系 $o_0x_0y_0z_0$ 的瞬时姿态由 ${}^0_1\boldsymbol{R}$ 给出，那么，坐标系 $o_1x_1y_1z_1$ 的角速度与 ${}^0_1\boldsymbol{R}$ 导数之间可通过式（5.3）直接联系。当存在混淆的可能性时，使用符号 $\omega_{i,j}$ 来表示对应于旋转矩阵

${}_{j}^{i}\boldsymbol{R}$ 导数的角速度。由于 $\boldsymbol{\omega}$ 是一个自由向量，可以将它表示在任何坐标系统中，使用上角标来表示参考坐标系。例如，${}^{0}\boldsymbol{\omega}_{1,2}$ 给出了对应于 ${}_{2}^{1}\boldsymbol{R}$ 导数的角速度在坐标系 $o_0x_0y_0z_0$ 中的表达式。在角速度是相对于基座坐标系表示的情况下，经常会简化下角标，如使用 $\boldsymbol{\omega}_2$ 来表示对应于 ${}_{2}^{0}\boldsymbol{R}$ 导数的角速度。

例 5.1 假设 $\boldsymbol{R}(t)=\boldsymbol{R}_{x,\theta(t)}$。那么可以使用链式法，则计算 $\dot{\boldsymbol{R}}(t)$ 为

$$\dot{\boldsymbol{R}}=\frac{\mathrm{d}\boldsymbol{R}}{\mathrm{d}t}=\frac{\mathrm{d}\boldsymbol{R}\mathrm{d}\theta}{\mathrm{d}\theta\,\mathrm{d}t}=\dot{\theta}\boldsymbol{S}(\boldsymbol{i})\boldsymbol{R}(t)=\boldsymbol{S}[\boldsymbol{\omega}(t)]\boldsymbol{R}(t) \tag{5.5}$$

式中，$\boldsymbol{\omega}$ 为角速度，$\boldsymbol{\omega}=\boldsymbol{i}\dot{\theta}$，$\boldsymbol{i}=(1,0,0)^{\mathrm{T}}$。

5.1.3 角速度求和

推导求解由几个坐标系之间相对转动叠加而得到的角速度的表达式，表示两个移动坐标系 $o_1x_1y_1z_1$ 和 $o_2x_2y_2z_2$ 相对于固定坐标系 $o_0x_0y_0z_0$ 的角速度的叠加。假设这三个坐标系具有一个共同的原点。用旋转矩阵 ${}_{1}^{0}\boldsymbol{R}(t)$ 和 ${}_{2}^{1}\boldsymbol{R}(t)$（这两个矩阵都随时间变化）表示坐标系 $o_1x_1y_1z_1$ 和 $o_2x_2y_2z_2$ 的相对姿态。

在接下来的推导中，使用符号 $\boldsymbol{\omega}_{i,j}$ 来表示与旋转矩阵 $\boldsymbol{R}_{j}^{i}$ 的时间导数相对应的角速度向量。由于可以在所选择的坐标系中表示角速度向量，再次使用上角标来定义参考坐标系。因此，${}^{k}\boldsymbol{\omega}_{i,j}$ 表示与 ${}_{j}^{i}\boldsymbol{R}$ 的时间导数相对应的角速度相对于参考坐标系 $\{k\}$ 的表达式。

由于

$${}_{2}^{0}\boldsymbol{R}(t)={}_{1}^{0}\boldsymbol{R}(t){}_{2}^{1}\boldsymbol{R}(t) \tag{5.6}$$

将式（5.6）的两端相对于时间求导，得到

$${}_{2}^{0}\dot{\boldsymbol{R}}={}_{1}^{0}\dot{\boldsymbol{R}}{}_{2}^{1}\boldsymbol{R}+{}_{1}^{0}\boldsymbol{R}{}_{2}^{1}\dot{\boldsymbol{R}} \tag{5.7}$$

式（5.3）、式（5.7）左侧的 ${}_{2}^{0}\dot{\boldsymbol{R}}$ 可被写作

$${}_{2}^{0}\dot{\boldsymbol{R}}=\boldsymbol{S}({}^{0}\boldsymbol{\omega}_{0,2}){}_{2}^{0}\boldsymbol{R} \tag{5.8}$$

在这个表达式中，${}^{0}\boldsymbol{\omega}_{0,2}$ 表示坐标系 $o_2x_2y_2z_2$ 所经历的总的角速度，可以简写成 $\boldsymbol{\omega}_2$，这个角速度是由 ${}_{1}^{0}\boldsymbol{R}$ 和 ${}_{2}^{1}\boldsymbol{R}$ 所表示的旋转叠加而来。

式（5.7）右侧的第一项是

$${}_{1}^{0}\dot{\boldsymbol{R}}{}_{2}^{1}\boldsymbol{R}=\boldsymbol{S}({}^{0}\boldsymbol{\omega}_{0,1}){}_{1}^{0}\boldsymbol{R}{}_{2}^{1}\boldsymbol{R}=\boldsymbol{S}({}^{0}\boldsymbol{\omega}_{0,1}){}_{2}^{0}\boldsymbol{R} \tag{5.9}$$

在这个公式中，${}^{0}\boldsymbol{\omega}_{0,1}$ 表示由 ${}_{1}^{0}\boldsymbol{R}$ 变化而引起的坐标系 $o_1x_1y_1z_1$ 的角速度，这个角速度是相对于参考坐标系 $o_0x_0y_0z_0$ 而言的。式（5.7）右侧的第二项是

$${}_{1}^{0}\boldsymbol{R}{}_{2}^{1}\dot{\boldsymbol{R}}={}_{1}^{0}\boldsymbol{R}\boldsymbol{S}({}^{1}\boldsymbol{\omega}_{1,2}){}_{2}^{1}\boldsymbol{R}={}_{1}^{0}\boldsymbol{R}\boldsymbol{S}({}^{1}\boldsymbol{\omega}_{1,2}){}_{1}^{0}\boldsymbol{R}^{\mathrm{T}}{}_{1}^{0}\boldsymbol{R}{}_{2}^{1}\boldsymbol{R}=\boldsymbol{S}({}_{1}^{0}\boldsymbol{R}^{1}\boldsymbol{\omega}_{1,2}){}_{1}^{0}\boldsymbol{R}{}_{2}^{1}\boldsymbol{R}=\boldsymbol{S}({}_{1}^{0}\boldsymbol{R}^{1}\boldsymbol{\omega}_{1,2}){}_{2}^{0}\boldsymbol{R} \tag{5.10}$$

在这个公式中，${}^{1}\boldsymbol{\omega}_{1,2}$ 表示对应于 ${}_{2}^{1}\boldsymbol{R}$ 变化的坐标系 $o_2x_2y_2z_2$ 的角速度，这个角速度是相对于坐标系 $o_1x_1y_1z_1$ 而言的。因此，乘积 ${}_{1}^{0}\boldsymbol{R}^{1}\boldsymbol{\omega}_{1,2}$ 是这个角速度在参考坐标系 $o_0x_0y_0z_0$ 中的表达式。换言之，${}_{1}^{0}\boldsymbol{R}^{1}\boldsymbol{\omega}_{1,2}$ 给出了自由向量 $\boldsymbol{\omega}_{1,2}$ 在参考坐标系 $\{0\}$ 中的坐标。

现在，联合上述表达式，证明了

$$\boldsymbol{S}({}^{0}\boldsymbol{\omega}_{0,2}){}_{2}^{0}\boldsymbol{R}=[\boldsymbol{S}({}^{0}\boldsymbol{\omega}_{0,1})+\boldsymbol{S}({}_{1}^{0}\boldsymbol{R}^{1}\boldsymbol{\omega}_{1,2})]{}_{2}^{0}\boldsymbol{R} \tag{5.11}$$

由于 $\boldsymbol{S}(a)+\boldsymbol{S}(b)=\boldsymbol{S}(a+b)$，可得

$${}^{0}\boldsymbol{\omega}_{0,2}={}^{0}\boldsymbol{\omega}_{0,1}+{}_{1}^{0}\boldsymbol{R}^{1}\boldsymbol{\omega}_{1,2} \tag{5.12}$$

换言之，如果角速度都是相对于同一参考坐标系进行表达，那么它们可以叠加在一起，在上述这种情况下，角速度都表示在坐标系 $o_0x_0y_0z_0$ 中。

上述的推导可被推广到任意数目的坐标系中。特别是，假定有

$$ {}^0_n\boldsymbol{R} = {}^0_1\boldsymbol{R}{}^1_2\boldsymbol{R}\cdots{}^{n-1}_{n}\boldsymbol{R} \tag{5.13} $$

将上述推导推广，可得

$$ {}^0_n\dot{\boldsymbol{R}} = \boldsymbol{S}({}^0\boldsymbol{\omega}_{0,n}){}^0_n\boldsymbol{R} \tag{5.14} $$

其中，

$$ \begin{aligned} {}^0\boldsymbol{\omega}_{0,n} &= {}^0\boldsymbol{\omega}_{0,1} + {}^0_1\boldsymbol{R}{}^1\boldsymbol{\omega}_{1,2} + {}^0_2\boldsymbol{R}{}^2\boldsymbol{\omega}_{2,3} + {}^0_3\boldsymbol{R}{}^3\boldsymbol{\omega}_{3,4} + \cdots + {}^0_{n-1}\boldsymbol{R}{}^{n-1}\boldsymbol{\omega}_{n-1,n} \\ &= {}^0\boldsymbol{\omega}_{0,1} + {}^0\boldsymbol{\omega}_{1,2} + {}^0\boldsymbol{\omega}_{2,3} + {}^0\boldsymbol{\omega}_{3,4} + \cdots + {}^0\boldsymbol{\omega}_{n-1,n} \end{aligned} \tag{5.15} $$

5.2 移动坐标系上的线速度

现在考虑固连在移动坐标系上一点的线速度，假设点 p 被刚性连接到坐标系 $o_1x_1y_1z_1$ 上，并且 $o_1x_1y_1z_1$ 相对于坐标系 $o_0x_0y_0z_0$ 转动。那么，点 p 相对于参考坐标系 $o_0x_0y_0z_0$ 的坐标由下式给出

$$ {}^0\boldsymbol{p} = {}^0_1\boldsymbol{R}(t){}^1\boldsymbol{p} \tag{5.16} $$

那么，速度 ${}^0\dot{\boldsymbol{p}}$ 可由微分运算的乘积公式给出

$$ {}^0\dot{\boldsymbol{p}} = {}^0_1\dot{\boldsymbol{R}}(t){}^1\boldsymbol{p} + {}^0_1\boldsymbol{R}(t){}^1\dot{\boldsymbol{p}} = \boldsymbol{S}({}^0\boldsymbol{\omega}){}^0_1\boldsymbol{R}(t){}^1\boldsymbol{p} = \boldsymbol{S}({}^0\boldsymbol{\omega}){}^0\boldsymbol{p} = {}^0\boldsymbol{\omega} \times {}^0\boldsymbol{p} \tag{5.17} $$

式（5.17）是以向量叉积形式表示的速度表达式。注意，式（5.17）源自如下事实：点 p 被刚性固连到坐标系 $o_1x_1y_1z_1$ 上，因此，它相对于坐标系 $o_1x_1y_1z_1$ 的坐标不随时间变化，即 ${}^1\dot{\boldsymbol{p}} = 0$。

现在，假设坐标系 $o_1x_1y_1z_1$ 相对于 $o_0x_0y_0z_0$ 的运动具有更普遍的形式。假设这两个坐标系之间的齐次变换随时间变化，从而有

$$ {}^0_1\boldsymbol{T}(t) = \begin{pmatrix} {}^0_1\boldsymbol{R}(t) & {}^0_1\boldsymbol{t}(t) \\ \boldsymbol{0}^{\mathrm{T}} & 1 \end{pmatrix} \tag{5.18} $$

为了简单起见，省略掉参数 t 以及 ${}^0_1\boldsymbol{R}(t)$ 和 ${}^0_1\boldsymbol{o}(t)$ 上的上角标和下角标，有

$$ {}^0\boldsymbol{p} = \boldsymbol{R}{}^1\boldsymbol{p} + \boldsymbol{t} \tag{5.19} $$

对上述表达式微分求导，并使用乘积公式，得到

$$ {}^0\dot{\boldsymbol{p}} = \dot{\boldsymbol{R}}{}^1\boldsymbol{p} + \dot{\boldsymbol{t}} = \boldsymbol{S}(\boldsymbol{\omega})\boldsymbol{R}{}^1\boldsymbol{p} + \dot{\boldsymbol{t}} = \boldsymbol{\omega} \times \boldsymbol{r} + \boldsymbol{v} \tag{5.20} $$

式中，$\boldsymbol{r} = \boldsymbol{R}{}^1\boldsymbol{p}$ 是从 o_1 到 p 的向量在坐标系 $o_1x_1y_1z_1$ 的姿态中的表达式；$\boldsymbol{v}$ 是原点 o_1 运动的速度。

如果点 p 相对于坐标系 $o_1x_1y_1z_1$ 运动，那么，必须在 $\boldsymbol{v}$ 项中加入 $\boldsymbol{R}(t){}^1\dot{\boldsymbol{p}}$ 这一项，$\boldsymbol{R}(t){}^1\dot{\boldsymbol{p}}$ 是 ${}^1\boldsymbol{p}$ 坐标变化速率在参考系 $o_0x_0y_0z_0$ 中的表达式。

5.3 速度雅可比矩阵（矢量积）

考虑一个 n 连杆机械臂，其中关节变量为 q_1，…，q_n。令

$$ {}_{n}^{0}\boldsymbol{T}(q)=\begin{pmatrix} {}_{n}^{0}\boldsymbol{R}(t) & {}_{n}^{0}\boldsymbol{t}(t) \\ \boldsymbol{0}^{\mathrm{T}} & 1 \end{pmatrix} \tag{5.21} $$

表示从末端执行器到基座坐标系的变换矩阵，其中 $\boldsymbol{q}=(q_1,\ \cdots,\ q_n)^{\mathrm{T}}$ 是由关节变量所组成的向量。当机器人运动时，关节变量 q_i 以及末端执行器的位置 ${}_{n}^{0}\boldsymbol{t}$ 和姿态 ${}_{n}^{0}\boldsymbol{R}$ 都为时间的函数。本节的目的是，将末端执行器的线速度和角速度与关节速度向量 $\dot{\boldsymbol{q}}(t)$ 联系起来。令

$$ S({}^{0}\boldsymbol{\omega}_n)={}_{n}^{0}\dot{\boldsymbol{R}}({}_{n}^{0}\boldsymbol{R})^{\mathrm{T}} \tag{5.22} $$

定义末端执行器的角速度 ${}^{0}\boldsymbol{\omega}_n$，并且令

$$ {}^{0}\boldsymbol{v}_n={}_{n}^{0}\dot{\boldsymbol{t}} \tag{5.23} $$

表示末端执行器的线速度。我们期望找到下列形式的表达式

$$ {}^{0}\boldsymbol{v}_n=\boldsymbol{J}_v\dot{\boldsymbol{q}} \tag{5.24} $$

$$ {}^{0}\boldsymbol{\omega}_n=\boldsymbol{J}_\omega\dot{\boldsymbol{q}} \tag{5.25} $$

式中，$\boldsymbol{J}_v$ 和 $\boldsymbol{J}_\omega$ 均为 $3\times n$ 阶矩阵。将式（5.24）、式（5.25）写在一起，有

$$ \boldsymbol{\xi}=\boldsymbol{J}\dot{\boldsymbol{q}} \tag{5.26} $$

式中，$\boldsymbol{\xi}$ 和 $\boldsymbol{J}$ 由下式给出

$$ \boldsymbol{\xi}=\begin{pmatrix} {}^{0}\boldsymbol{v}_n \\ {}^{0}\boldsymbol{\omega}_n \end{pmatrix} \tag{5.27} $$

$$ \boldsymbol{J}=\begin{pmatrix} \boldsymbol{J}_v \\ \boldsymbol{J}_\omega \end{pmatrix} \tag{5.28} $$

向量 $\boldsymbol{\xi}$ 有时被称为体速度。注意这个速度向量并非位置变量的导数，这是由于角速度向量不是任何时变数量的导数。矩阵 $\boldsymbol{J}$ 被称为机械臂的雅可比矩阵或者简称为雅可比矩阵，$\boldsymbol{J}$ 是一个 $6\times n$ 阶矩阵，其中 n 是机器人中连杆的数量。接下来推导适用于任何机械臂的雅可比矩阵的一个简单表达式。

5.3.1 角速度

从式（5.15）可知角速度可以作为自由向量相加，条件是它们相对于一个共同的坐标系表示。因此，可以通过下述方法来确定末端执行器相对于基座的角速度：将由各个关节引起的角速度表示在基座坐标系里，然后求和。

如果第 i 个关节是转动关节，那么第 i 个关节变量 $q_i=\theta_i$，并且其转动轴为 z_{i-1}。令 ${}_{i}^{i-1}\boldsymbol{\omega}$ 表示由关节 i 转动而赋予连杆 i 的角速度相对于坐标系 $o_{i-1}x_{i-1}y_{i-1}z_{i-1}$ 的表达式。在坐标系 $i-1$ 中，这个表达式为

$$ {}_{i}^{i-1}\boldsymbol{\omega}=\dot{q}_i{}^{i-1}z_{i-1}=\dot{q}_i\boldsymbol{k} \tag{5.29} $$

式中，$\boldsymbol{k}$ 是单位坐标向量 $(0,\ 0,\ 1)^{\mathrm{T}}$。

如果第 i 个关节是平动关节，那么坐标系 i 相对于坐标系 i-1 的运动为平动，并且有

$$ {}_{i}^{i-1}\boldsymbol{\omega}=0 \tag{5.30} $$

因此，如果关节 i 为平动关节，末端执行器的角速度并不取决于q_i，此时$q_i=d_i$。

因此，末端执行器相对于基座坐标系的总的角速度${}_{n}^{0}\boldsymbol{\omega}$，可通过式（5.30）计算如下

$$ {}_{n}^{0}\boldsymbol{\omega}=\rho_1\dot{q}_1\boldsymbol{k}+\rho_2\dot{q}_2{}_{1}^{0}\boldsymbol{R}\boldsymbol{k}+\cdots+\rho_n\dot{q}_n{}_{n-1}^{0}\boldsymbol{R}\boldsymbol{k}=\sum_{i=1}^{n}\rho_i\dot{q}_i{}^{0}z_{i-1} \tag{5.31} $$

其中，关节 i 为转动时，$\rho_i=1$；而关节 i 为平动时，$\rho_i=0$。这是因为

$$^0z_{i-1}={}_{i-1}^{0}\boldsymbol{R}\boldsymbol{k} \tag{5.32}$$

当然 $^0\boldsymbol{z}_0=\boldsymbol{k}=(0,\ 0,\ 1)^{\mathrm{T}}$。

因此，式（5.27）和式（5.28）中的下半部分雅可比矩阵 $\boldsymbol{J}_\omega$ 为

$$\boldsymbol{J}_\omega=(\rho_1 z_0\cdots\rho_n z_{n-1}) \tag{5.33}$$

在这个公式中，省略了沿 z 轴的单位向量的上角标，这是因为这些向量都是以世界坐标系作为参考。在本章的剩余部分中，在不引起参考坐标系歧义的前提下，将遵照此约定。

5.3.2　线速度

末端执行器的线速度是 $^0\dot{\boldsymbol{t}}_n$。使用微分的链式法则，有

$$^0\dot{\boldsymbol{t}}_n=\sum_{i=1}^{n}\frac{\partial^0\boldsymbol{t}_n}{\partial q_i}\dot{q}_i \tag{5.34}$$

因此，矩阵 $\boldsymbol{J}_v$ 的第 i 列（记为 $\boldsymbol{J}_{v_i}$）可由下式给出

$$\boldsymbol{J}_{v_i}=\frac{\partial^0\boldsymbol{t}_n}{\partial q_i} \tag{5.35}$$

此外，如果 $\dot{q}_i=1$，而其他 $\dot{q}_j=0$，上述表达式为末端执行器的线速度。换言之，雅可比矩阵的第 i 列可以通过下述方式生成：固定除第 i 个关节之外的所有关节，同时以单位速度驱动第 i 个关节。这一观察结果使得我们可以用简单且直观的方式来推导线速度雅可比矩阵。现在，分开考虑平动关节和转动关节这两种情况。

1. 平动关节

图 5.1 所示为除单个平动关节外其余所有关节均被固定的情形。由于关节 i 是平动关节，它赋予末端执行器一个纯移动，其平移方向平行于 z_{i-1} 轴，并且平移幅度为 $\dot{d}_i$，其中 d_i 为 D-H 关节变量。因此，在基座坐标系的姿态中有

$$^0\dot{\boldsymbol{t}}_n=\dot{d}_i{}_{i-1}^{0}\boldsymbol{R}\begin{pmatrix}0\\0\\1\end{pmatrix}=\dot{d}_i{}^0z_{i-1} \tag{5.36}$$

其中，d_i 是平动关节 i 所对应的关节变量。因此，对于平动关节的情形，去掉上角标后有

$$\boldsymbol{J}_{v_i}=\boldsymbol{z}_{i-1} \tag{5.37}$$

2. 转动关节

图 5.2 所示为除单个转动关节外其余所有关节均被固定的情形。由于关节 i 是转动关节，有 $q_i=\theta_i$。参照图 5.2，假设除关节 i 外的所有关节均被固定，末端执行器的线速度可被表示为 $\boldsymbol{\omega}\times\boldsymbol{r}$ 的形式，其中

$$\boldsymbol{\omega}=\dot{\theta}_i\boldsymbol{z}_{i-1} \tag{5.38}$$

以及

$$\boldsymbol{r}=\boldsymbol{o}_n-\boldsymbol{o}_{i-1} \tag{5.39}$$

因此，综合上述内容，并将坐标表示在基座坐标系中，对于一个转动关节，得到

$$\boldsymbol{J}_{v_i}=\boldsymbol{z}_{i-1}\times(\boldsymbol{o}_n-\boldsymbol{o}_{i-1}) \tag{5.40}$$

其中，遵循惯例，省略掉了上角标 0。

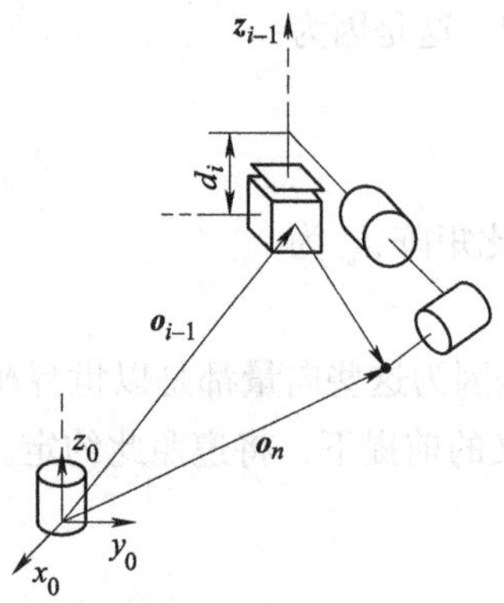

图 5.1　平动关节 i 引起的末端执行器的运动

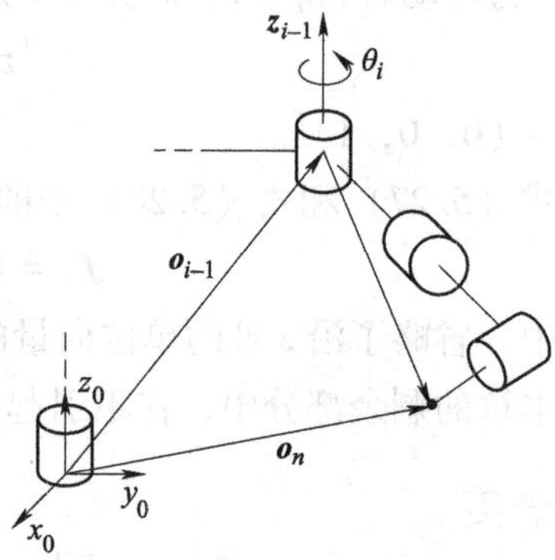

图 5.2　转动关节 i 引起的末端执行器的运动

5.3.3　线速度和角速度雅可比矩阵叠加

雅可比矩阵的上半部分 $\boldsymbol{J}_v$ 由下式给出

$$\boldsymbol{J}_v = (\boldsymbol{J}_{v_i} \cdots \boldsymbol{J}_{v_n}) \tag{5.41}$$

其中，矩阵的第 i 列 $\boldsymbol{J}_{v_i}$ 为

$$\boldsymbol{J}_{v_i} = \begin{cases} z_{i-1} \times (\boldsymbol{o}_n - \boldsymbol{o}_{i-1}), & \text{对于转动关节 } i \\ z_{i-1}, & \text{对于平动关节 } i \end{cases} \tag{5.42}$$

雅可比矩阵的下半部分为

$$\boldsymbol{J}_\omega = (\boldsymbol{J}_{\omega_i} \cdots \boldsymbol{J}_{\omega_n}) \tag{5.43}$$

其中，矩阵的第 i 列 $\boldsymbol{J}_{\omega_i}$ 为

$$\boldsymbol{J}_{\omega_i} = \begin{cases} z_{i-1}, & \text{对于转动关节 } i \\ 0, & \text{对于平动关节 } i \end{cases} \tag{5.44}$$

上述公式使得确定任何机械臂的雅可比矩阵这一过程得到简化，这是因为正运动学一旦确定，即可得到需要的所有量。事实上，计算雅可比矩阵仅需知道单位向量 z_i 以及原点 o_1，…，o_n 的坐标。$\boldsymbol{z}_i$ 相对于基座坐标系的坐标，可由 $\boldsymbol{T}_i^0$ 第 3 列中的 3 个元素给出，同时 $\boldsymbol{o}_i$ 由 $\boldsymbol{T}_i^0$ 第 4 列中的 3 个元素给出。因此，为了使用上述公式来计算雅可比矩阵，只需要知道 $\boldsymbol{T}$ 中第 3 列和第 4 列元素。上述程序不仅适用于计算末端执行器的速度，同时适用于计算机械臂上任何一点的速度。

例 5.2　图 5.3 所示为平面双连杆机械臂。由于两个关节均为转动关节，雅可比矩阵（本例中的雅可比矩阵是一个 6 × 2 阶矩阵）具有如下形式

$$\boldsymbol{J}(q) = \begin{pmatrix} z_0 \times (\boldsymbol{o}_2 - \boldsymbol{o}_0) & z_1 \times (\boldsymbol{o}_2 - \boldsymbol{o}_1) \\ z_0 & z_1 \end{pmatrix}$$

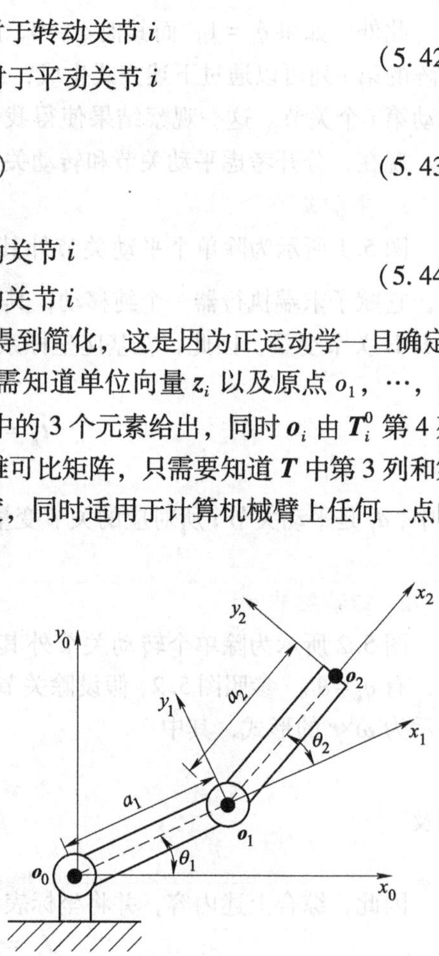

图 5.3　平面双连杆机械臂

容易看出，上述各量分别等于

$$\boldsymbol{o}_0 = \begin{pmatrix} 0 \\ 0 \\ 0 \end{pmatrix}, \boldsymbol{o}_1 = \begin{pmatrix} a_1\cos\theta_1 \\ a_1\sin\theta_2 \\ 0 \end{pmatrix},$$

$$\boldsymbol{o}_2 = \begin{pmatrix} a_1\cos\theta_1 + a_2\cos(\theta_1 + \theta_2) \\ a_1\sin\theta_2 + a_2\sin(\theta_1 + \theta_2) \\ 0 \end{pmatrix}$$

$$\boldsymbol{z}_0 = \boldsymbol{z}_1 = \begin{pmatrix} 0 \\ 0 \\ 1 \end{pmatrix}$$

执行所需的计算后，得到

$$\boldsymbol{J} = \begin{pmatrix} -a_1\sin\theta_1 - a_2\sin(\theta_1 + \theta_2) & -a_2\sin(\theta_1 + \theta_2) \\ a_1\cos\theta_1 + a_2\cos(\theta_1 + \theta_2) & a_2\cos(\theta_1 + \theta_2) \\ 0 & 0 \\ 0 & 0 \\ 0 & 0 \\ 1 & 1 \end{pmatrix} \tag{5.45}$$

式（5.45）中的前两行给出了原点 o_2 相对于基座的速度；第三行为线速度在 z_0 方向上的分量，在这种情况下它永远为零；最后三行表示最终坐标系的角速度，它是关于竖直轴线的速度为 $\dot{\theta}_1 + \dot{\theta}_2$ 的转动。

例 5.3　图 5.4 所示为斯坦福机械臂及其相关的 D-H 坐标系。关节 3 为平动关节，并且由于使用了球型手腕以及相关的坐标系配置，$\boldsymbol{o}_3 = \boldsymbol{o}_4 = \boldsymbol{o}_5$。因此坐标系｛3｝、｛4｝、｛5｝坐标原点重合，雅可比矩阵各列具有如下形式

$$\boldsymbol{J}_i = \begin{pmatrix} \boldsymbol{z}_{i-1} \times (\boldsymbol{o}_6 - \boldsymbol{o}_{i-1}) \\ \boldsymbol{z}_{i-1} \end{pmatrix}, \quad i=1, 2$$

$$\boldsymbol{J}_3 = \begin{pmatrix} \boldsymbol{z}_2 \\ 0 \end{pmatrix}$$

$$\boldsymbol{J}_i = \begin{pmatrix} \boldsymbol{z}_{i-1} \times (\boldsymbol{o}_6 - \boldsymbol{o}) \\ \boldsymbol{z}_{i-1} \end{pmatrix}, \quad i=4, 5, 6$$

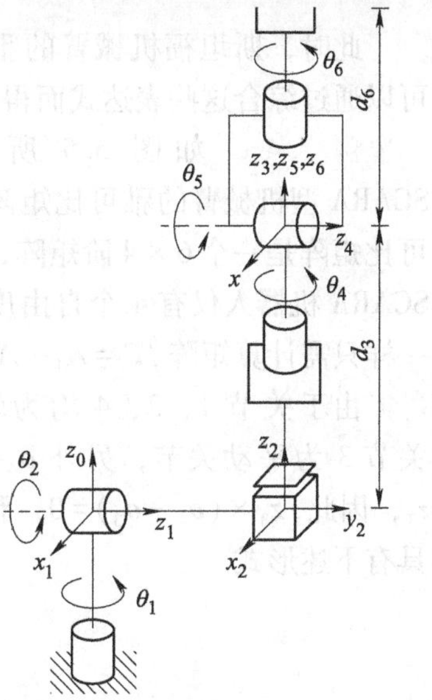

图 5.4　斯坦福机械臂 D-H 坐标系配置

现在，使用矩阵 $\boldsymbol{A}$ 以及由矩阵 $\boldsymbol{A}$ 相乘得到的矩阵 $\boldsymbol{T}$，这些量容易按下列方式计算得到。首先，$\boldsymbol{o}_j$ 由矩阵 ${}^0_j\boldsymbol{T} = \boldsymbol{A}_1 \cdots \boldsymbol{A}_j$ 最后一列的前三个元素给出，其中 $\boldsymbol{o}_0 = (0, 0, 0)^{\mathrm{T}}$。向量 $\boldsymbol{z}_j$ 由 $\boldsymbol{z}_j = {}^0_j\boldsymbol{R}\boldsymbol{k}$ 给出，其中 ${}^0_j\boldsymbol{R}$ 为 ${}^0_j\boldsymbol{T}$ 中的转动部分。因此，仅需要计算矩阵 ${}^0_j\boldsymbol{T}$，从而计算出雅可比矩阵。将这些计算展开，可以得到斯坦福机械臂的表达式，如下所示

$$\boldsymbol{o}_6 = \begin{pmatrix} \cos\theta_1\sin\theta_2 d_3 - \sin\theta_1 d_2 + d_6(\cos\theta_1\cos\theta_2\cos\theta_4\sin\theta_5 + \cos\theta_1\cos\theta_5\sin\theta_2 - \sin\theta_1\sin\theta_4\sin\theta_5) \\ \sin\theta_1\sin\theta_2 d_3 - \cos\theta_1 d_2 + d_6(\cos\theta_1\sin\theta_4\sin\theta_5 + \cos\theta_2\cos\theta_4\sin\theta_1\sin\theta_5 + \cos\theta_5\sin\theta_1\sin\theta_2) \\ \cos\theta_2 d_3 + d_6(\cos\theta_2\cos\theta_5 - \cos\theta_4\sin\theta_2\sin\theta_5) \end{pmatrix}$$

$$\boldsymbol{o}_3 = \begin{pmatrix} \cos\theta_1\sin\theta_2 d_3 - \sin\theta_1 d_2 \\ \sin\theta_1\sin\theta_2 d_3 + \cos\theta_1 d_2 \\ \cos\theta_2 d_3 \end{pmatrix}$$

如下给出

$$z_0=\begin{pmatrix}0\\0\\1\end{pmatrix},\quad z_1=\begin{pmatrix}-\sin\theta_1\\\cos\theta_1\\0\end{pmatrix}$$

$$z_2=\begin{pmatrix}\cos\theta_1\sin\theta_2\\\sin\theta_1\sin\theta_2\\\cos\theta_2\end{pmatrix},\quad z_3=\begin{pmatrix}\cos\theta_1\sin\theta_2\\\sin\theta_1\sin\theta_2\\\cos\theta_2\end{pmatrix}$$

$$z_4=\begin{pmatrix}-\cos\theta_1\cos\theta_2\sin\theta_4-\sin\theta_1\cos\theta_4\\-\sin\theta_1\cos\theta_1\sin\theta_4+\cos\theta_1\cos\theta_4\\\sin\theta_2\sin\theta_4\end{pmatrix}$$

$$z_5=\begin{pmatrix}\cos\theta_1\cos\theta_2\cos\theta_4\sin\theta_5+\cos\theta_1\cos\theta_5\sin\theta_2-\sin\theta_1\sin\theta_4\sin\theta_5\\\cos\theta_1\sin\theta_4\sin\theta_5+\cos\theta_2\cos\theta_4\sin\theta_1\sin\theta_5+\cos\theta_5\sin\theta_1\sin\theta_2\\\cos\theta_2\cos\theta_5-\cos\theta_4\sin\theta_2\sin\theta_5\end{pmatrix}$$

此时，斯坦福机械臂的雅可比矩阵可以通过综合这些表达式而得出。

例 5.4 如图 5.5 所示，推导 SCARA 型机械臂的雅可比矩阵。这个雅可比矩阵是一个 6×4 阶矩阵，这是因为 SCARA 机器人仅有 4 个自由度。像以前一样只需计算矩阵 ${}^0_j\boldsymbol{T}=\boldsymbol{A}_1\cdots\boldsymbol{A}_j$。

由于关节 1、2、4 均为转动关节，关节 3 为平动关节，另外 $\boldsymbol{o}_4$-$\boldsymbol{o}_3$ 平行于 z_3，因此，$z_3\times(\boldsymbol{o}_4-\boldsymbol{o}_3)=0$，雅可比矩阵具有下述形式

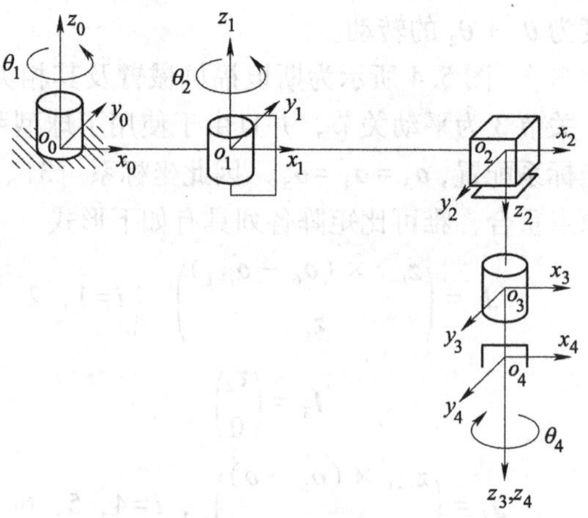

图 5.5　SCARA 型机械臂 D-H 坐标系配置

$$\boldsymbol{J}=\begin{pmatrix}z_0\times(\boldsymbol{o}_4-\boldsymbol{o}_0) & z_1\times(\boldsymbol{o}_4-\boldsymbol{o}_1) & z_2 & 0\\ z_0 & z_1 & 0 & z_3\end{pmatrix}$$

D-H 坐标系的原点如下

$$\boldsymbol{o}_1=\begin{pmatrix}a_1\cos\theta_1\\a_1\sin\theta_1\\0\end{pmatrix},\quad \boldsymbol{o}_2=\begin{pmatrix}a_1\cos\theta_1+a_2\cos(\theta_1+\theta_2)\\a_1\sin\theta_1+a_2\sin(\theta_1+\theta_2)\\0\end{pmatrix}$$

$$\boldsymbol{o}_4=\begin{pmatrix}a_1\cos\theta_1+a_2\cos(\theta_1+\theta_2)\\a_1\sin\theta_1+a_2\sin(\theta_1+\theta_2)\\d_3-d_4\end{pmatrix}$$

类似地，有 $z_0 = z_1 = \boldsymbol{k}$，$z_2 = z_3 = -\boldsymbol{k}$。因此，SCARA 型机械臂的雅可比矩阵为

$$\boldsymbol{J} = \begin{pmatrix} -a_1\sin\theta_1 - a_2\sin(\theta_1+\theta_2) & -a_2\sin(\theta_1+\theta_2) & 0 & 0 \\ a_1\cos\theta_1 + a_2\cos(\theta_1+\theta_2) & a_2\cos(\theta_1+\theta_2) & 0 & 0 \\ 0 & 0 & -1 & 0 \\ 0 & 0 & 0 & 0 \\ 0 & 0 & 0 & 0 \\ 1 & 1 & 0 & -1 \end{pmatrix}$$

5.3.4　分析雅可比矩阵

前面推导的雅可比矩阵有时称为几何雅可比（Geometric Jacobian）矩阵，这是为了区别于分析雅可比（Analytical Jacobian）矩阵，后者表示为 $\boldsymbol{J}_a(q)$，它基于对末端执行器姿态的最小表示。令

$$\boldsymbol{X} = \begin{pmatrix} \boldsymbol{d}(q) \\ \boldsymbol{\alpha}(q) \end{pmatrix} \tag{5.46}$$

表示末端执行器的姿态，其中，$\boldsymbol{d}(q)$ 是从基座坐标系原点到末端执行器坐标系原点的一般向量，$\boldsymbol{\alpha}(q)$ 表示末端执行器坐标系相对于基座坐标系的姿态的最小表示。例如，令 $\boldsymbol{\alpha}=(\phi, \theta, \psi)^{\mathrm{T}}$为第 3 章中定义的欧拉角向量。那么，寻求一种具有下列形式的表达式

$$\dot{\boldsymbol{X}}\begin{pmatrix} \dot{\boldsymbol{d}} \\ \dot{\boldsymbol{\alpha}} \end{pmatrix} = \boldsymbol{J}_a(q)\dot{\boldsymbol{q}} \tag{5.47}$$

来定义分析雅可比矩阵。

可以证明：如果 $\boldsymbol{R} = \boldsymbol{R}_{x,\phi}\boldsymbol{R}_{y,\theta}\boldsymbol{R}_{z,\psi}$ 是欧拉角变换，那么

$$\dot{\boldsymbol{R}} = \boldsymbol{S}(\boldsymbol{\omega})\boldsymbol{R} \tag{5.48}$$

其中，$\boldsymbol{\omega}$ 定义了角速度，其表达式为

$$\boldsymbol{\omega} = \begin{pmatrix} \cos\phi\sin\theta\dot{\phi} - \sin\psi\dot{\theta} \\ \sin\phi\sin\theta\dot{\phi} + \cos\psi\dot{\theta} \\ \dot{\psi} + \cos\theta\dot{\phi} \end{pmatrix} = \begin{pmatrix} \cos\phi\sin\theta & -\sin\psi & 0 \\ \cos\phi\sin\theta & \cos\psi & 0 \\ \cos\theta & 0 & 1 \end{pmatrix}\begin{pmatrix} \dot{\phi} \\ \dot{\theta} \\ \dot{\psi} \end{pmatrix} = \boldsymbol{B}(\alpha)\dot{\boldsymbol{\alpha}} \tag{5.49}$$

$\boldsymbol{\omega}$ 的几个分量分别被称为章动、旋转和进动。综合上述关系式以及前面的雅可比矩阵定义

$$\begin{pmatrix} \boldsymbol{v} \\ \boldsymbol{\omega} \end{pmatrix} = \begin{pmatrix} \dot{\boldsymbol{d}} \\ \boldsymbol{\omega} \end{pmatrix} = \boldsymbol{J}(q)\dot{\boldsymbol{q}} \tag{5.50}$$

得到

$$\boldsymbol{J}(q)\dot{\boldsymbol{q}} = \begin{pmatrix} \boldsymbol{v} \\ \boldsymbol{\omega} \end{pmatrix} = \begin{pmatrix} \dot{\boldsymbol{d}} \\ \boldsymbol{B}(\alpha)\dot{\boldsymbol{\alpha}} \end{pmatrix} = \begin{pmatrix} \boldsymbol{I} & \boldsymbol{0} \\ \boldsymbol{0} & \boldsymbol{B}(\alpha) \end{pmatrix}\begin{pmatrix} \dot{\boldsymbol{d}} \\ \dot{\boldsymbol{\alpha}} \end{pmatrix} = \begin{pmatrix} \boldsymbol{I} & \boldsymbol{0} \\ \boldsymbol{0} & \boldsymbol{B}(\alpha) \end{pmatrix}\boldsymbol{J}_a(q)\dot{\boldsymbol{q}} \tag{5.51}$$

因此，分析雅可比矩阵 $\boldsymbol{J}_a(q)$ 可以根据几何雅可比矩阵计算如下

$$\boldsymbol{J}_a(q) = \begin{pmatrix} \boldsymbol{I} & \boldsymbol{0} \\ \boldsymbol{0} & \boldsymbol{B}^{-1}(\alpha) \end{pmatrix}\boldsymbol{J}(q) \tag{5.52}$$

上式成立的条件是：$\det\boldsymbol{B}(\alpha) \neq O$。

在下一节中，讨论雅可比奇点，它是对应雅可比矩阵秩减少情形时的位形空间点。矩阵

$\boldsymbol{B}(\alpha)$ 的奇点称为表象奇点。容易证明如果 $s_\theta \neq 0$，那么 $\boldsymbol{B}(\alpha)$ 可逆，这意味着，分析雅可比矩阵的奇点包括几何雅可比矩阵 $\boldsymbol{J}$ 中的奇点，它连同表象奇点将在 5.4 节中定义。

5.4 速度雅可比矩阵（位姿方程求导）

5.3 节利用了矢量积的方法给出了速度雅可比矩阵的推导过程，除了此方法外，还可以利用对位姿方程求导，连杆速度递推或者是为非变换关系构造等方法推导雅可比矩阵。

下面利用位姿方程求导的方法，给出了速度雅可比矩阵的另外一种推导方法。

工业机器人运动学方程可以表达为

$$\boldsymbol{X} = \boldsymbol{F}(\boldsymbol{q}) \tag{5.53}$$

式中，$\boldsymbol{X} = (x, y, z, \varphi_x, \varphi_y, \varphi_z)^{\mathrm{T}}$，表示机械臂末端在基座坐标系下的位姿；$\boldsymbol{q} = (q_1, q_2, \cdots, q_n)^{\mathrm{T}}$，为关节空间中的关节变量。要推导速度雅可比矩阵，就是要找关节空间中关节速度和操作空间中的末端速度之间的关系，即对式（5.53）进行积分，就可以得到

$$\begin{cases} \mathrm{d}x = \dfrac{\partial f_1}{\partial q_1}\mathrm{d}q_1 + \dfrac{\partial f_1}{\partial q_2}\mathrm{d}q_2 + \cdots + \dfrac{\partial f_1}{\partial q_n}\mathrm{d}q_n \\ \mathrm{d}y = \dfrac{\partial f_2}{\partial q_1}\mathrm{d}q_1 + \dfrac{\partial f_2}{\partial q_2}\mathrm{d}q_2 + \cdots + \dfrac{\partial f_2}{\partial q_n}\mathrm{d}q_n \\ \qquad\vdots \\ \mathrm{d}\varphi_z = \dfrac{\partial f_6}{\partial q_1}\mathrm{d}q_1 + \dfrac{\partial f_6}{\partial q_2}\mathrm{d}q_2 + \cdots + \dfrac{\partial f_6}{\partial q_n}\mathrm{d}q_n \end{cases} \tag{5.54}$$

即

$$\mathrm{d}\boldsymbol{X} = \frac{\partial \boldsymbol{F}}{\partial \boldsymbol{q}}\mathrm{d}\boldsymbol{q} = \boldsymbol{J}(q)\mathrm{d}\boldsymbol{q} \tag{5.55}$$

式中，$\boldsymbol{J}(q) = \dfrac{\partial \boldsymbol{F}}{\partial \boldsymbol{q}}$ 为一个 $6 \times n$ 阶矩阵，即雅可比矩阵，其最一般的形式可以写为

$$\boldsymbol{J}(q) = \frac{\partial \boldsymbol{X}}{\partial \boldsymbol{q}^{\mathrm{T}}} = \begin{pmatrix} \dfrac{\partial x}{\partial q_1} & \dfrac{\partial x}{\partial q_2} & \cdots & \dfrac{\partial x}{\partial q_n} \\ \dfrac{\partial y}{\partial q_1} & \dfrac{\partial y}{\partial q_2} & \cdots & \dfrac{\partial y}{\partial q_n} \\ \dfrac{\partial z}{\partial q_1} & \dfrac{\partial z}{\partial q_2} & \cdots & \dfrac{\partial z}{\partial q_n} \\ \dfrac{\partial \varphi_x}{\partial q_1} & \dfrac{\partial \varphi_x}{\partial q_2} & \cdots & \dfrac{\partial \varphi_x}{\partial q_n} \\ \dfrac{\partial \varphi_y}{\partial q_1} & \dfrac{\partial \varphi_y}{\partial q_2} & \cdots & \dfrac{\partial \varphi_y}{\partial q_n} \\ \dfrac{\partial \varphi_z}{\partial q_1} & \dfrac{\partial \varphi_z}{\partial q_2} & \cdots & \dfrac{\partial \varphi_z}{\partial q_n} \end{pmatrix} \tag{5.56}$$

$\mathrm{d}\boldsymbol{X} = (\mathrm{d}x, \mathrm{d}y, \mathrm{d}z, \delta\varphi_x, \delta\varphi_y, \delta\varphi_z)^{\mathrm{T}}$，反映了在末端操作空间的微小运动，$\mathrm{d}\boldsymbol{q} = (\mathrm{d}q_1, \mathrm{d}q_2, \cdots, \mathrm{d}q_n)^{\mathrm{T}}$，反映了关节空间中关节变量的微小运动。

如图 5.3 所示的平面双连杆机器人，其末端位置（x，y）和关节变量（θ_1，θ_2）之间的关系为

$$\begin{cases} x = a_1\cos\theta_1 + a_2\cos(\theta_1 + \theta_2) \\ y = a_1\sin\theta_1 + a_2\sin(\theta_1 + \theta_2) \end{cases} \tag{5.57}$$

对其进行微分，得

$$\begin{cases} \mathrm{d}x = \dfrac{\partial x}{\partial \theta_1}\mathrm{d}\theta_1 + \dfrac{\partial x}{\partial \theta_2}\mathrm{d}\theta_2 \\ \mathrm{d}y = \dfrac{\partial y}{\partial \theta_1}\mathrm{d}\theta_1 + \dfrac{\partial y}{\partial \theta_2}\mathrm{d}\theta_2 \end{cases} \tag{5.58}$$

将其写成矩阵形式

$$\begin{pmatrix} \mathrm{d}x \\ \mathrm{d}y \end{pmatrix} = \begin{pmatrix} \dfrac{\partial x}{\partial \theta_1} & \dfrac{\partial x}{\partial \theta_2} \\ \dfrac{\partial y}{\partial \theta_1} & \dfrac{\partial y}{\partial \theta_2} \end{pmatrix} \begin{pmatrix} \mathrm{d}\theta_1 \\ \mathrm{d}\theta_2 \end{pmatrix} \tag{5.59}$$

令

$$\boldsymbol{J} = \begin{pmatrix} \dfrac{\partial x}{\partial \theta_1} & \dfrac{\partial x}{\partial \theta_2} \\ \dfrac{\partial y}{\partial \theta_1} & \dfrac{\partial y}{\partial \theta_2} \end{pmatrix} \tag{5.60}$$

式（5.60）简写成

$$\mathrm{d}\boldsymbol{X} = \boldsymbol{J}\mathrm{d}\boldsymbol{\theta} \tag{5.61}$$

$\boldsymbol{J}$ 是此平面双连杆机器人的速度雅可比矩阵。

5.5　奇异性

$6 \times n$ 阶雅可比矩阵 $\boldsymbol{J}(q)$，在关节速度向量 $\dot{\boldsymbol{q}}$ 和末端执行器速度向量 $\boldsymbol{\xi} = (\boldsymbol{v}^{\mathrm{T}},\ \boldsymbol{\omega}^{\mathrm{T}})^{\mathrm{T}}$ 之间，定义了一个映射

$$\boldsymbol{\xi} = \boldsymbol{J}(q)\,\dot{\boldsymbol{q}} \tag{5.62}$$

这意味着所有可能的末端执行器速度是雅可比矩阵列向量的线性组合，即

$$\boldsymbol{\xi} = J_1\dot{q}_1 + J_2\dot{q}_2 + \cdots + J_n\dot{q}_n \tag{5.63}$$

例如，对于双连杆平面机械臂，式（5.45）中给出的雅可比矩阵具有两个列向量。容易看出：末端执行器的线速度必须位于 xy 平面内，这是因为没有一个列向量在第三行中有非零项。由于 $\boldsymbol{\xi} \in \mathrm{R}^6$，矩阵 $\boldsymbol{J}$ 有必要拥有 6 个线性独立的列向量，以便末端执行器能够达到任意速度。

矩阵的秩等于矩阵中线性独立的列（或行）的数目。因此，当 $r(\boldsymbol{J}) = 6$，末端执行器可以以任意速度运行。对于矩阵 $\boldsymbol{J} \in \mathrm{R}^{6\times n}$，始终有 $r(\boldsymbol{J}) \leqslant \min(6,\ n)$。例如，对于平面双连杆机械臂，总有 $r(\boldsymbol{J}) \leqslant 2$，而对于一个带有球型手腕的仿人手臂，总有 $r(\boldsymbol{J}) \leqslant 6$。

矩阵的秩并不总是恒定不变的。实际上，机械臂的雅可比矩阵的秩取决于位形 $\boldsymbol{q}$。当矩阵 $\boldsymbol{J}(q)$ 的秩小于其最大值的情况相对应的位形被称为奇点或奇异位形。识别机械臂的奇点

很重要，其原因如下：

1）奇点表示在此位形下，某些方向的运动可能无法达到。

2）在奇点处，有界的末端执行器速度可能对应于无限的关节速度。

3）在奇点处，有界的关节力矩可能对应于末端执行器处无限的力和力矩。

4）奇点通常对应于机械臂工作空间的边界点，即机械臂的最大伸出点。

5）奇点对应于机械臂工作空间某些受连杆参数（如长度、偏置等）微小变化的影响而无法到达的点。

有许多方法可用于确定雅可比矩阵中的奇点。在本章中，将利用下述事实：如果一个方阵对应的行列式等于零，那么该方阵是奇异矩阵。一般情况下，难以求解非线性方程 $\det\boldsymbol{J}(q)=0$。因此，现在介绍奇点解耦的方法，它适用于诸如装备有球型手腕的机械臂。

5.5.1 奇点解耦

对于任意的机械臂，可以通过下列方法推导出一组正运动学方程：以所选择的方式在每个连杆上固连一个坐标系，计算一组齐次变换矩阵将这些坐标系联系起来，然后按照需要计算它们的乘积。D-H 约定规则仅仅是进行上述操作的一种系统方法。即使最后得到的方程取决于所选的坐标系，机械臂位形本身也是与描述它们的坐标系无关的几何量。认识到这一点，可以对那些带有球型手腕机械臂的奇异位形进行解耦，即分解为两个更简单的问题。第一个问题是确定手臂奇点，也就是由于手臂（包括前三个或更多连杆）运动而产生的奇点；第二个问题是确定由球型手腕运动而引起的手腕奇点。

考虑 $n=6$ 这种情形，即机械臂由一个 3 自由度手臂和一个 3 自由度球型手腕构成。在此情形下，雅可比矩阵为 6 × 6 阶矩阵，此时，位形 $\boldsymbol{q}$ 为奇点，当且仅当

$$\det\boldsymbol{J}(q)=0 \tag{5.64}$$

如果将雅可比矩阵 $\boldsymbol{J}$ 分解成如下 3 × 3 阶矩阵块

$$\boldsymbol{J}=(\boldsymbol{J}_P \mid \boldsymbol{J}_O)=\left(\begin{array}{c|c}\boldsymbol{J}_{11} & \boldsymbol{J}_{12}\\ \hline \boldsymbol{J}_{21} & \boldsymbol{J}_{22}\end{array}\right) \tag{5.65}$$

那么，由于最后三个关节总为转动关节，有

$$\boldsymbol{J}_O=\begin{pmatrix} z_3\times(\boldsymbol{o}_6-\boldsymbol{o}_3) & z_4\times(\boldsymbol{o}_6-\boldsymbol{o}_4) & z_5\times(\boldsymbol{o}_6-\boldsymbol{o}_5)\\ z_3 & z_4 & z_5\end{pmatrix} \tag{5.66}$$

由于手腕轴线交于同一点 o，如果选择坐标系使得 $\boldsymbol{o}_3=\boldsymbol{o}_4=\boldsymbol{o}_5=\boldsymbol{o}_6=\boldsymbol{o}$，那么，$\boldsymbol{J}_O$ 成为

$$\boldsymbol{J}_O=\begin{pmatrix}\boldsymbol{0} & \boldsymbol{0} & \boldsymbol{0}\\ z_3 & z_4 & z_5\end{pmatrix} \tag{5.67}$$

在此情形下，雅可比矩阵具有下述三角块形式

$$\boldsymbol{J}=\begin{pmatrix}\boldsymbol{J}_{11} & \boldsymbol{0}\\ \boldsymbol{J}_{21} & \boldsymbol{J}_{22}\end{pmatrix} \tag{5.68}$$

它的行列式为

$$\det\boldsymbol{J}=\det\boldsymbol{J}_{11}\det\boldsymbol{J}_{22} \tag{5.69}$$

式中，$\boldsymbol{J}_{11}$ 和 $\boldsymbol{J}_{22}$ 均为 3 × 3 阶矩阵。

如果关节 i 为转动关节，那么 $\boldsymbol{J}_{11}$ 的第 i 列为 $z_{i-1}\times(\boldsymbol{o}-\boldsymbol{o}_{i-1})$；如果关节 i 为平动关节，那么 $\boldsymbol{J}_{11}$ 的第 i 列为 z_{i-1}。而

$$J_{22} = (z_3 \quad z_4 \quad z_5) \tag{5.70}$$

因此，机械臂奇异位形的集合是满足 $\det J_{11}=0$ 的手臂位形集合以及满足 $\det J_{22}=0$ 的手腕位形集合的并集。注意这种形式的雅可比矩阵不一定能给出末端执行器速度和关节速度之间的正确关系，它的目的仅在于简化奇点的确定过程。

5.5.2 手腕奇点

从式（5.70）中看到，当向量 z_3、z_4 和 z_5 线性相关时，球型手腕处于奇异位形。如图 5.6 所示，当关节轴线 z_3 和 z_5 共线，即当 $\theta_5=0$ 或 π 时，会产生上述奇异情形。它们是球型手腕仅有的奇点，并且这些奇点是无法避免的，除非在手腕设计时使用机械限位来限制其运动范围，使得 z_3 和 z_5 无法共线。事实上，任何两个转动关节轴共线时，都将会产生奇点，这是因为两个转角相等但方向相反的旋转所对应的综合结果是末端执行器保持不动。

5.5.3 手臂奇点

为了研究手臂奇点，仅需计算 $\det J_{11}$，为此可以使用式（5.42）并用手腕中心 o 点替代其中的 o_n。在本节的剩余部分，将确定三种常见机械臂中的奇点，包括肘型机械臂、球型机械臂以及 SCARA 型机械臂。

肘型机械臂的奇点及其坐标系配置如图 5.7 所示。

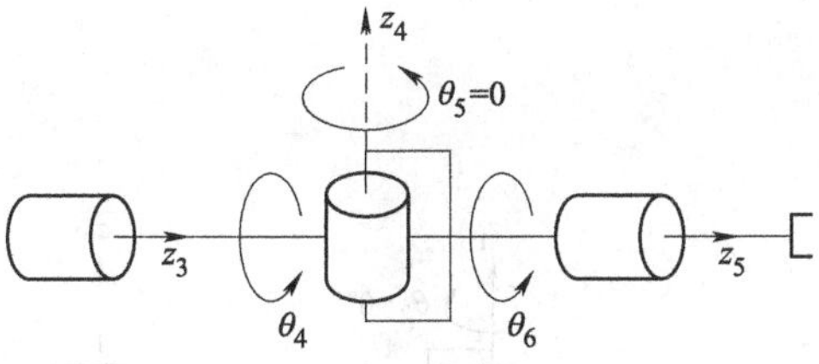

图 5.6 球型手腕奇点

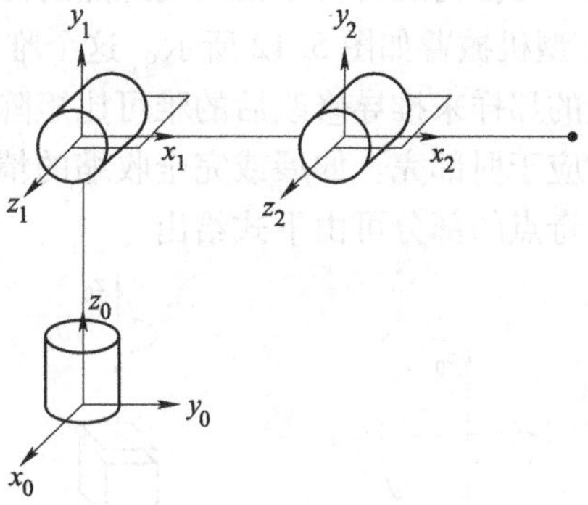

图 5.7 肘型机械臂

$$J_{11} = \begin{pmatrix} -a_2\sin\theta_1\cos\theta_1 - a_3\sin\theta_1\cos(\theta_2+\theta_3) & -a_2\sin\theta_2\cos\theta_1 - a_3\sin(\theta_1+\theta_2)\cos\theta_1 & -a_3 s_{23}\cos\theta_1 \\ a_2\cos\theta_1\cos\theta_2 + a_3\cos\theta_1\cos(\theta_2+\theta_3) & -a_2\sin\theta_1\sin\theta_2 - a_3\sin\theta_1\sin(\theta_1+\theta_2) & -a_3 s_{23}\sin\theta_1 \\ 0 & a_2\cos\theta_2 + a_3\cos(\theta_2+\theta_3) & a_3\cos(\theta_2+\theta_3) \end{pmatrix} \tag{5.71}$$

并且，J_{11} 的行列式为

$$\det J_{11} = -a_2 a_3 \sin\theta_3 [a_2\cos\theta_2 + a_3\cos(\theta_2+\theta_3)] \tag{5.72}$$

从式（5.72）可以看到，肘型机械臂处于奇异位形，此时有

$$s_3 = 0\text{，即 }\theta_3 = 0 \text{ 或 } \pi \tag{5.73}$$

或者

$$a_2\cos\theta_2 + a_3\cos(\theta_2+\theta_3) = 0 \tag{5.74}$$

如图 5.8 所示，给出了式（5.73）中的情况，它们对应于肘部完全伸展或完全收缩这

两种位形。

如图 5.9 所示，给出了式（5.74）所对应的第二种情况。当手腕中心与基座旋转轴线 z_0 相交时，这种位形将会发生。当手腕中心处于 z_0 轴上时，将会有无穷多个奇异位形，此时，逆运动学将会有无穷多解。

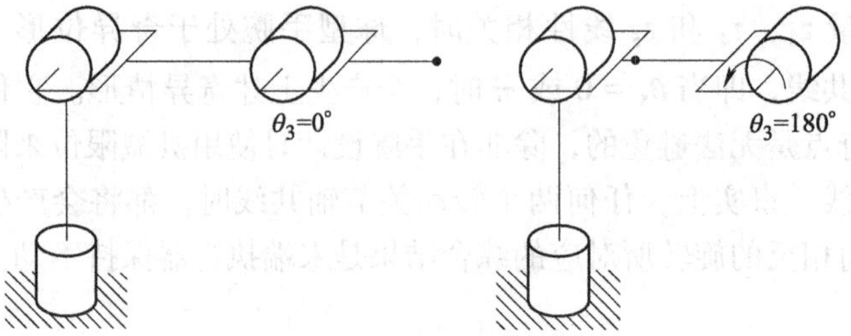

图 5.8　肘型机械臂中的肘关节奇点

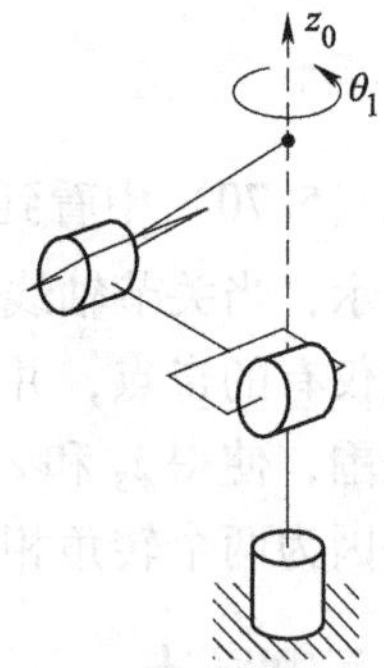

图 5.9　无偏置的肘型机械臂中的奇点

对于带偏置的肘型机械臂，如图 5.10 所示，手腕中心与 z_0 轴无法相交，这证实了当机械臂参数发生微小偏差时，奇异位形中的可达点可能无法到达。在图中的这种情况下，机械臂的肘部或肩部有一个偏置。

球型机械臂如图 5.11 所示，当手腕中心与 z_0 相交时，机械臂处于一个奇异位形，这是由于关于基座的任何旋转将不会改变此点的位置。

SCARA 型机械臂如图 5.12 所示。这个雅可比矩阵很简单，因此可以直接使用，而不必像先前所做的那样来推导修改后的雅可比矩阵。从几何结构可以看到该 SCARA 型机械臂的仅有奇点对应于肘部完全伸展或完全收缩的情形。的确，该 SCARA 型机械臂的雅可比矩阵中决定手臂奇点的部分可由下式给出

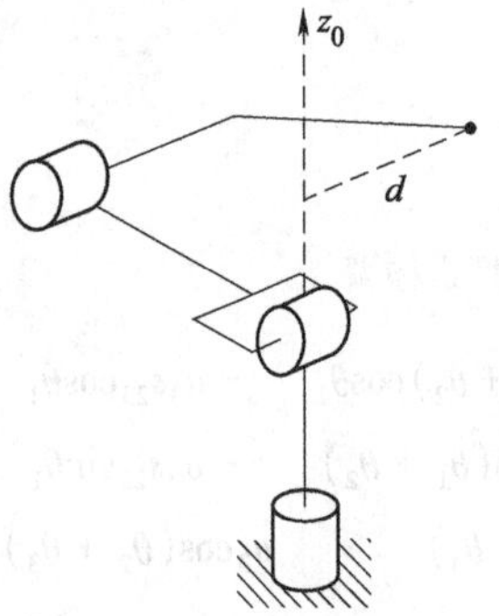

图 5.10　带偏置的肘型机械臂中的奇点

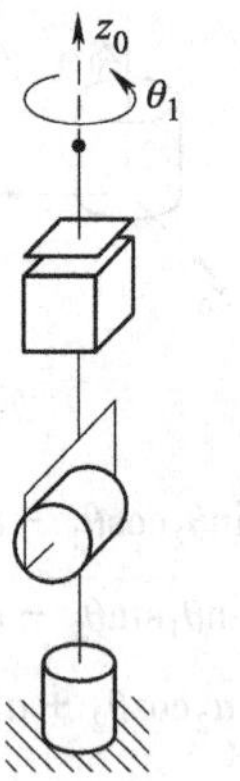

图 5.11　无偏置的球型机械臂中的奇点

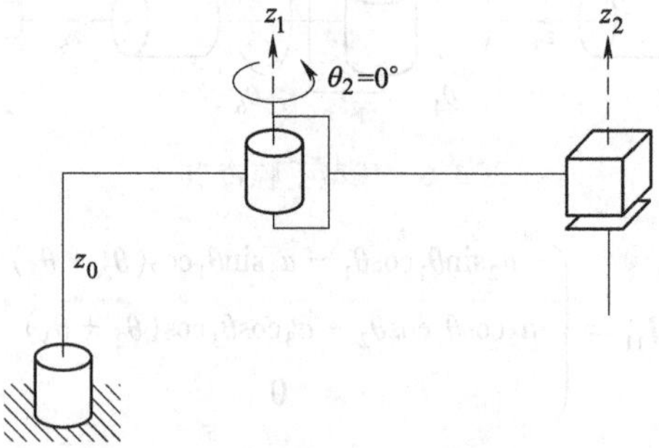

图 5.12　SCARA 型机械臂中的奇点

$$\boldsymbol{J}_{11}=\begin{pmatrix}\alpha_1 & \alpha_3 & 0\\ \alpha_2 & \alpha_4 & 0\\ 0 & 0 & -1\end{pmatrix} \tag{5.75}$$

其中

$$\alpha_1=-a_2\sin\theta_1-a_2\sin(\theta_1+\theta_2)$$

$$\alpha_2 = a_2\cos\theta_1 + a_2\cos(\theta_1+\theta_2)$$
$$\alpha_3 = -a_1\sin(\theta_1+\theta_2)$$
$$\alpha_4 = a_1\cos(\theta_1+\theta_2)$$

当 $\alpha_1\alpha_4 - \alpha_2\alpha_3 = 0$ 时，矩阵的秩将会小于3。可以证明，它等价于

$$\sin\theta_2 = 0\text{，即 }\theta_2 = 0\text{ 或 }\pi \tag{5.76}$$

注意到上述情况与图5.8中肘型机械臂奇点的相似之处。在这两种情况下，手臂的相关部分仅仅是一个双连杆平面机械臂。从式（5.76）中可以看出：当 $\theta_2=0$ 或 π 时，双连杆平面机械臂的雅可比矩阵将会失秩。

5.6 力雅可比矩阵

机械臂与环境之间的相互作用会在末端执行器或工具处产生力和力矩，后者反过来会在机器人的关节处产生力。本节讨论机械臂雅可比矩阵在末端执行器力和关节力矩之间定量关系中的作用。

令 $\boldsymbol{F}=(F_x, F_y, F_z, n_x, n_y, n_z)^{\mathrm{T}}$ 表示末端执行器处的力和力矩向量，令 $\boldsymbol{\tau}$ 表示对应的关节力矩向量。那么，$\boldsymbol{F}$ 和 $\boldsymbol{\tau}$ 之间可以由下式联系起来

$$\boldsymbol{\tau} = \boldsymbol{J}^{\mathrm{T}}(q)\boldsymbol{F} \tag{5.77}$$

其中，$\boldsymbol{J}^{\mathrm{T}}(q)$ 是机械臂雅可比矩阵的转置。

推导这个关系的一个简单方法是通过虚功原理。令 $\delta\boldsymbol{X}$ 和 $\delta\boldsymbol{q}$ 分别表示任务空间和关节空间中的无穷小位移，如果这些位移与施加在系统上的任何约束相一致的话，那么它们被称为虚位移。例如，如果末端执行器与一个刚性墙壁相接触，那么位置的虚位移与墙面相切。这些虚位移之间通过机械臂雅可比矩阵 $\boldsymbol{J}(q)$ 相联系，如下所示

$$\delta\boldsymbol{X} = \boldsymbol{J}(q)\delta\boldsymbol{q} \tag{5.78}$$

系统的虚功 δw 为

$$\delta w = \boldsymbol{F}^{\mathrm{T}}\delta\boldsymbol{X} - \boldsymbol{\tau}^{\mathrm{T}}\delta\boldsymbol{q} \tag{5.79}$$

将式（5.78）代入式（5.79）中，得到

$$\delta w = (\boldsymbol{F}^{\mathrm{T}}\boldsymbol{J} - \boldsymbol{\tau}^{\mathrm{T}})\delta\boldsymbol{q} \tag{5.80}$$

虚功原理说明：在效果上，如果机械臂处于平衡状态，那么式（5.80）给出的量等于零，这将给出式（5.77）中的关系。换言之，末端执行器的力与关节力矩之间可通过机械臂的雅可比矩阵的转置而联系起来。

例5.5 图5.13所示为平面双连杆机器人，力 $\boldsymbol{F}$ 作用在第二个连杆的末端。这个机械臂的雅可比矩阵由式（5.45）给出。那么，对应的关节力矩 $\boldsymbol{\tau}=(\tau_1, \tau_2)$ 由下式给出

$$\begin{pmatrix}\tau_1\\ \tau_2\end{pmatrix} = \begin{pmatrix}-a_1\sin\theta_1 - a_2 s_{12} & a_1\cos\theta_1 + a_2\cos(\theta_1+\theta_2) & 0 & 0 & 0 & 1\\ a_2\sin(\theta_1+\theta_2) & a_2\cos(\theta_1+\theta_2) & 0 & 0 & 0 & 1\end{pmatrix}\begin{pmatrix}F_x\\ F_y\\ F_z\\ n_x\\ n_y\\ n_z\end{pmatrix}$$

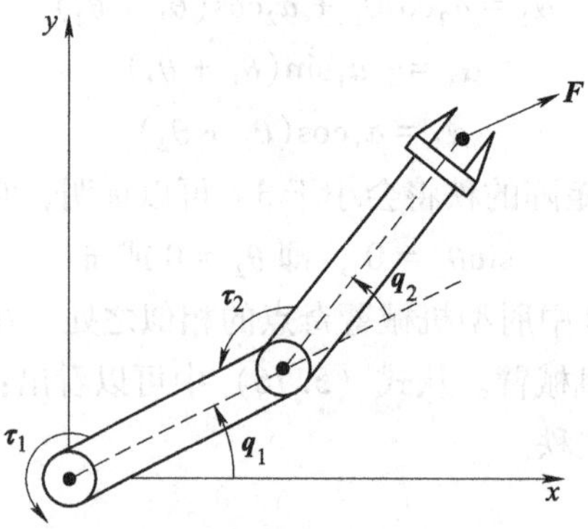

图 5.13　平面双连杆机器人

5.7　逆速度和加速度

雅可比矩阵关系 $\boldsymbol{\xi}=\boldsymbol{J}\dot{\boldsymbol{q}}$ 给出了当关节以速度 $\dot{\boldsymbol{q}}$ 运行时所对应的末端执行器速度。逆速度问题是指：求解生成期望末端执行器速度所需的关节速度 $\dot{\boldsymbol{q}}$ 。逆速度关系在概念上比逆位置关系简单，这一点或许有些出人意料。当雅可比矩阵为方阵且非奇异时，这个问题可以通过简单地使用雅可比矩阵的逆而得到解决，即

$$\dot{\boldsymbol{q}}=\boldsymbol{J}^{-1}\boldsymbol{\xi} \tag{5.81}$$

对于并非正好具有 6 个关节的机械臂，其雅可比矩阵不可逆。在此情况下，式（5.81）有解，当且仅当 $\boldsymbol{\xi}$ 处于雅可比矩阵的值域空间内。这可以通过下述简单的矩阵秩检验来确定。向量 $\boldsymbol{\xi}$ 属于矩阵 $\boldsymbol{J}$ 的值域，当且仅当

$$r[\boldsymbol{J}(q)]=r[\boldsymbol{J}(q)\mid\boldsymbol{\xi}] \tag{5.82}$$

换言之，当增广矩阵 $[\boldsymbol{J}(q)\mid\boldsymbol{\xi}]$ 与雅可比矩阵 $\boldsymbol{J}(q)$ 具有相同的秩时，可能从式（5.81）中求解 $\dot{\boldsymbol{q}}$ 。这是线性代数中的标准结果，并且有诸如高斯消元法等几种算法来求解此类线性方程组。

对于 $n>6$ 的情形，可以使用 $\boldsymbol{J}$ 右伪逆矩阵来求解 $\dot{\boldsymbol{q}}$ 。为了构建这个伪逆矩阵，使用下述事实：当 $\boldsymbol{J}\in\mathbb{R}^{m\times n}$ 时，如果 $m<n$ 并且 $r\boldsymbol{J}=m$ ，那么 $(\boldsymbol{J}\boldsymbol{J}^{\mathrm{T}})^{-1}$ 存在。此时，$(\boldsymbol{J}\boldsymbol{J}^{\mathrm{T}})\in\mathbb{R}^{m\times m}$，并且它的秩为 m 。使用这个结果，可以重组各项而得到

$$\boldsymbol{I}=(\boldsymbol{J}\boldsymbol{J}^{\mathrm{T}})(\boldsymbol{J}\boldsymbol{J}^{\mathrm{T}})^{-1}=\boldsymbol{J}[\boldsymbol{J}^{\mathrm{T}}(\boldsymbol{J}\boldsymbol{J}^{\mathrm{T}})^{-1}]=\boldsymbol{J}\boldsymbol{J}^{+} \tag{5.83}$$

这里 $\boldsymbol{J}^{+}=\boldsymbol{J}^{\mathrm{T}}(\boldsymbol{J}\boldsymbol{J}^{\mathrm{T}})^{-1}$ 被称为 $\boldsymbol{J}$ 的右伪逆矩阵，这是由于 $\boldsymbol{J}\boldsymbol{J}^{+}=\boldsymbol{I}$ 。注意到 $\boldsymbol{J}\boldsymbol{J}^{+}\in\boldsymbol{R}^{m\times n}$，并且一般情况下，$\boldsymbol{J}\boldsymbol{J}^{+}\neq\boldsymbol{I}$。

现在，容易证明式（5.83）的一个解可由下式给出

$$\dot{\boldsymbol{q}}=\boldsymbol{J}^{+}\boldsymbol{\xi}+(\boldsymbol{I}-\boldsymbol{J}^{+}\boldsymbol{J})\boldsymbol{b} \tag{5.84}$$

其中，$\boldsymbol{b}\in\mathbb{R}^{n}$ 是任意一个向量。

一般来说，当 $m<n$ 时，$(\boldsymbol{I}-\boldsymbol{J}^{+}\boldsymbol{J})\neq 0$，并且所有形如 $(\boldsymbol{I}-\boldsymbol{J}^{+}\boldsymbol{J})$ 的向量都位于 $\boldsymbol{J}$ 的零空间内。这意味着，如果 $\dot{\boldsymbol{q}}'$ 是满足 $\dot{\boldsymbol{q}}'=(\boldsymbol{I}-\boldsymbol{J}^{+}\boldsymbol{J})\boldsymbol{b}$ 的关节速度向量，那么当关节以速度 $\dot{\boldsymbol{q}}'$ 运行时，末端执行器将保持固定，这是由于 $\boldsymbol{J}\dot{\boldsymbol{q}}'=0$。因此，如果 $\dot{\boldsymbol{q}}$ 是式（5.84）的一个解，那么 $\dot{\boldsymbol{q}}+\dot{\boldsymbol{q}}'$ 也是一个解，其中 $\dot{\boldsymbol{q}}'=(\boldsymbol{I}-\boldsymbol{J}^{+}\boldsymbol{J})\boldsymbol{b}$，$\boldsymbol{b}$ 取值任意。如果目标是使最终的关节速度最小化，选择 $\boldsymbol{b}=0$。

可以通过使用奇异值分解来构造 $\boldsymbol{J}$ 的右伪逆矩阵。特别是，可以将 $\boldsymbol{J}$ 写成矩阵乘积形式，如下

$$\boldsymbol{J} = \boldsymbol{U}\boldsymbol{\Sigma}\boldsymbol{V}^{\mathrm{T}} \tag{5.85}$$

其中，$\boldsymbol{U} \in \mathbb{R}^{m\times m}$ 和 $\boldsymbol{V} \in \mathbb{R}^{n\times n}$ 是正交（旋转）矩阵，并且 $\boldsymbol{\Sigma} \in \mathbb{R}^{m\times n}$ 如下给出

$$\boldsymbol{\Sigma} = \left(\begin{array}{cccc|c} \sigma_1 & & & & \\ & \sigma_2 & & & \\ & & \ddots & & \boldsymbol{0} \\ & & & \sigma_m & \end{array}\right) \tag{5.86}$$

其中，σ_i 为雅可比矩阵的奇异值。这个矩阵乘积被称为雅可比矩阵的奇异值分解。

现在，通过使用 $\boldsymbol{J}$ 的奇异值分解，可以相对简单地构造它的右伪逆矩阵

$$\boldsymbol{J}^{+} = \boldsymbol{V}\boldsymbol{\Sigma}^{+}\boldsymbol{U}^{\mathrm{T}} \tag{5.87}$$

其中，

$$\boldsymbol{\Sigma}^{+} = \left(\begin{array}{cccc|c} \sigma_1^{-1} & & & & \\ & \sigma_2^{-1} & & & \\ & & \ddots & & \boldsymbol{0} \\ & & & \sigma_m^{-1} & \end{array}\right)^{\mathrm{T}} \tag{5.88}$$

当使用分析雅可比矩阵来代替机械臂的雅可比矩阵时，可以使用类似的方法。回忆式（5.47），关节速度和末端执行器速度可以通过分析雅可比矩阵而联系起来，如下所示

$$\dot{\boldsymbol{X}} = \boldsymbol{J}_a(q)\,\dot{\boldsymbol{q}} \tag{5.89}$$

因此，逆速度问题变成求解由式（5.89）给出的线性系统，对于机械臂的雅可比矩阵，可以通过上述方法完成。

对式（5.89）求导，得出加速度的表达式如下

$$\ddot{\boldsymbol{X}} = \boldsymbol{J}_a(q)\ddot{\boldsymbol{q}} + \left[\frac{\mathrm{d}}{\mathrm{d}t}\boldsymbol{J}_a(q)\right]\dot{\boldsymbol{q}} \tag{5.90}$$

因此，给定末端执行器加速度向量 $\ddot{\boldsymbol{X}}$，瞬时关节加速度向量 $\ddot{\boldsymbol{q}}$ 可作为下述方程的解而被求出。

$$\boldsymbol{J}_a(q)\ddot{\boldsymbol{q}} = \ddot{\boldsymbol{X}} - \left[\frac{\mathrm{d}}{\mathrm{d}t}\boldsymbol{J}_a(q)\right]\dot{\boldsymbol{q}} \tag{5.91}$$

因此，对于 6 自由度机械臂，逆速度和逆加速度方程可被写为

$$\dot{\boldsymbol{q}} = \boldsymbol{J}_a^{-1}(q)\,\dot{\boldsymbol{X}} \tag{5.92}$$

以及

$$\ddot{\boldsymbol{q}} = \boldsymbol{J}_a^{-1}(q)\left[\ddot{\boldsymbol{X}} - \left(\frac{\mathrm{d}}{\mathrm{d}t}\boldsymbol{J}_a(q)\right)\dot{\boldsymbol{q}}\right] \tag{5.93}$$

上述公式成立的条件是：$\det\boldsymbol{J}_a(q) \neq 0$。

5.8　可操作性

对于 $\boldsymbol{q}$ 的特定取值，雅可比矩阵关系定义了由 $\boldsymbol{\xi} = \boldsymbol{J}\dot{\boldsymbol{q}}$ 给出的线性系统。可以将 $\boldsymbol{J}$ 当作对

输入 $\boldsymbol{q}$ 进行缩放以产生输出 $\boldsymbol{\xi}$。定量表征这种缩放的效果通常是有用的。一般情况下，在单输入单输出系统中，这种类型的表征通常由系统脉冲响应来给定，该响应实质上表征系统对单位输入如何响应。对于多维情形，类似概念是对单位范数的输入来表征对应的系统输出。考虑所有满足下列公式的关节速度 $\boldsymbol{q}$ 的集合为

$$\|\dot{\boldsymbol{q}}\|^2 = \dot{q}_1^2 + \dot{q}_2^2 + \cdots + \dot{q}_n^2 \leqslant 1 \tag{5.94}$$

如果使用最小范数解 $\dot{\boldsymbol{q}} = \boldsymbol{J}^{+}\boldsymbol{\xi}$，得到

$$\|\dot{\boldsymbol{q}}\|^2 = \dot{\boldsymbol{q}}^{\mathrm{T}}\dot{\boldsymbol{q}} = (\boldsymbol{J}+\boldsymbol{\xi})^{\mathrm{T}} + \boldsymbol{\xi} = \boldsymbol{\xi}^{\mathrm{T}}(\boldsymbol{J}\boldsymbol{J}^{\mathrm{T}})^{-1}\boldsymbol{\xi} \tag{5.95}$$

式（5.95）提供了对受到雅可比矩阵影响的缩放的定量表征。特别是，如果机械臂的雅可比矩阵满秩，即如果 $r(\boldsymbol{J}) = m$，那么式（5.95）定义了一个 m 维椭球，它被称为可操作性椭球。如果输入（关节速度）向量具有单位范数，那么输出（末端执行器速度）将位于由式（5.95）给出的椭球内。更容易看到：通过使用奇异值分解 $\boldsymbol{J} = \boldsymbol{U\Sigma V}^{\mathrm{T}}$ 来代替雅可比矩阵，式（5.95）定义了一个椭球，得到

$$\boldsymbol{\xi}^{\mathrm{T}}(\boldsymbol{J}\boldsymbol{J}^{\mathrm{T}})^{-1}\boldsymbol{\xi} = (\boldsymbol{U}^{\mathrm{T}}\boldsymbol{\xi})^{\mathrm{T}}\boldsymbol{\Sigma}_m^{-2}(\boldsymbol{U}^{\mathrm{T}}\boldsymbol{\xi}) \tag{5.96}$$

其中，

$$\boldsymbol{\Sigma}_m^{-2} = \begin{pmatrix} \sigma_1^{-2} & & \cdots & \\ & \sigma_2^{-2} & & \\ \vdots & & \ddots & \vdots \\ & & \cdots & \sigma_m^{-2} \end{pmatrix} \tag{5.97}$$

并且 $\sigma_1 \geqslant \sigma_2 \geqslant \cdots \geqslant \sigma_m \geqslant 0$。如果使用 $\boldsymbol{w} = \boldsymbol{U}^{\mathrm{T}}\boldsymbol{\xi}$ 进行替代，那么式（5.97）可以写成

$$\boldsymbol{w}^{\mathrm{T}}\boldsymbol{\Sigma}_m^{-2}\boldsymbol{w} = \sum \frac{w_i^2}{\sigma_i^2} \leqslant 1 \tag{5.98}$$

很显然，这是一个在新坐标系中与轴线对齐的椭球的方程，新坐标按照与正交矩阵 U^{T} 相对应的旋转而得到。在原来的坐标系中，椭球的轴由向量 $\boldsymbol{\sigma}_i\boldsymbol{u}_i$ 给出。椭球的体积为

$$V = K_{\sigma_1\sigma_2\cdots\sigma_m} \tag{5.99}$$

式中，K 是仅取决于椭球维数 m 的常数。可操作性度量由下式给出。

$$\mu = \sigma_1\sigma_2\cdots\sigma_m \tag{5.100}$$

注意到，常数 K 并不包含在可操作性的定义中，因为任务一旦定义，即任务空间的维数一旦确定，常数 K 即固定。

现在，考虑机器人并不冗余的这种特殊情况，即 $\boldsymbol{J} \in \mathbb{R}^{m\times n}$。回想下述内容：矩阵乘积的行列式等于行列式的积，并且一个矩阵和它的转置具有相同的行列式。因此，有

$$\det\boldsymbol{J}\boldsymbol{J}^{\mathrm{T}} = \lambda_1^2\lambda_2^2\cdots\lambda_m^2 \tag{5.101}$$

其中 $\lambda_1 \geqslant \lambda_2 \geqslant \cdots \geqslant \lambda_m$ 是矩阵 $\boldsymbol{J}$ 的特征值。这导致

$$\mu = \sqrt{\det\boldsymbol{J}\boldsymbol{J}^{\mathrm{T}}} = |\lambda_1\lambda_2\cdots\lambda_m| = |\det\boldsymbol{J}| \tag{5.102}$$

可操作性 μ 具有下列属性：

1）通常，$\mu = 0$ 当且仅当 $r(\boldsymbol{J}) < m$，即当矩阵 $\boldsymbol{J}$ 不满秩时。

2）假设测量速度中有一些误差 $\Delta\boldsymbol{\xi}$，可以确定计算得到的关节速度中的对应误差 $\Delta\dot{q}$ 的边界为

$$(\sigma_1)^{-1} \leqslant \frac{\|\Delta\dot{q}\|}{\|\Delta\xi\|} \leqslant (\sigma_m)^{-1} \tag{5.103}$$

例 5.6　考虑双连杆平面机械臂以及平面中的定位任务，其雅可比矩阵为

$$\boldsymbol{J}=\begin{pmatrix}-a_1s_1-a_2s_{12} & -a_2s_{12}\\ a_1c_1+a_2c_{12} & a_2c_{12}\end{pmatrix}$$

可操作性为

$$\mu=|\det\boldsymbol{J}|=a_1a_2|s_2|$$

图 5.14 所示为对应于双连杆机械臂几种位形的可操作性椭球。

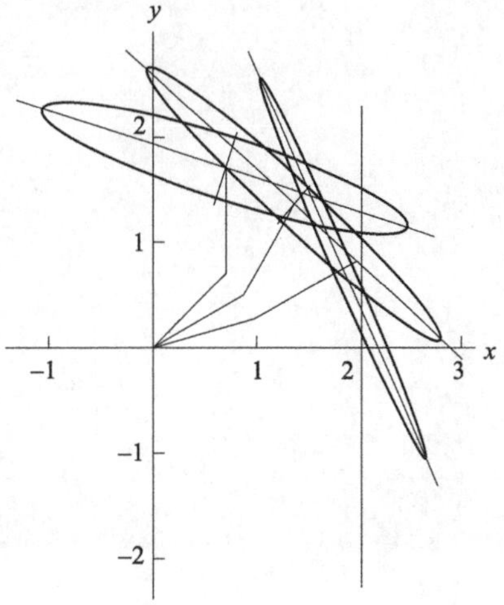

图 5.14　对应于双连杆机械臂几种位形的可操作性椭球

可以使用可操作性来确定用于执行特定任务的最优位形。在某些情况下，希望在某些位形下执行一个任务，使得末端执行器具有最大的可操作性。对于双连杆机械臂，最大可操作性可通过设定 $\theta_2=\pm\pi/2$ 而获得。

可操作性也可用于辅助机械臂的设计。例如，假设要设计一个双连杆平面机械臂，其连杆总长度 a_1+a_2 是固定值。应该选择什么样的 a_1 和 a_2？如果设计机器人以得到最大化的可操作性，那么，需要最大限度地提高 $\mu=a_1a_2|s_2|$。已经看到，当 $\theta_2=\pm\pi/2$ 时获得最大值，所以，只需求解使乘积 a_1a_2 最大化的 a_1 和 a_2。当 $a_1=a_2$ 时，可实现这个目标。因此，为了最大限度地提高可操作性，应该选择相同长度的连杆。

习　题　5

5-1　试推导用于欧拉角转换的解析雅可比矩阵。

5-2　如图 5.15 所示的 2R 机器人，已知杆长 $l_1=l_2=0.5\mathrm{m}$，相关参数见表 5.1。试求下面两种情况下的关节瞬时速度 $\dot{\theta}_1$ 和 $\dot{\theta}_2$。

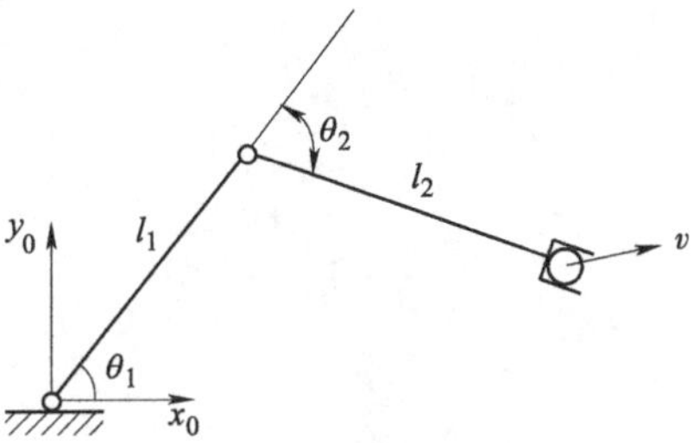

图 5.15　习题 5-2 图

表 5.1　习题 5-2 参数

v_x(m/s)	−1	0
v_y(m/s)	0	1
θ_1	30°	30°
θ_2	−60°	90°

5-3　已知 2R 机器人的雅可比矩阵为 $\boldsymbol{J}=\begin{pmatrix}-l_1\sin\theta_1-l_2\sin(\theta_1+\theta_2) & -l_2\sin(\theta_1+\theta_2)\\ l_1\cos\theta_1+l_2\cos(\theta_1+\theta_2) & l_2\cos(\theta_1+\theta_2)\end{pmatrix}$。若忽略重力，当手部端点力 $\boldsymbol{F}=(1\quad 0)^{\mathrm{T}}$ 时，求与此力相对应的关节驱动力矩。

5-4　考虑图 5.7 中的三连杆肘型机械臂，计算雅可比矩阵 $\boldsymbol{J}_{11}$。

5-5　考虑图 5.11 中的三连杆球型机械臂，计算它所对应的雅可比矩阵 $\boldsymbol{J}_{11}$。

5-6　证明 SCARA 型机械臂的奇异位形由式（5.67）给出。

第 6 章

工业机器人动力学分析

到目前为止，只研究了操作臂的运动学。已研究了静态位置，但是从未考虑引起运动所需的力。在本章中，将考虑操作臂的运动方程，操作臂由驱动器施加的力矩或施加在操作臂上的外力使其运动。

与操作臂动力学有关的两个问题有待解决。第一个问题，已知一个轨迹点 $\boldsymbol{q}$、$\dot{\boldsymbol{q}}$ 和 $\ddot{\boldsymbol{q}}$，希望求出期望的关节力矩矢量 $\boldsymbol{\tau}$，这个动力学公式对操作臂控制问题很有用。第二个问题是计算在施加一组关节力矩的情况下机构如何运动。也就是已知一个力矩矢量 $\boldsymbol{\tau}$，计算出操作臂运动的 $\boldsymbol{q}$、$\dot{\boldsymbol{q}}$和 $\ddot{\boldsymbol{q}}$，这对操作臂的仿真很有用。

本书主要采用两种理论来分析机器人操作的动态数学模型。第一种是动力学基本理论，包括牛顿-欧拉方程；第二种是拉格朗日力学，特别是二阶拉格朗日方程。

6.1 刚体动力学基础

6.1.1 质量分布

转动惯量只决定于刚体的形状、质量分布和转轴的位置，而同刚体绕轴的转动状态（如角速度的大小）无关。形状规则的匀质刚体，其转动惯量可直接用公式计算得到。

由于牛顿第二定律

$$F = m\frac{\mathrm{d}v}{\mathrm{d}t} \tag{6.1}$$

对于转动关节，可以写成

$$F = m\frac{\mathrm{d}}{\mathrm{d}t}(r\omega) = mr\frac{\mathrm{d}\omega}{\mathrm{d}t} \tag{6.2}$$

那么其产生的力矩就可以表达为

$$N = Fr = mr^2\frac{\mathrm{d}\omega}{\mathrm{d}t} \tag{6.3}$$

定义转动惯量的表达式为

$$I = mr^2 \tag{6.4}$$

其一般形式为

$$I = \sum_{i=0}^{n} m_i r_i^2 \tag{6.5}$$

在单自由度系统中，常常要考虑刚体的质量。对一个可以在三维空间自由运动的刚体来说，可能存在无穷个旋转轴。在一个刚体绕任意轴做旋转运动时，需要一种能够表征刚体质量分布的方法。在这里引入惯性张量，它可以被看作是对一个物体惯量的广义度量。

现在定义一组参量，给出刚体质量在参考坐标系中分布的信息。图 6.1 所示为一个刚体，坐标系建立在刚体上。惯性张量可以在任何坐标系中定义，但一般在固连于刚体上的坐标系中定义惯性张量。这里，重要的是用左上标表明已知惯性张量所在的参考坐标系。坐标系 $\{A\}$ 中的惯性张量可用 3×3 矩阵表示如下

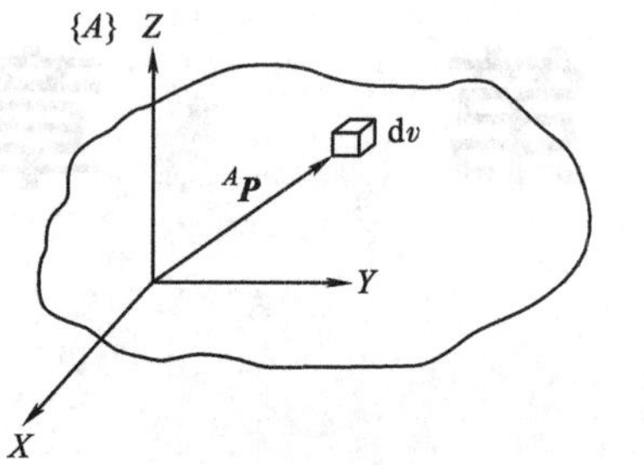

图 6.1　惯性张量

$$\boldsymbol{I}=\begin{pmatrix} I_{xx} & I_{xy} & I_{xz} \\ I_{yx} & I_{yy} & I_{yz} \\ I_{zx} & I_{zy} & I_{zz} \end{pmatrix} \tag{6.6}$$

矩阵中各元素为

$$\begin{aligned} I_{xx} &= \iiint (y^2+z^2)\rho \mathrm{d}v \\ I_{yy} &= \iiint (x^2+z^2)\rho \mathrm{d}v \\ I_{zz} &= \iiint (x^2+y^2)\rho \mathrm{d}v \\ I_{xy} &= I_{yx} = -\iiint xy\rho \mathrm{d}v \\ I_{xz} &= I_{zx} = -\iiint xz\rho \mathrm{d}v \\ I_{yz} &= I_{zy} = -\iiint yz\rho \mathrm{d}v \end{aligned} \tag{6.7}$$

其中，刚体由单元体 dv 组成，单元体的密度为 ρ。每个单元体的位置由矢量 $^A\boldsymbol{p}=(x,\ y,\ z)^{\mathrm{T}}$ 确定，如图 6.1 所示。

I_{xx}、I_{yy} 和 I_{zz} 称为惯性矩，它们是单元体质量 $\rho \mathrm{d}v$ 乘以单元体到相应转轴垂直距离的二次方在整个刚体上的积分。其余六个交叉项称为惯性积。对于一个刚体来说，这九个相互独立的参量取决于所在坐标系的位姿。当任意选择坐标系的方位时，可能会使刚体的惯性积为零。此时，参考坐标系的轴被称为主轴，而相应的惯性矩被称为主惯性矩。

6.1.2　刚体的动能和位能

首先讨论操作臂动能的表达式。第 i 根连杆的动能 k_i 可以表示为

$$k_i=\frac{1}{2}m_i\boldsymbol{v}_{c_i}^{\mathrm{T}}\boldsymbol{v}_{c_i}+\frac{1}{2}\boldsymbol{\omega}_i^{\mathrm{T}}\boldsymbol{I}_i\boldsymbol{\omega}_i \tag{6.8}$$

式中，第一项是由连杆质心线速度产生的动能；第二项是由连杆的角速度产生的动能。整个操作臂的动能是各个连杆动能之和，即

$$k=\sum_{i=1}^{n}k_i \tag{6.9}$$

式（6.8）中的 $\boldsymbol{v}_{c_i}$ 和 $\boldsymbol{\omega}_i$ 是 $\boldsymbol{q}$ 和 $\dot{\boldsymbol{q}}$ 的函数。由此可知操作臂的动能 k 可以描述为关节位置和速度的标量函数。事实上，操作臂的动能可以写成

$$k(\boldsymbol{q},\dot{\boldsymbol{q}}) = \frac{1}{2}\dot{\boldsymbol{q}}^{\mathrm{T}}\boldsymbol{M}(q)\dot{\boldsymbol{q}} \tag{6.10}$$

这里 $\boldsymbol{M}(q)$ 是 $n\times n$ 操作臂的质量矩阵。式（6.10）的表达是一种二次型，而且由于总动能永远是正的，因此操作臂质量矩阵一定是正定矩阵，正定矩阵的二次型永远是正值。实际上操作臂的质量矩阵一定是正定的，这类似于质量总是正数这一事实。

第 i 根连杆的势能 u_i 可以表示为

$$u_i = -m_i {}^0\boldsymbol{g}^{\mathrm{T}0}\boldsymbol{p}_{c_i} + u_{\mathrm{ref}_i} \tag{6.11}$$

式中，${}^0\boldsymbol{g}^{\mathrm{T}}$ 是 3×1 的重力矢量；${}^0\boldsymbol{p}_{c_i}$ 是位于第 i 根连杆质心的矢量；u_{ref_i} 是使 u_i 的最小值为零的常数。操作臂的总势能为各个连杆势能之和，即

$$u = \sum_{i=1}^{n} u_i \tag{6.12}$$

因为式（6.12）中的 ${}^0\boldsymbol{p}_{c_i}$ 是 q 的函数，由此可以看出操作臂的势能 $u(q)$ 可以描述为关节位置的标量函数。

6.2　牛顿-欧拉迭代动力学方程

6.2.1　牛顿方程和欧拉方程

把组成操作臂的连杆都看作是刚体，如果知道了连杆质心的位置和惯性张量，那么它的质量分布特征就完全确定了。要使连杆运动，必须对连杆进行加速或减速。连杆运动所需的力是关于连杆期望加速度及其质量分布的函数。牛顿方程以及描述旋转运动的欧拉方程描述了力、惯量和加速度之间的关系。

刚体质心正以加速度 $\dot{\boldsymbol{v}}_c$ 做加速运动。此时，由牛顿方程可得作用在质心上的力 $\boldsymbol{F}$ 引起刚体的加速度为 $\boldsymbol{F}=m\dot{\boldsymbol{v}}_c$，其中 m 代表刚体的总质量。而作为一个选择刚体，其角速度和角加速度分别为 $\boldsymbol{\omega}$、$\dot{\boldsymbol{\omega}}$。此时，由欧拉方程可得作用在刚体上的力矩 $\boldsymbol{N}$ 引起刚体的转动为

$$\boldsymbol{N} = \boldsymbol{I}\dot{\boldsymbol{\omega}} + \boldsymbol{\omega}\times\boldsymbol{I}\boldsymbol{\omega} \tag{6.13}$$

式中，$\boldsymbol{I}$ 是刚体在坐标系中的惯性张量，且刚体的质心在坐标系的原点上。

6.2.2　牛顿-欧拉方程建立动力学模型

现在讨论对应于操作臂给定运动轨迹的力矩计算问题。假设已知关节的位置、速度和加速度，结合机器人运动学和质量分布方面的知识，可以计算出驱动关节运动所需的力矩。

1. 计算速度和加速度的向外迭代法

为了计算作用在连杆上的惯性力，需要计算操作臂每个连杆在某一时刻的角速度、线加速度和角加速度，可应用迭代方法完成这些计算。首先对连杆 1 进行计算，接着计算下一个连杆，这样一直向外迭代到连杆 n。

现在讨论计算机器人连杆间线速度和角速度的问题。操作臂是一个链式结构，每一个连杆的运动都与它的相邻杆有关。由于这种结构的特点，可以由基坐标系依次计算各连杆的速度。连杆 i+1 的速度就是连杆 i 的速度加上那些附加到关节 i+1 上的新的速度分量。如

图 6.2 所示，将机构的每一个连杆看作为一个刚体，可以用线速度矢量和角速度矢量描述其运动。进一步，可以用连杆坐标系本身描述这些速度，而不用基坐标系。图 6.2 所示为连杆 i 和 $i+1$，以及在连杆坐标系中定义的速度矢量。当两个 $\boldsymbol{\omega}$ 矢量都是相对于同一个坐标系时，那么这些角速度能够相加。因此，连杆 $i+1$ 的角速度就等于连杆 i 的角速度加上一个由于关节 $i+1$ 的角速度引起的分量。参照坐标系 $\{i\}$，上述关系可写成

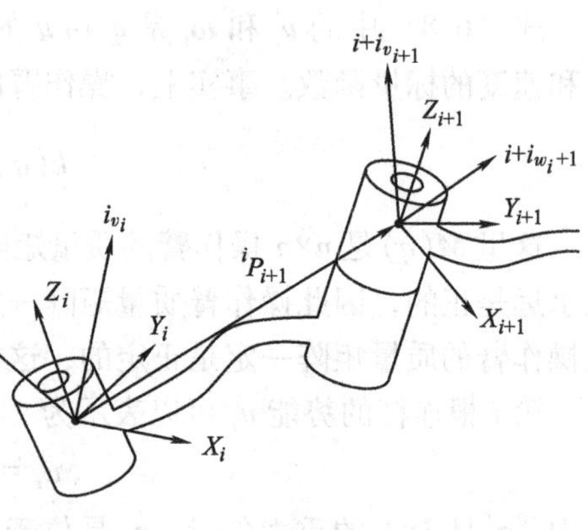

图 6.2　相邻连杆的速度矢量

$$ {}^{i}\boldsymbol{\omega}_{i+1} = {}^{i}\boldsymbol{\omega}_{i} + {}^{i}_{i+1}\boldsymbol{R}\dot{\theta}_{i+1}\,{}^{i+1}\boldsymbol{z}_{i+1} \tag{6.14} $$

我们曾利用坐标系 $\{i\}$ 与坐标系 $\{i+1\}$ 之间的旋转变换矩阵表达坐标系 $\{i\}$ 中由于关节运动引起的附加旋转分量。这个旋转矩阵绕关节 $i+1$ 的旋转轴进行旋转变换，变换为在坐标系 $\{i\}$ 中的描述后，这两个角速度分量才能够相加。

在方程式（6.14）两边同时左乘 ${}^{i+1}_{i}\boldsymbol{R}$，可以得到连杆 $i+1$ 的角速度相对于坐标系 $\{i+1\}$ 的表达式

$$ {}^{i+1}\boldsymbol{\omega}_{i+1} = {}^{i+1}_{i}\boldsymbol{R}\,{}^{i}\boldsymbol{\omega}_{i} + \dot{\theta}_{i+1}\,{}^{i+1}\boldsymbol{z}_{i+1} \tag{6.15} $$

由角加速度的公式可得

$$ {}^{i+1}\dot{\boldsymbol{\omega}}_{i+1} = {}^{i+1}_{i}\boldsymbol{R}\,{}^{i}\dot{\boldsymbol{\omega}}_{i} + {}^{i+1}_{i}\boldsymbol{R}\,{}^{i}\boldsymbol{\omega}_{i} \times \dot{\theta}_{i+1}\,{}^{i+1}\boldsymbol{z}_{i+1} + \ddot{\theta}_{i+1}\,{}^{i+1}\boldsymbol{z}_{i+1} \tag{6.16} $$

当第 $i+1$ 个关节是移动关节时，上式可简化为

$$ {}^{i+1}\dot{\boldsymbol{\omega}}_{i+1} = {}^{i+1}_{i}\boldsymbol{R}\,{}^{i}\dot{\boldsymbol{\omega}}_{i} \tag{6.17} $$

对于每个连杆坐标系原点处的线速度为

$$ {}^{i+1}\boldsymbol{v}_{i+1} = {}^{i+1}_{i}\boldsymbol{R}\left({}^{i}\boldsymbol{v}_{i} + {}^{i}\boldsymbol{\omega}_{i} \times {}^{i}\boldsymbol{p}_{i+1}\right) + \dot{d}_{i+1}\,{}^{i+1}\boldsymbol{z}_{i+1} $$

则每个连杆坐标系原点的线加速度为

$$ {}^{i+1}\dot{\boldsymbol{v}}_{i+1} = {}^{i+1}_{i}\boldsymbol{R}\left[{}^{i}\dot{\boldsymbol{v}}_{i} + {}^{i}\boldsymbol{\omega}_{i} \times \left({}^{i}\boldsymbol{\omega}_{i} \times {}^{i}\boldsymbol{p}_{i+1}\right) + {}^{i}\dot{\boldsymbol{\omega}}_{i} \times {}^{i}\boldsymbol{p}_{i+1}\right] \tag{6.18} $$

当第 $i+1$ 个关节是移动关节时，连杆坐标系原点的线加速度为

$$ {}^{i+1}\dot{\boldsymbol{v}}_{i+1} = {}^{i+1}_{i}\boldsymbol{R}\left[{}^{i}\dot{\boldsymbol{v}}_{i} + {}^{i}\boldsymbol{\omega}_{i} \times \left({}^{i}\boldsymbol{\omega}_{i} \times {}^{i}\boldsymbol{p}_{i+1}\right) + {}^{i}\dot{\boldsymbol{\omega}}_{i} \times {}^{i}\boldsymbol{p}_{i+1}\right] + 2\,{}^{i}\boldsymbol{\omega}_{i} \times \dot{d}_{i+1}\,{}^{i+1}\boldsymbol{z}_{i+1} + \ddot{d}_{i+1}\,{}^{i+1}\boldsymbol{z}_{i+1} \tag{6.19} $$

进而可以得到每个连杆质心的线加速度为

$$ {}^{i}\dot{\boldsymbol{v}}_{c_i} = {}^{i}\dot{\boldsymbol{v}}_{i} + {}^{i}\boldsymbol{\omega}_{i} \times \left({}^{i}\boldsymbol{\omega}_{i} \times {}^{i}\boldsymbol{p}_{c_i}\right) + {}^{i}\dot{\boldsymbol{\omega}}_{i} \times {}^{i}\boldsymbol{p}_{c_i} \tag{6.20} $$

假定坐标系 $\{c_i\}$ 固连于连杆 i 上，坐标系原点位于连杆质心，且各坐标轴方位与原连杆坐标系 $\{i\}$ 方位相同。由于式（6.20）与关节的运动无关，因此无论是旋转关节还是移动关节，式（6.20）对于第 $i+1$ 个连杆来说都是有效的。

计算出每个连杆质心的线加速度和角加速度之后，运用牛顿-欧拉公式便可以计算出作用在连杆质心上的惯性力和力矩，即

$$ \boldsymbol{F}_{i} = m\dot{\boldsymbol{v}}_{c_i} \tag{6.21} $$

$$ \boldsymbol{N}_{i} = \boldsymbol{I}\dot{\boldsymbol{\omega}}_{i} + \boldsymbol{\omega}_{i} \times \boldsymbol{I}\boldsymbol{\omega}_{i} \tag{6.22} $$

其中，坐标系 $\{c_i\}$ 的原点位于连杆质心，各坐标轴方位与原连杆坐标系 $\{i\}$ 方位相同。

2. 计算力和力矩的向内迭代法

计算出作用在每个连杆上的力和力矩之后，需要计算关节力矩，它们是实际施加在连杆上的力和力矩。根据典型连杆在无重力状态下的受力图（图 6.3）列出力平衡方程和力矩平衡方程。每个连杆都受到相邻连杆的作用力和力矩以及附加的惯性力和力矩。这里定义了一些专用符号，用来表示相邻连杆的作用力和力矩：$\boldsymbol{f}_i$ = 连杆 $i-1$ 作用在连杆 i 上的力；$\boldsymbol{n}_i$ = 连杆 $i-1$ 作用在连杆 i 上的力矩。

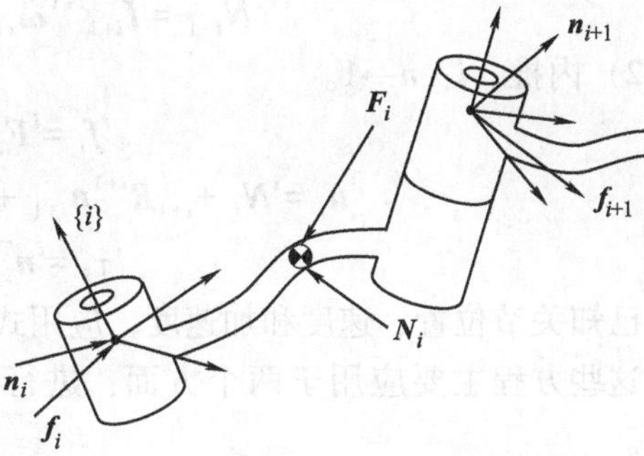

图 6.3　单个连杆的力平衡、力矩平衡

将所有作用在连杆 i 上的力相加，得到力平衡方程

$$ {}^i\boldsymbol{F}_i = {}^i\boldsymbol{f}_i - {}^i_{i+1}\boldsymbol{R}\,{}^{i+1}\boldsymbol{f}_{i+1} \tag{6.23}$$

将所有作用在质心上的力矩相加，并且令它们的和为零，得到力矩平衡方程

$$ {}^i\boldsymbol{N}_i = {}^i\boldsymbol{n}_i - {}^i\boldsymbol{n}_{i+1} + (-{}^i\boldsymbol{p}_{c_i}) \times {}^i\boldsymbol{f}_i - ({}^i\boldsymbol{p}_{i+1} - {}^i\boldsymbol{p}_{c_i}) \times {}^i\boldsymbol{f}_{i+1} \tag{6.24}$$

将式（6.23）的结果以及附加旋转矩阵的方法带入式（6.24），可得

$$ {}^i\boldsymbol{N}_i = {}^i\boldsymbol{n}_i - {}^i_{i+1}\boldsymbol{R}\,{}^{i+1}\boldsymbol{n}_{i+1} + (-{}^i\boldsymbol{p}_{c_i}) \times {}^i\boldsymbol{F}_i - {}^i\boldsymbol{p}_{i+1} \times {}^i_{i+1}\boldsymbol{R}\,{}^{i+1}\boldsymbol{f}_{i+1} \tag{6.25}$$

对式（6.23）和式（6.25）按照相邻连杆从高到低的顺序排列得到迭代关系为

$$ {}^i\boldsymbol{f}_i = {}^i\boldsymbol{F}_i + {}^i_{i+1}\boldsymbol{R}\,{}^{i+1}\boldsymbol{f}_{i+1} \tag{6.26}$$

$$ {}^i\boldsymbol{n}_i = {}^i\boldsymbol{N}_i + {}^i_{i+1}\boldsymbol{R}\,{}^{i+1}\boldsymbol{n}_{i+1} + {}^i\boldsymbol{p}_{c_i} \times {}^i\boldsymbol{F}_i + {}^i\boldsymbol{p}_{i+1} \times {}^i_{i+1}\boldsymbol{R}\,{}^{i+1}\boldsymbol{f}_{i+1} \tag{6.27}$$

应用这些方程对连杆依次求解，从连杆 n 开始向内迭代一直到机器人基座。在静力学中，可通过计算一个连杆施加于相邻连杆的力矩在 z 方向的分量求得关节力矩。

对于转动关节 i，有

$$ {}^i\boldsymbol{\tau}_i = {}^i\boldsymbol{n}_i^{\mathrm{T}}\,{}^i\boldsymbol{z}_i \tag{6.28}$$

对于移动关节 i，有

$$ {}^i\boldsymbol{\tau}_i = {}^i\boldsymbol{f}_i^{\mathrm{T}}\,{}^i\boldsymbol{z}_i \tag{6.29}$$

式中，符号 $\boldsymbol{\tau}$ 表示线性驱动力。注意，对一个在自由空间中运动的机器人来说，${}^{n+1}\boldsymbol{f}_{n+1}$ 和 ${}^{n+1}\boldsymbol{n}_{n+1}$ 等于零，因此应用这些方程首先计算连杆 n 时是很简单的。如果机器人与环境接触，${}^{n+1}\boldsymbol{f}_{n+1}$ 和 ${}^{n+1}\boldsymbol{n}_{n+1}$ 不为零，力平衡方程中就包含了接触力和力矩。

3. 牛顿-欧拉迭代动力学算法

由关节运动计算关节力矩的完整算法由两部分组成。第一部分是对每个连杆应用牛顿-欧拉方程，从连杆 1 到连杆 n 向外迭代计算连杆的速度和加速度。第二部分是从连杆 n 到连杆 1 向内迭代计算连杆间的相互作用力和力矩以及关节驱动力矩。对于转动关节来说，这个算法归纳如下：

1）外推，i：$0 \to n-1$。

$$ {}^{i+1}\boldsymbol{\omega}_{i+1} = {}^{i+1}_{i}\boldsymbol{R}\,{}^i\boldsymbol{\omega}_i + \dot{\theta}_{i+1}\,{}^{i+1}\boldsymbol{z}_{i+1} \tag{6.30}$$

$$ {}^{i+1}\dot{\boldsymbol{\omega}}_{i+1} = {}^{i+1}_{i}\boldsymbol{R}\,{}^i\dot{\boldsymbol{\omega}}_i + {}^{i+1}_{i}\boldsymbol{R}\,{}^i\boldsymbol{\omega}_i \times \dot{\theta}_{i+1}\,{}^{i+1}\boldsymbol{z}_{i+1} + \ddot{\theta}_{i+1}\,{}^{i+1}\boldsymbol{z}_{i+1} \tag{6.31}$$

$$ {}^{i+1}\dot{\boldsymbol{v}}_{i+1} = {}^{i+1}_{i}\boldsymbol{R}[\,{}^i\dot{\boldsymbol{v}}_i + {}^i\boldsymbol{\omega}_i \times ({}^i\boldsymbol{\omega}_i \times {}^i\boldsymbol{p}_{i+1}) + {}^i\dot{\boldsymbol{\omega}}_i \times {}^i\boldsymbol{p}_{i+1}] \tag{6.32}$$

$$ {}^{i+1}\dot{\boldsymbol{v}}_{c_{i+1}} = {}^{i+1}\dot{\boldsymbol{\omega}}_{i+1} \times {}^{i+1}\boldsymbol{p}_{c_i} + {}^{i+1}\boldsymbol{\omega}_{i+1} \times ({}^{i+1}\boldsymbol{\omega}_{i+1} \times {}^{i+1}\boldsymbol{p}_{c_i}) + {}^{i+1}\dot{\boldsymbol{v}}_{i+1} \tag{6.33}$$

$$^{i+1}\boldsymbol{F}_{i+1} = m_{i+1}\,^{i+1}\dot{\boldsymbol{v}}_{c_{i+1}} \tag{6.34}$$

$$^{i+1}\boldsymbol{N}_{i+1} = \boldsymbol{I}_{i+1}\,^{i+1}\dot{\boldsymbol{\omega}}_{i+1} + ^{i+1}\boldsymbol{\omega}_{i+1} \times \boldsymbol{I}_{i+1}\,^{i+1}\boldsymbol{\omega}_{i+1} \tag{6.35}$$

2）内推，i：$n \to 1$。

$$^{i}\boldsymbol{f}_i = ^{i}\boldsymbol{F}_i + ^{i}_{i+1}\boldsymbol{R}^{i+1}\boldsymbol{f}_{i+1} \tag{6.36}$$

$$^{i}\boldsymbol{n}_i = ^{i}\boldsymbol{N}_i + ^{i}_{i+1}\boldsymbol{R}^{i+1}\boldsymbol{n}_{i+1} + ^{i}\boldsymbol{p}_{c_i} \times ^{i}\boldsymbol{F}_i + ^{i}\boldsymbol{p}_{i+1} \times ^{i}_{i+1}\boldsymbol{R}^{i+1}\boldsymbol{f}_{i+1} \tag{6.37}$$

$$^{i}\tau_i = ^{i}\boldsymbol{n}_i^{\mathrm{T}\,i}\boldsymbol{z}_i, \; ^{i}\tau_i = ^{i}\boldsymbol{f}_i^{\mathrm{T}\,i}\boldsymbol{z}_i \tag{6.38}$$

已知关节位置、速度和加速度，应用式（6.30）~式（6.38）就可以计算所需的关节力矩。这些方程主要应用于两个方面：进行数值计算或作为一种分析算法用于符号方程的推导。

将这些方程用于数值计算是很有用的，因为这些方程适用于任何机器人。只要将待求操作臂的惯性张量、连杆质量、矢量 $\boldsymbol{p}_{c_i}$ 以及矩阵 $^{i+1}_{i}\boldsymbol{R}$ 带入到这些方程中，就可以直接计算出任何运动情况下的关节力矩。

例 6.1 计算图 6.4 所示平面二连杆操作臂的封闭形式动力学方程。为简单起见，假设操作臂的质量分布非常简单，每个连杆的质量都集中在连杆的末端，设其质量分别为 m_1 和 m_2。

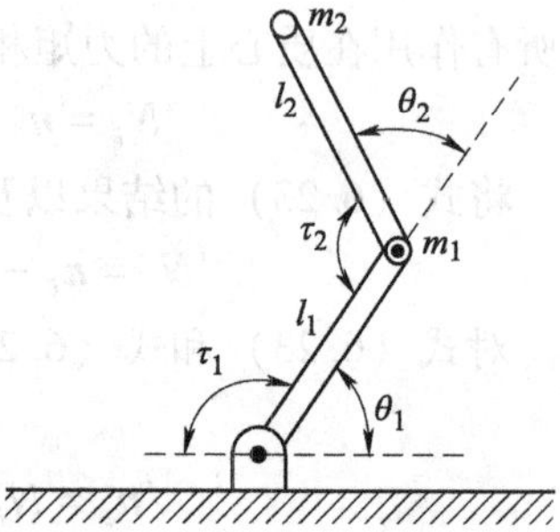

图 6.4 平面二连杆操作臂

解： 首先，确定牛顿-欧拉迭代公式中各参量的值。每个连杆质心的位置矢量为

$$^{1}\boldsymbol{p}_{c_1} = l_1\boldsymbol{x}_1$$

$$^{2}\boldsymbol{p}_{c_2} = l_2\boldsymbol{x}_2$$

由于假设为集中质量，因此每个连杆质心的惯性张量为零矩阵，末端执行器上没有作用力，因而有

$$\boldsymbol{f}_3 = 0$$

$$\boldsymbol{n}_3 = 0$$

$$\boldsymbol{I}_1 = \boldsymbol{0}$$

$$\boldsymbol{I}_2 = \boldsymbol{0}$$

机器人基座不旋转，因此有

$$\boldsymbol{\omega}_0 = 0$$

$$\dot{\boldsymbol{\omega}}_0 = 0$$

包括重力因素，有 $^{0}\dot{\boldsymbol{v}}_0 = g\boldsymbol{Y}_0$，其中 $\boldsymbol{Y}_0$ 为世界坐标系的 Y 轴方向。

相邻连杆坐标系直接的相对转动由下式给出

$$^{i}_{i+1}\boldsymbol{R} = \begin{pmatrix} \cos\theta_{i+1} & -\sin\theta_{i+1} & 0 \\ \sin\theta_{i+1} & \cos\theta_{i+1} & 0 \\ 0 & 0 & 1 \end{pmatrix}$$

$$^{i+1}_{i}\boldsymbol{R} = \begin{pmatrix} \cos\theta_{i+1} & \sin\theta_{i+1} & 0 \\ -\sin\theta_{i+1} & \cos\theta_{i+1} & 0 \\ 0 & 0 & 1 \end{pmatrix}$$

对连杆 1 用向外迭代法求解如下：

$$^{1}\boldsymbol{\omega}_1 = \dot{\boldsymbol{\theta}}_1 {}^{1}z_1 = \begin{pmatrix} 0 \\ 0 \\ \dot{\theta}_1 \end{pmatrix}$$

$$^{1}\dot{\boldsymbol{\omega}}_1 = \ddot{\boldsymbol{\theta}}_1 {}^{1}z_1 = \begin{pmatrix} 0 \\ 0 \\ \ddot{\theta}_1 \end{pmatrix}$$

$$^{1}\dot{\boldsymbol{v}}_1 = \begin{pmatrix} \cos\theta_1 & \sin\theta_1 & 0 \\ -\sin\theta_1 & \cos\theta_1 & 0 \\ 0 & 0 & 1 \end{pmatrix} \begin{pmatrix} 0 \\ g \\ 0 \end{pmatrix} = \begin{pmatrix} g\sin\theta_1 \\ g\cos\theta_1 \\ 0 \end{pmatrix}$$

$$^{1}\dot{\boldsymbol{v}}_{c_1} = \begin{pmatrix} 0 \\ l_1\ddot{\theta}_1 \\ 0 \end{pmatrix} + \begin{pmatrix} -l_1\dot{\theta}_1^2 \\ 0 \\ 0 \end{pmatrix} + \begin{pmatrix} g\sin\theta_1 \\ g\cos\theta_1 \\ 0 \end{pmatrix} = \begin{pmatrix} -l_1\dot{\theta}_1^2 + g\sin\theta_1 \\ l_1\ddot{\theta}_1 + g\cos\theta_1 \\ 0 \end{pmatrix}$$

$$^{1}\boldsymbol{F}_1 = \begin{pmatrix} -m_1 l_1\dot{\theta}_1^2 + m_1 g\sin\theta_1 \\ m_1 l_1\ddot{\theta}_1 + m_1 g\cos\theta_1 \\ 0 \end{pmatrix}$$

$$^{1}\boldsymbol{N}_1 = \begin{pmatrix} 0 \\ 0 \\ 0 \end{pmatrix}$$

对连杆 2 用向外迭代法求解如下：

$$^{2}\boldsymbol{\omega}_2 = \begin{pmatrix} 0 \\ 0 \\ \dot{\theta}_1 + \dot{\theta}_2 \end{pmatrix}$$

$$^{2}\dot{\boldsymbol{\omega}}_2 = \begin{pmatrix} 0 \\ 0 \\ \ddot{\theta}_1 + \ddot{\theta}_2 \end{pmatrix}$$

$$^{2}\dot{\boldsymbol{v}}_2 = \begin{pmatrix} \cos\theta_2 & \sin\theta_2 & 0 \\ -\sin\theta_2 & \cos\theta_2 & 0 \\ 0 & 0 & 1 \end{pmatrix} \begin{pmatrix} -l_1\dot{\theta}_1^2 + g\sin\theta_1 \\ l_1\ddot{\theta}_1 + g\cos\theta_1 \\ 0 \end{pmatrix} = \begin{pmatrix} l_1\ddot{\theta}_1\sin\theta_2 - l_1\dot{\theta}_1^2\cos\theta_2 + g\sin(\theta_1 + \theta_2) \\ l_1\ddot{\theta}_1\cos\theta_2 + l_1\dot{\theta}_1^2\sin\theta_2 + g\cos(\theta_1 + \theta_2) \\ 0 \end{pmatrix}$$

$$^{2}\dot{\boldsymbol{v}}_{c_2} = \begin{pmatrix} 0 \\ l_2(\ddot{\theta}_1 + \ddot{\theta}_2) \\ 0 \end{pmatrix} + \begin{pmatrix} -l_2(\dot{\theta}_1 + \dot{\theta}_2)^2 \\ 0 \\ 0 \end{pmatrix} + \begin{pmatrix} l_1\ddot{\theta}_1\sin\theta_2 - l_1\dot{\theta}_1^2\cos\theta_2 + g\sin(\theta_1 + \theta_2) \\ l_1\ddot{\theta}_1\cos\theta_2 + l_1\dot{\theta}_1^2\sin\theta_2 + g\cos(\theta_1 + \theta_2) \\ 0 \end{pmatrix}$$

$$^{2}\boldsymbol{F}_2 = \begin{pmatrix} m_2 l_1\ddot{\theta}_1\sin\theta_2 - m_2 l_1\dot{\theta}_1^2\cos\theta_2 + m_2 g\sin(\theta_1 + \theta_2) - m_2 l_2(\dot{\theta}_1 + \dot{\theta}_2)^2 \\ m_2 l_1\ddot{\theta}_1\cos\theta_2 + m_2 l_1\dot{\theta}_1^2\sin\theta_2 + m_2 g\cos(\theta_1 + \theta_2) + m_2 l_2(\ddot{\theta}_1 + \ddot{\theta}_2) \\ 0 \end{pmatrix}$$

$$^2\boldsymbol{N}_2=\begin{pmatrix}0\\0\\0\end{pmatrix}$$

对连杆 2 用向内迭代法求解如下：

$$^2\boldsymbol{f}_2={}^2\boldsymbol{F}_2$$

$$^2\boldsymbol{n}_2=\begin{pmatrix}0\\0\\m_2l_1l_2\ddot{\theta}_1\cos\theta_2+m_2l_1l_2\dot{\theta}_1^2\sin\theta_2+m_2l_2g\cos(\theta_1+\theta_2)+m_2l_2^2(\ddot{\theta}_1+\ddot{\theta}_2)\end{pmatrix}$$

对连杆 1 用向内迭代法求解如下：

$$^1\boldsymbol{f}_1=\begin{pmatrix}\cos\theta_2 & \sin\theta_2 & 0\\-\sin\theta_2 & \cos\theta_2 & 0\\0 & 0 & 1\end{pmatrix}\begin{pmatrix}m_2l_1\ddot{\theta}_1\sin\theta_2-m_2l_1\dot{\theta}_1^2\cos\theta_2+m_2g\sin(\theta_1+\theta_2)-m_2l_2(\dot{\theta}_1+\dot{\theta}_2)^2\\m_2l_1\ddot{\theta}_1\cos\theta_2+m_2l_1\dot{\theta}_1^2s_2+m_2g\cos(\theta_1+\theta_2)+m_2l_2(\ddot{\theta}_1+\ddot{\theta}_2)\\0\end{pmatrix}$$

$$+\begin{pmatrix}-m_1l_1\dot{\theta}_1^2+m_1g\sin\theta_1\\m_1l_1\ddot{\theta}_1+m_1g\cos\theta_1\\0\end{pmatrix}$$

$$^1\boldsymbol{n}_1=\begin{pmatrix}0\\0\\m_2l_1l_2\ddot{\theta}_1\cos\theta_2+m_2l_1l_2\dot{\theta}_1^2\sin\theta_2+m_2l_2g\cos(\theta_1+\theta_2)+m_2l_2^2(\ddot{\theta}_1+\ddot{\theta}_2)\end{pmatrix}+$$

$$\begin{pmatrix}0\\0\\m_1l_1^2\ddot{\theta}_1+m_1l_1g\cos\theta_1\end{pmatrix}+$$

$$\begin{pmatrix}0\\0\\m_2l_1^2\ddot{\theta}_1-m_2l_1l_2(\dot{\theta}_1+\dot{\theta}_2)^2\sin\theta_2+m_2l_1g\sin\theta_2\sin(\theta_1+\theta_2)+\\m_2l_1l_2(\ddot{\theta}_1+\ddot{\theta}_2)\cos\theta_2+m_2l_1g\cos\theta_2\cos(\theta_1+\theta_2)\end{pmatrix}$$

取 $^i\boldsymbol{n}_i$ 中的 z 方向分量，得关节力矩为

$$\begin{aligned}\tau_1=&m_2l_1l_2\ddot{\theta}_1\cos\theta_2+m_2l_1l_2\dot{\theta}_1^2\sin\theta_2+m_2l_2g\cos(\theta_1+\theta_2)+m_2l_2^2(\ddot{\theta}_1+\ddot{\theta}_2)+m_1l_1^2\ddot{\theta}_1+\\&m_1l_1g\cos\theta_1+m_2l_1^2\ddot{\theta}_1-m_2l_1l_2(\dot{\theta}_1+\dot{\theta}_2)^2\sin\theta_2+m_2l_1g\sin\theta_2\sin(\theta_1+\theta_2)+\\&m_2l_1l_2(\ddot{\theta}_1+\ddot{\theta}_2)\cos\theta_2+m_2l_1g\cos\theta_2\cos(\theta_1+\theta_2)\end{aligned}$$

$$\tau_2=m_2l_1l_2\ddot{\theta}_1\cos\theta_2+m_2l_1l_2\dot{\theta}_1^2\sin\theta_2+m_2l_2g\cos(\theta_1+\theta_2)+m_2l_2^2(\ddot{\theta}_1+\ddot{\theta}_2)$$

最终将驱动力矩表示为关于关节位置、速度和加速度的函数。注意，如此复杂的函数表达式描述的是一个假设的最简单的操作臂。可见，一个封闭形式的 6 自由度操作臂的动力学方程将是相当复杂的。

4. 操作臂动力学方程的结构

通过忽略一个方程中的某些细节可以很方便地表示操作臂的动力学方程，而仅显示方程

的某些结构。当用牛顿-欧拉方程对操作臂进行分析时，动力学方程可以写成如下形式

$$\boldsymbol{\tau} = \boldsymbol{M}(\boldsymbol{\Theta})\ddot{\boldsymbol{\Theta}} + \boldsymbol{H}(\boldsymbol{\Theta},\dot{\boldsymbol{\Theta}}) + \boldsymbol{G}(\boldsymbol{\Theta}) \tag{6.39}$$

式中，$\boldsymbol{M}(\boldsymbol{\Theta})$为操作臂的 $n\times n$ 质量矩阵；$\boldsymbol{H}(\boldsymbol{\Theta},\dot{\boldsymbol{\Theta}})$是 $n\times 1$ 的离心力和科氏力矢量；$\boldsymbol{G}(\boldsymbol{\Theta})$是 $n\times 1$ 重力矢量。上式之所以称为状态空间方程，是因为式中的矢量 $\boldsymbol{H}(\boldsymbol{\Theta},\dot{\boldsymbol{\Theta}})$取决于位置和速度，$\boldsymbol{M}(\boldsymbol{\Theta})$和 $\boldsymbol{G}(\boldsymbol{\Theta})$中的元素都是关于操作臂所有关节位置 $\boldsymbol{\Theta}$ 的复杂函数。而 $\boldsymbol{H}(\boldsymbol{\Theta},\dot{\boldsymbol{\Theta}})$中的元素都是关于 $\boldsymbol{\Theta}$ 和$\dot{\boldsymbol{\Theta}}$的复杂函数。

可以将操作臂动力学方程中不同类型的项划分为质量矩阵、离心力和哥式力矢量以及重力矢量。

例 6.2　求例 6.1 中操作臂的 $\boldsymbol{M}(\boldsymbol{\Theta})\ddot{\boldsymbol{\Theta}},\boldsymbol{H}(\boldsymbol{\Theta},\dot{\boldsymbol{\Theta}})$ 和 $\boldsymbol{G}(\boldsymbol{\Theta})$。

解： 由式（6.39）有

$$\boldsymbol{M}(\boldsymbol{\Theta}) = \begin{pmatrix} l_2^2 m_2 + 2l_1 l_2 m_2\cos\theta_2 + l_1^2(m_1 + m_2) & l_2^2 m_2 + l_1 l_2 m_2\cos\theta_2 \\ l_2^2 m_2 + l_1 l_2 m_2\cos\theta_2 & l_2^2 m_2 \end{pmatrix}$$

操作臂的质量矩阵都是对称和正定的，因而都是可逆的。

速度项 $\boldsymbol{H}(\boldsymbol{\Theta},\dot{\boldsymbol{\Theta}})$ 包含了所有与关节速度有关的项，即

$$\boldsymbol{H}(\boldsymbol{\Theta},\dot{\boldsymbol{\Theta}}) = \begin{pmatrix} -m_2 l_1 l_2\sin\theta_2\dot{\theta}_2^2 - 2m_2 l_1 l_2\sin\theta_2\dot{\theta}_1\dot{\theta}_2 \\ m_2 l_1 l_2\, s_2\dot{\theta}_2^2 \end{pmatrix}$$

$-m_2 l_1 l_2\sin\theta_2\dot{\theta}_2^2$ 是与离心力有关的项，因为它是关节速度的二次方。$-2m_2 l_1 l_2\sin\theta_2\dot{\theta}_1\dot{\theta}_2$ 是与哥氏力有关的项，因为它总是包含两个不同关节速度的乘积。

重力项 $\boldsymbol{G}(\boldsymbol{\Theta})$包含了所有与重力加速度 g 有关的项，因而有

$$\boldsymbol{G}(\boldsymbol{\Theta}) = \begin{pmatrix} m_2 l_2\cos(\theta_1 + \theta_2)g + (m_1 + m_2)l_1 g\cos\theta_1 \\ m_2 l_2\cos(\theta_1 + \theta_2)g \end{pmatrix}$$

注意，重力项只与 $\boldsymbol{\Theta}$ 有关，与它的导数无关。

6.3　拉格朗日方程

拉格朗日动力学公式给出了一种从标量函数推导动力学方程的方法，称这个标量函数为拉格朗日函数，即一个机械系统的动能和势能的差值。这里，表示为

$$l = k - u \tag{6.40}$$

6.1.2 节已经给出了连杆动能和势能的计算公式，由于动能和运动的位置和速度有关，而势能只和位置有关，则

$$l(\boldsymbol{\Theta},\dot{\boldsymbol{\Theta}}) = k(\boldsymbol{\Theta},\dot{\boldsymbol{\Theta}}) - u(\boldsymbol{\Theta}) \tag{6.41}$$

拉格朗日方程可以表示为

$$\frac{\mathrm{d}}{\mathrm{d}t}\frac{\partial l}{\partial\dot{\Theta}} - \frac{\partial l}{\partial\Theta} = \boldsymbol{\tau} \tag{6.42}$$

这里 $\boldsymbol{\tau}$ 是 $n\times 1$ 的驱动力矩矢量。对于操作臂来说，方程变为

$$\frac{\mathrm{d}}{\mathrm{d}t}\frac{\partial k}{\partial\dot{\Theta}} - \frac{\partial k}{\partial\Theta} + \frac{\partial u}{\partial\Theta} = \boldsymbol{\tau} \tag{6.43}$$

例 6.3 在图 6.5 中，RP 操作臂连杆的惯性张量为

$$I_1=\begin{pmatrix}I_{xx1}&0&0\\0&I_{yy1}&0\\0&0&I_{zz1}\end{pmatrix},I_2=\begin{pmatrix}I_{xx2}&0&0\\0&I_{yy2}&0\\0&0&I_{zz2}\end{pmatrix}$$

总质量为 m_1 和 m_2。从图中可知，连杆 1 的质心与关节 1 的轴线相距 l_1，连杆 2 的质心与关节 1 的轴线距离为变量 d_2。用拉格朗日动力学方法求此操作臂的动力学方程。

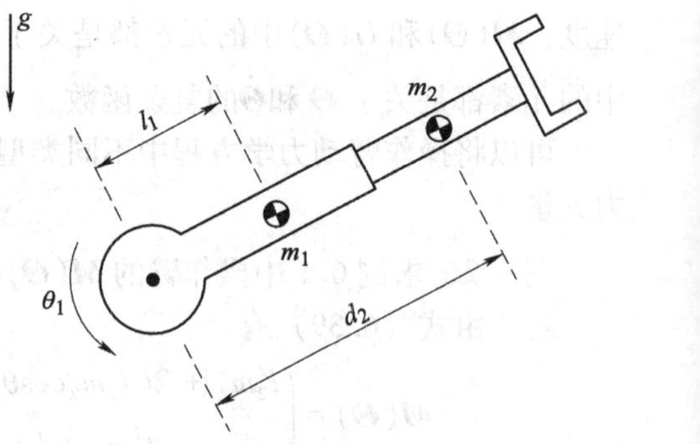

图 6.5 RP 操作臂连杆

解：由式（6.8），可写出连杆 1 的动能为

$$k_1=\frac{1}{2}m_1l_1^2\dot{\theta}_1^2+\frac{1}{2}I_{zz1}\dot{\theta}_1^2$$

连杆 2 的动能为

$$k_2=\frac{1}{2}m_2(d_2^2\dot{\theta}_1^2+\dot{d}_2^2)+\frac{1}{2}I_{zz2}\dot{\theta}_1^2$$

所以总动能为

$$k(\Theta,\dot{\Theta})=\frac{1}{2}(m_1l_1^2+I_{zz1}+I_{zz2}+m_2d_2^2)\dot{\theta}_1^2+\frac{1}{2}m_2\dot{d}_2^2$$

由式（6.8），可写出连杆 1 的势能为

$$u_1=m_1l_1g\sin\theta_1+m_1l_1g$$

连杆 2 的势能为

$$u_2=m_2d_2g\sin\theta_1+m_2d_{2\max}g$$

其中 $d_{2\max}$是关节 2 的最大运动范围。因此，总势能为

$$u(\Theta)=g(m_1l_1+m_2d_2)\sin\theta_1+m_1l_1g+m_2d_{2\max}g$$

然后，求式（6.43）中的偏导

$$\frac{\partial k}{\partial\dot{\Theta}}=\begin{pmatrix}(m_1l_1^2+I_{zz1}+I_{zz2}+m_2d_2^2)\dot{\theta}_1\\m_2d_2\end{pmatrix}$$

$$\frac{\partial k}{\partial\Theta}=\begin{pmatrix}0\\m_2d_2\dot{\theta}_1^2\end{pmatrix}$$

$$\frac{\partial u}{\partial\Theta}=\begin{pmatrix}g(m_1l_1+m_2d_2)\cos\theta_1\\gm_2\sin\theta_1\end{pmatrix}$$

代入式（6.43），得

$$\tau_1=(m_1l_1^2+I_{zz1}+I_{zz2}+m_2d_2^2)\ddot{\theta}_1+2m_2d_2\dot{\theta}_1\dot{d}_2+g(m_1l_1+m_2d_2)\cos\theta_1$$

$$\tau_2=m_2\ddot{d}_2-m_2d_2\dot{\theta}_1^2+gm_2\sin\theta_1$$

进而可知

$$M(\Theta)=\begin{pmatrix}m_1l_1^2+I_{zz1}+I_{zz2}+m_2d_2^2&0\\0&m_2\end{pmatrix}$$

$$H(\boldsymbol{\Theta},\dot{\boldsymbol{\Theta}})=\begin{pmatrix}2m_2d_2\dot{\theta}_1\dot{d}_2\\-m_2d_2\dot{\theta}_1^2\end{pmatrix}$$

$$G(\boldsymbol{\Theta})=\begin{pmatrix}g(m_1l_1+m_2d_2)\cos\theta_1\\gm_2\sin\theta_1\end{pmatrix}$$

习 题 6

6-1 如图6.6所示为一个二自由度RP机器人，两根连杆质量分别为 m_1 和 m_2，第一根连杆重心距旋转中心的长度为 l_g。请用拉格朗日方程建立该机械系统的动力学方程。

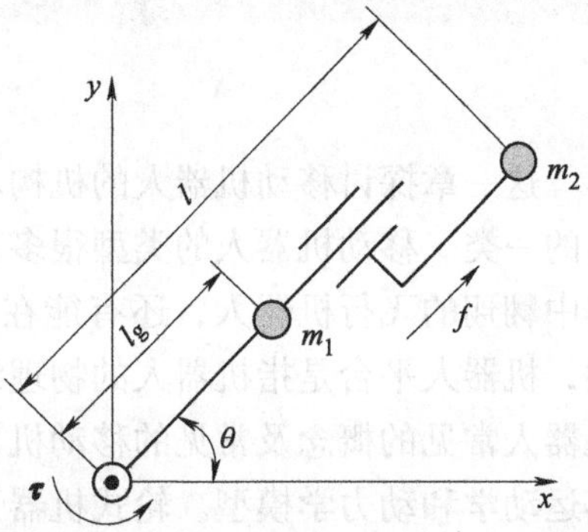

图6.6 习题6-1图

6-2 一个单连杆机械臂的惯性张量为 $\boldsymbol{I}=\begin{bmatrix}I_{xx}&0&0\\0&I_{yy}&0\\0&0&I_{zz}\end{bmatrix}$，如果电动机电枢的惯性矩为 $\boldsymbol{I}_m$，齿轮的传动比为100，那么从电动机轴来看，总的惯性张量是多少？

6-3 利用牛顿-欧拉法推导例6.3中RP机械臂的动力学方程。

6-4 机器人动力学方程主要包含哪些项？它们各有什么物理意义？

6-5 试论述机器人动力学方程中重力项的影响，以及如何简单、快捷地求出重力项。

6-6 在什么情况下可以简化动力学方程的计算？

6-7 试叙述机器人动力学方程建立的主要方法及其特点。

第 7 章 移动机器人机构学分析

这一章探讨移动机器人的机构。移动机器人属于机器人中具有在较大范围环境里运动能力的一类。移动机器人的类型很多，有的能在地面上移动，有的能在水面上运动，也有能在空中翱翔的飞行机器人，还有能在水中游动的水下机器人。它们体现了机器人平台的多样性，机器人平台是指机器人的物理结构及其驱动方式。本章从机构学的角度出发，介绍移动机器人常见的概念及常见的移动机器人类型；然后以轮式机器人和四旋翼无人机为例，分析其运动学和动力学模型。轮式机器人可以向前或向后移动，行进方向则可以通过改变转向轮的角度来调整。四旋翼飞行机器人是一种无人飞行器，它是在三维空间运动的典型例子。四旋翼飞行机器人平台现在越来越受人们欢迎，主要是因为它们可以很容易地进行模拟仿真和控制。

7.1 移动机器人分类

7.1.1 运动

移动机器人需要运动机构，它能够使机器人在它的环境中无约束地运动。但是运动有众多不同的可能途径，因此机器人运动方法的选择是移动机器人设计的一个重要方面。在实验室中，已经有能够行走、跳跃、跑动、滑动、溜冰、游泳、飞翔和滚动的移动机器人。这些运动机构中的大部分一直受到生物学上对应物的启示。

然而有一个例外：有源动力轮是人类发明的，它在平地上达到极高的效率。这一机构对生物系统而言，不完全是外来的。人类的两足行走系统可由一个滚动的、边长为 d（相当于步伐跨距）的多边形来近似。随着步距的减小，多边形就逼近为一个圆或轮。但是在自然界中，不存在完全旋转、有源动力的关节，而这正是轮式运动所需的技术。

生物系统在穿越各类崎岖不平环境的运动中取得成功，因此期望去模拟它们，对运动机构做选择。但是，由于若干原因，在这方面复制生物系统是极其困难的。首先，在生物系统中，通过结构的复制可以容易地实现机械的复杂性，结合细胞分割技术可以很容易地制造出一个有几百条腿和成千上万根感知纤毛的千足虫。但在人造结构中，各部分必须单个制作，因此不存在那种“规模经济”。此外，细胞是能极小化的微观组件，用于微小的尺寸和重量，昆虫达到了人类制造技术还一直不能做到的稳健水平。最后，大型动物和昆虫所用的生物能量存储系统、肌肉及液压激励系统，其产生的转矩、响应时间和转换效率远远超过了同等规模的人造系统。

由于这些限制因素，一般移动机器人运动，要么使用轮式的机构：一种众所周知的车辆人造工艺技术；要么使用数目不多的有关节的腿：一种生物运动方法的最简单形式。

一般来说，和轮式运动相比，腿式运动要求更高的自由度，因此有更大的机械复杂性。除了简单以外，轮式运动非常适合于平地。在平坦的表面，轮式运动比腿式运动效率高出1 ~2 个数量级。铁道就是一种理想的轮式运动的工程，因为坚硬和平坦的钢铁表面使滚动摩擦减至极小。但是，如果表面很软，轮式运动也会因滚动摩擦而变得无效。腿式运动中，由于腿与地面只是点接触，承受的摩擦就较小。

实际上，轮式运动的效率主要依赖于周围环境的质量，尤其是地面的平整度与硬度；而腿式运动的效率则依赖于腿和身体的质量，在有腿的步态不同点上，机器人必须支承这两方面。

可以理解，自然界偏爱腿式运动，因为在自然界中运动系统必须在粗糙和非结构地形中运行。例如，森林中的昆虫，地面高度的垂直变化常常比昆虫总高度大多个数量级。出于同样的原因，人类环境，不论是室内还是室外，经常由修建过的平整表面组成。因此，同样可以理解，所有移动机器人的工业应用实质上都利用了某种形式的轮式运动。最近，对较自然的室外环境，在混合和腿式工业机器人方面已获得某些进展。

运动是操纵的补充。在操纵中，机器人手臂是固定的，但是对物体施加力，物体就在工作空间运动。在运动中，环境是固定的，给环境施加力，机器人就移动。在这两种情况下，科学的基础就是研究产生相互作用力的执行器，以及实现期望运动学与动力学特性的机构。因此，运动和操纵都有稳定性、接触特征和环境类型等相同的核心问题，其中稳定性包括接触点的数目和几何形状、重心、静态/动态稳定性和地形的倾斜；接触特征包括接触点/路径的尺寸和形状、接触角度和摩擦；环境类型包括结构和媒介（如水、空气、软或硬的地面）。

7.1.2　腿式移动机器人

腿式运动以一系列机器人和地面之间的点接触为特征，其主要优点包括在粗糙地形上的自适应性和机动性。因为只需要一组点接触，所以只要能够保持适当的地面整洁度，这些点之间的地面质量是无关紧要的。另外，只要行走机器人的步距大于洞穴的宽度，它就能跨越洞穴或者裂口。腿式运动还能用高度的技巧来操纵环境中的物体。举一个昆虫例子，即甲壳虫，它用灵巧的前肢在运动的同时能够滚动一个球。

腿式运动的最主要的缺点包括动力和机械的复杂性。腿可能包括几个自由度，必须能够支承机器人部分重量，而且在许多机器人中，腿必须能够抬高和放低机器人。另外，如果腿有足够数目的自由度，在许多不同的方向给予力，机器人就能实现。

因为腿式机器人的发明是受到生物学上的启发，所以检验一下生物学上成功的有腿系统是有益的。许多不同的腿的构造已经在各种各样的生物体中成功存在，如图 7.1 所示。大型动物，如哺乳动物有 2 条或 4 条腿，而昆虫有 6 条腿或更多。某些哺乳动物，仅靠 2 条腿行走的能力已经很完美了，尤其是人类，平衡能力已经进展到甚至可用单腿进行跳跃的水平。这种异常的机动性是以很高的代价得来的：为保持平衡而使用更复杂的主动控制。

相反，3 条腿的动物假定它能保证其重心处在地面接触的三脚区内，它就能够展示静止、稳定的姿态。如 3 条腿的凳子所展现那样，静止稳定性意味着不需要运动而保持平衡。在没有倾覆力时，稍微偏离稳定（比如轻轻推凳子）会被动地予以校正而趋向稳定的姿态。

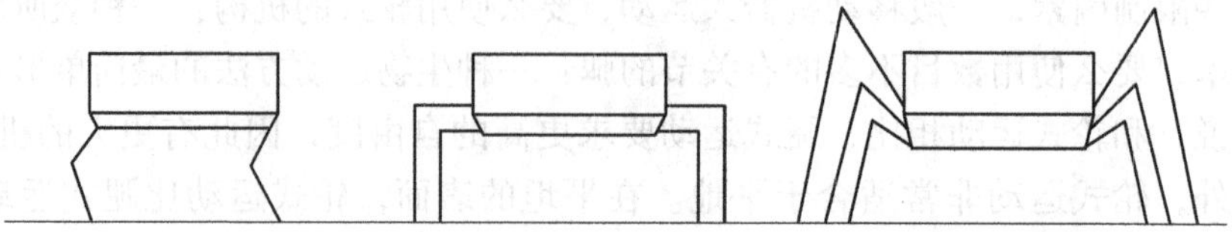
哺乳动物有2条或4条腿
爬行动物有4条腿
昆虫有6条或更多条腿

图 7.1　各种动物腿的配置

但是为了行走，机器人必须能够抬腿。为了能达到静态行走，机器人至少要有 2 条腿，一次移动 1 条。而对于 6 条腿的情况，就有可能设计出一种步态，按此，腿的静态稳定三脚区总是与地面接触（图 7.2）。

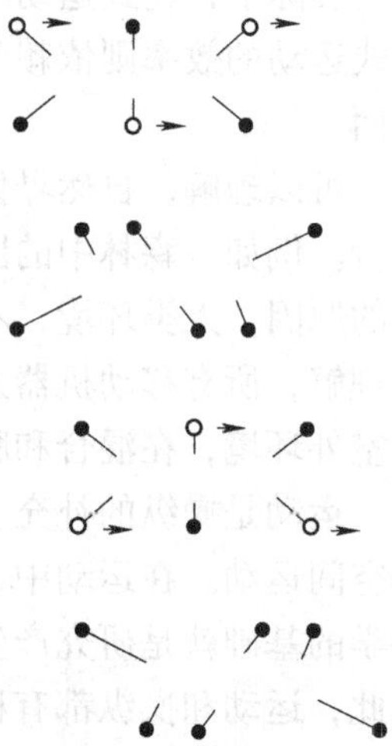

图 7.2　6 条腿的静态行走步态

昆虫和蜘蛛一出生立即能行走，对它们来说，行走时的平衡问题比较简单。哺乳动物有 4 条腿，能够静态行走，然而由于重心高，会比爬行动物行走稳定性差。例如，幼鹿在生下来之后，能行走之前，要花几分钟时间来尝试站起来，然后又要花好几分钟时间学习行走而不摔倒。人类有两条腿，由于他们脚大，也可以静态地稳定站立。幼儿需要几个月才能站立和行走，甚至需要更长时间来学习跳跃、跑步和单腿站立。

在各单腿的复杂性中，也存在种类繁多的潜力，并且生物世界提供了丰富的处于两个极端的例子。例如，毛虫利用液压，通过构建体腔和增加压力使各腿伸展，而且通过释放液压使各腿纵向回收，然后刺激单个可拉伸的肌肉，牵引腿靠向身体。各条腿只有 1 个自由度，它沿着腿纵向的方向。前向运动依赖于体内的液压，它能伸张两腿间的距离。所以，毛虫的腿在机械上来看很简单，即利用最少数目的外表肌肉，完成了复杂的整体运动。在另一极端，连同脚趾的深层刺激，人腿有 7 个以上的主自由度，15 个以上的肌肉群，激励 8 个复杂的关节。

腿式移动机器人通常要求至少有 2 个自由度，通过提起腿和将腿摆动向前，使腿向前运动。更复杂的移动如图 7.1 所示，附加了第 3 个自由度。有的两足行走机器人在踝关节处增加了第 4 个自由度。通过调节脚底板的姿态，脚踝关节能够调节机器人与地面的接触面。

总之，增加机器人腿的自由度提高了机器人的机动性，既扩大了机器人能行走的地形范围，又增强了机器人以各种步态行走的能力。当然，附加关节和激励器的主要缺点是带来动力、控制和质量方面的问题。附加的激励器需要能量和控制，它们也把质量加到腿上，从而进一步增加了对现有激励器的功率和负载的要求。

对于多腿移动机器人，存在运动时腿的协调或步态控制问题。可能的步态数目依赖于腿的数目。对单条腿而言，步态是抬起与放下事件的序列。对一个有 k 条腿的移动机器人，步行器可能事件的总数 N 为

$$N = (2k - 1)! \tag{7.1}$$

例如，对于 2 条腿的步行器，$k=2$，可能事件的总数 N 为

$$N = (2 \times 2 - 1)! = 3! = 6 \tag{7.2}$$

理论上，随着腿数目的增加，事件的总数会增长的非常大，例如 6 腿机器人的步态事件

总数为39916800，但实际上步态的设计要考虑的因素很多，并不能随意设计。图7.2是6条腿机器人的静态行走步态描述。

7.1.3　轮式移动机器人

迄今为止，轮子一般是移动机器人学和人造车辆中最流行的运动机构，它可达到很高的效率，而且用比较简单的机械就可实现它的制作。另外，在轮式机器人设计中，平衡通常不是一个研究问题，因为在所有时间里，轮式机器人一般都被设计成所有轮子均与地接触。因而，3个轮子就足以保证稳定平衡。虽然两轮机器人也可以稳定，如果使用的轮子多于3个，当机器人碰到崎岖不平的地形时，就需要一个悬挂系统以容许所有轮子都保持与地接触。

轮式机器人研究重点是牵引、稳定性、机动性及控制问题。为覆盖所有期望的地形，机器人的轮子需要提供足够的牵引力和稳定性，机器人的轮子结构应该能够对机器人的速度进行充分控制。

当考虑移动机器人运动的可能技术时，轮子结构有很大的空间。因为有很多数目不同的轮子类型，各有其特定的优点和缺点，故从详细讨论轮子开始，然后来检验为移动机器人传送特定运动形式的完整的轮子构造。

四种基本的轮子类型如图7.3所示，其中图7.3a为标准轮，有2个自由度，分别围绕轮轴（电动的）和接触点转动；图7.3b为小脚轮，有2个自由度，围绕偏移的操纵接合点旋转；图7.3c为瑞典轮，有3个自由度，分别围绕轮轴（电动的）、辊子和接触点旋转；图7.3d为球体或球形轮，技术上实现较为困难。在运动学方面，它们差别很大，因此轮子类型的选择对移动机器人的整个运动学有很大的影响。标准轮和小脚轮有一个旋转主轴，因而是高度有向的。在不同的方向运动，必须首先沿着垂直轴操纵轮子。这两种轮的主要差别在于标准轮可以完成操纵而无副作用，因为旋转中心经过接触片着地；而小脚轮绕偏心轴旋转，在操纵期间会引起一个力，加到机器人的底盘。瑞典轮和球形轮的设计比传统的标准轮受方向性的约束少一些。瑞典轮的功能与标准轮一样，但它在另一方向产生低的阻力，它有时垂直于常规方向，如瑞典90°轮；有时在中间角度，如瑞典45°轮。装在轮子周围的辗子是无源的，轮的主轴用作唯一主动地产生动力的连接。这个设计的主要优点在于：虽然仅沿主轴给轮子旋转提供动力（通过轮轴），轮子以很小的摩擦，可以沿许多可能的轨迹按运动学原理移动，而不仅仅是向前或者向后。

球形轮是一种真正的全向轮，经常被设计成可以沿任何方向受动力而旋转。实现这种球形构造的一种机构模仿了计算机鼠标，备有主动提供动力的辊子，这些辊子安置在球的顶部表面，并给予旋转的力。

无论用什么轮，在为所有地形环境设计的机器人和具有3个以上轮子的机器人中，正常情况下需要一个悬挂系统以保持轮子与地面的接触。一种最简单的悬挂方法是轮子本身设计成柔性的。例如，在某些使用小脚轮的四轮室内机器人情况下，制造厂家已经把软橡胶的可变形轮胎用在轮上，制作一个主悬挂体。当然，这种有限的解决方案不能与应用中错综复杂的悬挂系统相比拟。在应用中，对明显的非平坦地形，机器人需要更动态的悬挂系统。

移动机器人轮子类型的选择与轮子装配或轮子几何特征的选择紧密相关。移动机器人的设计者在设计轮式机器人的运动机构时，必须同时考虑这两个问题。为何轮子的类型和轮子的几何特征如此重要，这是因为机器人的3个基本特征受这些选择所支配：机动性、可控性

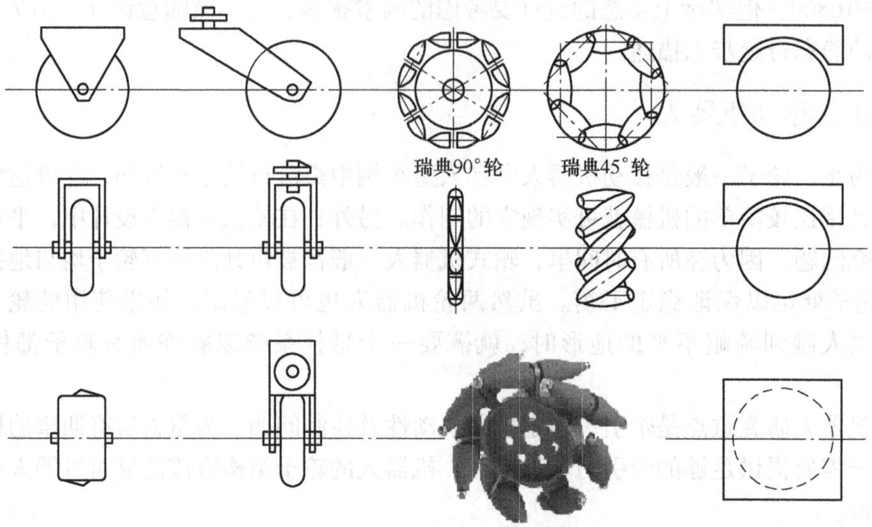

a) 标准轮　b) 小脚轮　c) 瑞典轮　d) 球体或球形轮

图 7.3　四种基本的轮子类型

和稳定性。

汽车大都为高度标准化的环境（道路网）而设计，与其不同的是，移动机器人则是为应用在种类繁多的环境而设计。汽车全部共享相同的轮子结构，因为在设计空间中存在一个区域，使得它们对标准化环境（铺好的公路）的机动性、可控性和稳定性最大。可是，不同的移动机器人面临各种不同环境，没有单独一个轮子结构可以使这些特征最大化。所以，移动机器人的轮子结构种类繁多。实际上，除了为道路系统设计的移动机器人外，很少有机器人使用汽车的 Ackerman 轮子结构，因为它的机动性较差，表 7.1 给出了轮子结构的概貌，按轮子数目排序。表中描述了特殊轮子类型的选择和机器人底盘上它们的几何结构这两个方面。注意到表 7.1 中某些轮子结构在移动机器人的应用中很少用到。例如，两轮自行车装配，其机动性中等，可控性差；再像单腿跳跃机，它根本不能静止地站着。不过，表中提供了在运动机器人设计中可能用到的许多种类轮子结构的说明。

表 7.1 中种类很多，不过，这里列出了重要的趋向和分组，它可帮助理解各结构的优点和缺点。

表 7.1　滚动车辆轮子的结构

轮子数目	结构装配	描述	典型例子
2		前端一个操纵轮，后端一个牵引轮	自行车、摩托车
	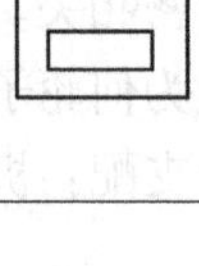	两轮差动驱动，质心在转轴下面	Cye 个人机器人

（续）

轮子数目	结构装配	描述	典型例子
	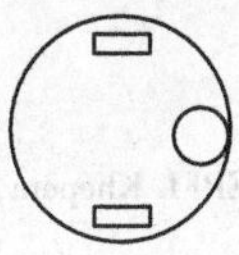	带有第2个接触点的、两轮居中的差动驱动	Nomad Scout，smart-Rob EPFL
	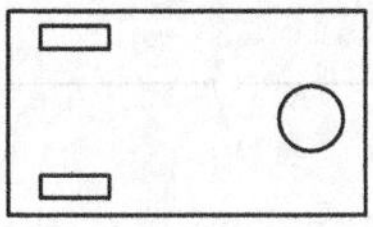	在后/前端有2个独立驱动轮，在前/后端有1个全向的无动力轮	许多室内机器人，包括EPFL机器人Pygmalion和Alice
	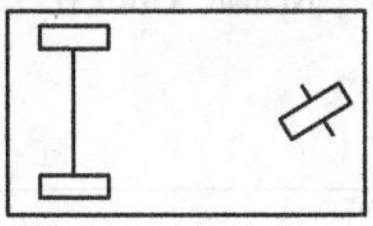	后端有2个相连的牵引轮（差动），前端有1个可操纵的自由轮	Piaggio微型卡车
3	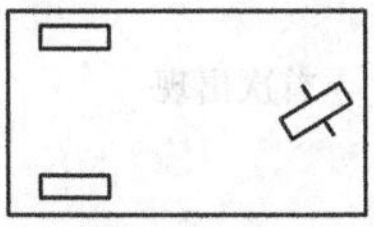	后端有2个自由轮，前端有1个可操纵的牵引轮	卡内基梅隆大学的Neptune，英雄-1机器人
	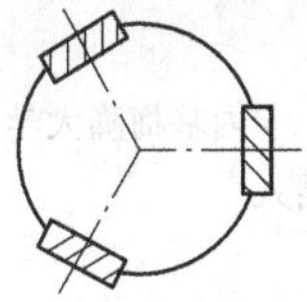	3个动力瑞典轮或球形轮排列成三角形，可以全向运动	斯坦福轮Tribolo EPFL，掌上导航机器人包
	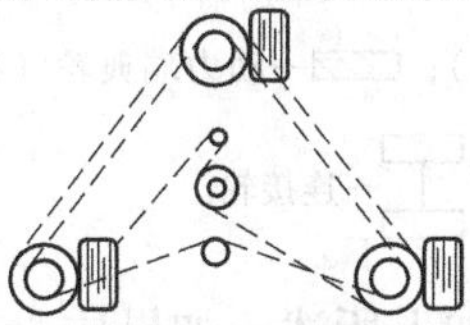	3个同步的动力和可操纵轮，方向是不可控的	同步驱动Denning MRV-2，乔治理工大学的I-Robot B24，Nomad 200
	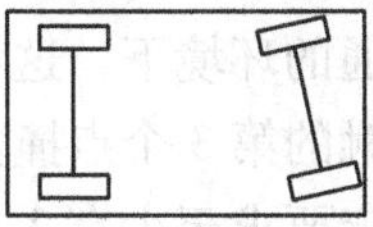	后端有2个动力轮，前端有2个可操纵轮；2轮操纵必须不同，避免滑动/打滑	后轮驱动的小车
	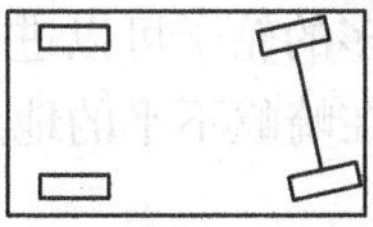	前端有2个可操纵的动力轮，后端有2个自由轮；2轮操纵必须不同，避免滑动/打滑	前轮驱动的小车
4	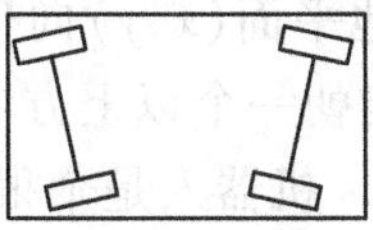	4个可操纵的动力轮	四轮驱动，四轮操纵Hyperion（CMU）
	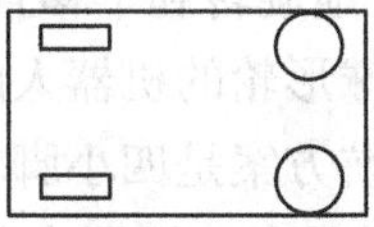	后/前端2个牵引轮（差动），前/后端2个全向轮	Charlie（DMT-EP-FL）
	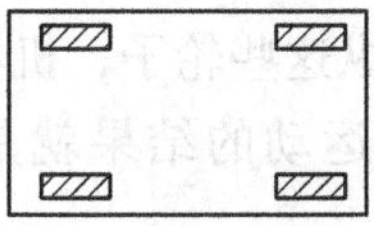	4个全向轮	卡内基梅隆大学的Uranus机器人

（续）

轮子数目	结构装配	描述	典型例子
4	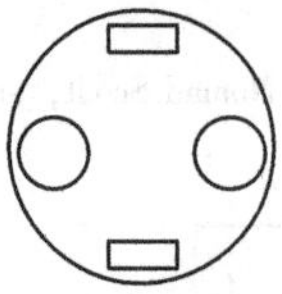	具有附加接触点的两轮差动驱动	EPFL Khepera，Hyperbot Chip
	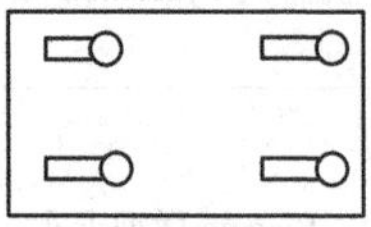	4个动力和可操纵的小脚轮	Nomad XR4000
6	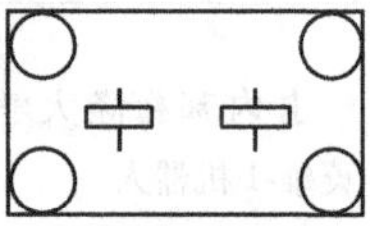	Nomad XR4000	首次出现
	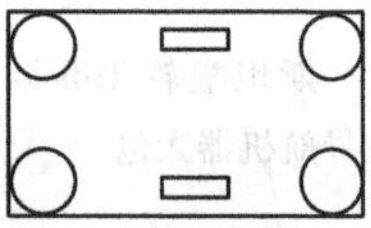	中央有2个牵引轮（差动），四角各有1个全向轮	卡内基梅隆大学的Terregator机器人

注：各种轮子类型的图标如下。—非动力全向轮（球形轮回旋轮和瑞典轮）；—动力瑞典轮（斯坦福轮）；—标准轮；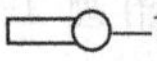—可操纵的动力小脚轮；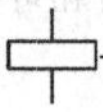—可操纵的标准轮；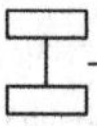—连接轮。

令人惊奇的是，静态稳定所要求的最少轮子数目是2个。如上所述，如果质心在轮轴下面，一个两轮差动驱动的机器人可以实现静态稳定。可是，在普通的环境下，这种解决方案要求轮子的直径大得不切实际。动力学也可引起两轮机器人以接触的第3个点撞击地面，例如，从静止开始要有足够大的电动机转矩。常规情况下，静态稳定要求至少有3个轮子，并且重心必须被包含在由轮子地面接触点构成的三角形内。增加更多的轮子可以进一步改善稳定性，虽然一旦接触点超过3个后，几何学的超静态性质会要求在崎岖不平的地形上有某种形式的灵活悬挂系统。

一些机器人是全向的，这意味着它们可以在任何时候沿着地平面(x,y)向任意方向运动，包括机器人围绕它垂直轴的方向，这一层次的机动性需要能朝一个以上方向运动的轮子。所以，全向机器人经常使用有动力的瑞典轮或球形轮。Uranus机器人是个很好的例子，如图7.4所示，这个机器人使用4个带动力的45°瑞典轮，能独立地旋转和平移且不受限制。

一般来说，由于构造全向轮的机械上的约束，带有瑞典轮和球形轮的机器人的地面清洁度是受某些因素限制的。解决这种地面清洁度问题的最新全向导航方案是四小脚轮结构。在这种结构中，各小脚轮有源地被操纵，并主动地平移。在这种配置中，机器人是真正全向的。因为，即使小脚轮面向一个垂直于行走的期望方向，通过操纵这些轮子，机器人仍能向期望的方向移动。因为垂直轴偏离了地面接触路径，这个操纵运动的结果就是机器人的运动。

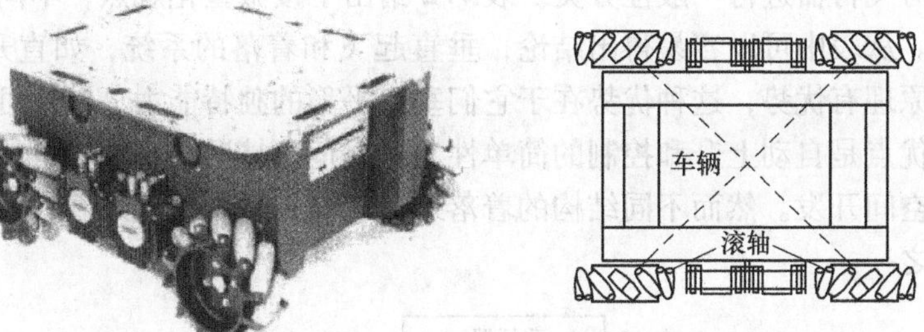

图 7.4　卡内基梅隆大学的 Uranus 机器人

在研究领域中，可实现高度机动性的其他类型的移动机器人是很普遍的，它只比全向结构的机器人稍微差一点。这种类型的机器人在特定方向上的运动，可能一开始需要一个旋转运动。机器人的中央有一个圆底盘和转动轴，使得这种机器人可以旋转而不改变它的地面脚印。这种机器人中最普遍的是两轮差动驱动的机器人，它的 2 个轮子围绕机器人的中心点转动。为了稳定，根据应用的特点，也许要用 1~2 个附加的地面接触点。

与上面的结构相反的是汽车中常见的 Ackerman 操纵结构。这种车辆典型的地方是有一个比汽车大的旋转直径，而且它运动时，需要一个停车调动，向前和向后重复改变方向。尽管如此，Ackerman 操纵几何结构在业余爱好的机器人市场中仍一直特别流行。另外，Ackerman 操纵结构的有限机动性有一个重要的优点：它的定向性和操纵的几何结构，向它提供了在高速旋转中非常好的横向稳定性。

一般来说，可控性和机动性之间存在逆相关性。例如，四小脚轮的全向结构需要复杂的处理，把所需的转动和平移速度转换成单个轮子的指令。而且，这种全向装置经常在轮子上有更高的自由度。例如，瑞典轮沿着轮周有一组自由的滚轮。这些自由度造成滑动的累积，趋向于减小航位推算的准确度，增加结构的复杂性。

对一个特定的行走方向，控制全向机器人也比较困难，而且当它与较小机动性机构比较时，往往准确度较低。例如，一个 Ackerman 操纵车辆，通过锁住可操作轮和驱动它的驱动轮就可以简单地走直线。在差动驱动的车辆中，装在轮上的 2 个电动机必须精确地沿同样的速度分布函数驱动。考虑到轮子间和电动机间的差异以及环境的差异，这可能是颇具挑战性的难题。对于具有四轮的全向驱动，它有 4 个瑞典轮，问题更为困难。因为对在理想直线上行走的机器人，必须精确地按相同速度驱动 4 个轮子。

总之，没有完美的驱动结构可以同时使稳定性、机动性和可控性最大化。各移动机器人的应用对机器人设计问题加上唯一的约束，而设计者的任务就是在这个可能的空间中选择最合适的驱动结构。

7.1.4　飞行移动机器人

飞行物体对人类来说已极具魅力，鼓舞着所有类型的研究和开发。飞行机器人研发的主要方向是：微飞行器设计、控制和在杂乱环境中的导航。在军事和民用应用领域中，对微飞行器相关技术的研究成为新的热点，但由于存在几个开放性的难题，这个任务并不能轻而易举地完成。

一般来说，飞行器可以被分成两类：轻于空气和重于空气。如图 7.5 所示，根据飞行原理和推进模式对飞行器进行一般性分类。表 7.2 给出了按微型化观点，不同飞行原理之间的非穷举的比较。从表中可以容易得出结论，垂直起飞和着落的系统，如直升机或小型飞船，比其他的飞行原理有优势，这种优势在于它们垂直平稳的独特能力，以及可以低速飞行。小型飞船的主要优点是自动上升和控制的简单性，这对危急情况的应用，可能是根本性的，例如空中侦察和空间开发。然而不同结构的着落运载工具，从微型化来看，代表了今天最有希望的飞行概念之一。

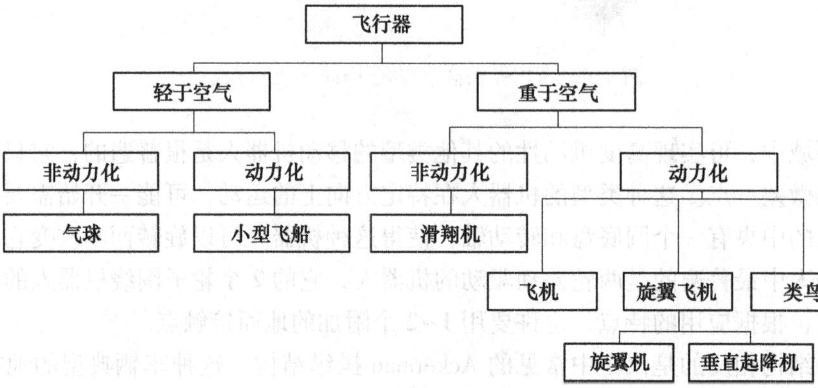

图 7.5　飞行器的一般分类

表 7.2　飞行原理比较（1=不好，2=较好，3=好）

比较项目	飞机	直升机	鸟	旋翼飞机	小型飞船
功耗消耗	2	1	2	2	3
控制消耗	2	1	1	2	3
负荷/容量	3	2	2	2	1
机动性	2	3	3	2	1
平稳飞行	1	3	2	1	3
低速飞行	1	3	2	2	3
脆弱性	2	2	3	2	2
垂直起降	1	3	2	1	3
耐久性	2	1	2	1	3
微型化	2	3	3	2	1
室内使用	1	3	2	1	2
总体性能	19	25	24	18	25

7.2　移动机器人运动学模型及约束

推导整个机器人运动的模型，是一个自下向上的过程。各个轮子对机器人的运动起到作用，同时又对机器人的运动施加约束。根据机器人底盘的几何特性，多个轮子是连在一起的，所以它们的约束组合起来，形成对机器人底盘整个运动的约束。但是，必须用相对清晰和一致的坐标系来表达各轮的力和约束。在移动机器人学中，由于它独立性和移动的本质，这一点特别重要，需要在全局和局部坐标系之间有一个清楚的映射。从形式上定义这些坐标系开始，然后用最后得到的公式来注释单个轮子和整个机器人的运动学。

7.2.1　移动机器人位置描述

在整个分析过程中，把机器人建模成轮子上的一个刚体，运行在水平面上。在水平面上，该机器人底盘的总的维数是3个：2个为平面中的位置；1个为沿垂直轴的方向，它与水平面正交。当然，由于存在轮轴、轮的操纵关节和小脚轮关节，还会有附加的自由度和灵活性。然而就机器人底盘而言，只把它看作是机器人的刚体，忽略机器人和它的轮子间内在的关联和自由度。

为了确定机器人在水平面中的位置，如图7.6所示，建立了平面全局坐标系和机器人局部坐标系之间的关系。轴 X_1 和 Y_1 将水平面上任意一个惯性基定义为从某原点 $O\{X_1, Y_1\}$ 开始的全局坐标系。为了确定机器人的位置，选择机器人底盘上一个点 P 作为它的位置参考点。基于 $\{X_R, Y_R\}$ 定义了机器人底盘上相对于 P 的两个轴，从而定义了机器人的局部坐标系。在全局坐标系上，P 的位置由坐标 x 和 y 确定，全局和局部坐标系之间的角度差由 θ 给定。可以将机器人的姿态 $\boldsymbol{\xi}_1$ 描述为具有这3个元素的向量。注意，使用下标1是为阐明该姿态的基是全局坐标系。

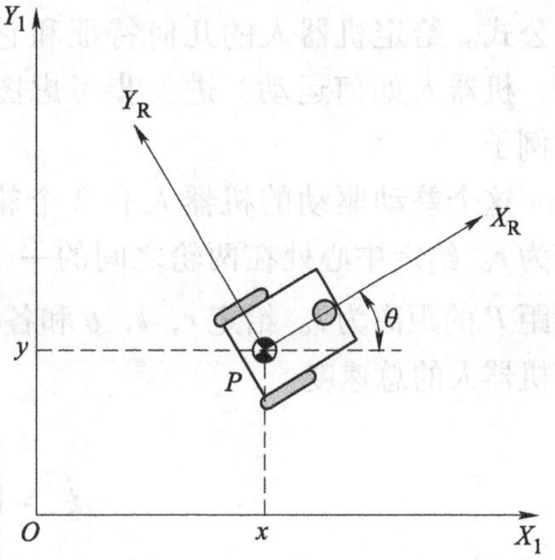

图7.6　全局坐标系和局部坐标系

$$\boldsymbol{\xi}_1 = \begin{pmatrix} x \\ y \\ \theta \end{pmatrix} \tag{7.3}$$

为了根据分量的运动描述机器人的运动，就需要把沿全局坐标系的运动映射成沿局部坐标系的运动。该映射的是机器人当前位置的函数，用正交旋转矩阵来实现。

$$\boldsymbol{R}(\theta) = \begin{pmatrix} \cos\theta & \sin\theta & 0 \\ -\sin\theta & \cos\theta & 0 \\ 0 & 0 & 1 \end{pmatrix} \tag{7.4}$$

可以用该矩阵将全局坐标系 $\{X_1, Y_1\}$ 中的运动映射到局部坐标系 $\{X_R, Y_R\}$ 中的运动。这个运算由 $\boldsymbol{R}(\theta)\boldsymbol{\xi}_1$ 标记，因为该运算依赖于 θ 的值。

$$\boldsymbol{\xi}_R = \boldsymbol{R}(\theta)\boldsymbol{\xi}_1 \tag{7.5}$$

例如，考虑图7.7中的机器人，因为 $\theta = \dfrac{\pi}{2}$，可以容易计算出瞬时的旋转矩阵 $\boldsymbol{R}$

$$\boldsymbol{R}\left(\frac{\pi}{2}\right) = \begin{pmatrix} 0 & 1 & 0 \\ -1 & 0 & 0 \\ 0 & 0 & 1 \end{pmatrix} \tag{7.6}$$

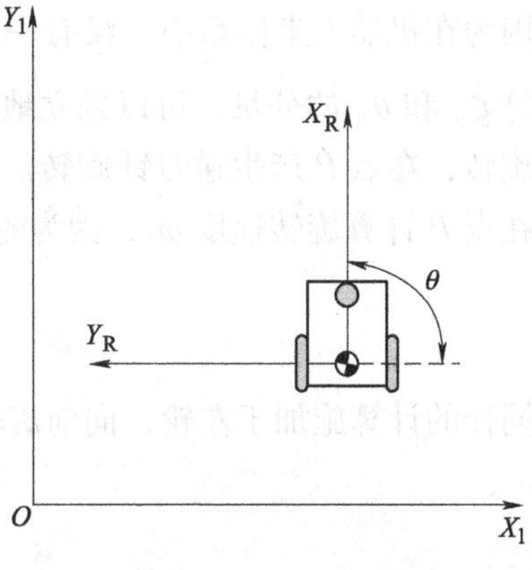

图7.7　与全局坐标系并排的移动机器人

给定在全局坐标系中某个速度（$\dot{x}$，$\dot{y}$，$\dot{\theta}$），

可以计算在局部坐标系中的 X_R 和 Y_R 的运动分量。在这种情况下，由于机器人的特定角度，沿 X_R 的运动是 $\dot{y}$，沿 Y_R 的运动是 $\dot{x}$。

$$\dot{\boldsymbol{\xi}}_R = \boldsymbol{R}\left(\frac{\pi}{2}\right)\dot{\boldsymbol{\xi}}_1 = \begin{pmatrix} 0 & 1 & 0 \\ -1 & 0 & 0 \\ 0 & 0 & 1 \end{pmatrix}\begin{pmatrix} \dot{x} \\ \dot{y} \\ \dot{\theta} \end{pmatrix} = \begin{pmatrix} \dot{y} \\ -\dot{x} \\ \dot{\theta} \end{pmatrix} \tag{7.7}$$

7.2.2 前向运动学模型

在最简单的情况下，由式（7.3）所描述的映射足以产生一个获取移动机器人前向运动学的公式。给定机器人的几何特征和它的轮子速度，机器人如何运动？进一步考虑图 7.8 所示的例子。

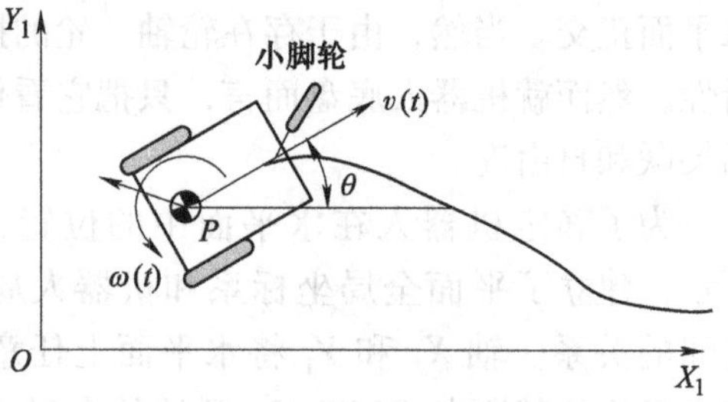

图 7.8　在全局坐标系下的差动机器人

这个差动驱动的机器人有 2 个轮子，其半径为 r。给定中心处在两轮之间的一个点 P，各轮距 P 的距离为 l。给定 r，l，θ 和各轮的转速 $\dot{\varphi}_1$ 和 $\dot{\varphi}_2$，前向运动学模型会预测全局坐标系中机器人的总速度：

$$\dot{\boldsymbol{\xi}}_1 = \begin{pmatrix} \dot{x} \\ \dot{y} \\ \dot{\theta} \end{pmatrix} = f(l, r, \theta, \dot{\varphi}_1, \dot{\varphi}_2) \tag{7.8}$$

从式（7.3）知道，可以从机器人在局部坐标系中的运动计算它在全局坐标系中的运动：$\dot{\boldsymbol{\xi}}_1 = \boldsymbol{R}(\theta)^{-1}\dot{\boldsymbol{\xi}}_R$。所以，首先计算在局部坐标系中各轮的贡献 $\dot{\boldsymbol{\xi}}_R$。

如图 7.6 所示，机器人沿局部坐标系的 X_R 方向向前运动。考虑 X_R 方向上各轮的转动速度对点 P 的平移速度的分量。如果一个轮旋转，而另一轮无贡献且是不动的，则因为 P 处在两轮的中间，它将瞬时以半速移动：$\dot{x}_{r1} = \frac{1}{2}r\dot{\varphi}_1$ 和 $\dot{x}_{r2} = \frac{1}{2}r\dot{\varphi}_2$。在差动驱动的机器人中，这两个贡献可以简单相加来计算 $\dot{\boldsymbol{\xi}}_R$ 和 $\dot{x}_R$ 的分量。例如，一个差动机器人中各轮以等速但反向旋转，则该机器人是一个不动的旋转机器人，在该情况下 $\dot{x}_R$ 将是零。$\dot{y}_R$ 的计算更为简单，因为在机器人坐标系中，没有一个轮子可以提供侧向运动，所以 $\dot{y}_R$ 总是零。最后，必须计算 $\dot{\boldsymbol{\xi}}_R$ 和 $\dot{\theta}_R$ 的分量，可以独立地计算各轮的贡献，且只要相加即可。考虑右轮（轮 1）向前旋转，在点 P 产生逆时针旋转。如果轮 1 单独转动，机器人的枢轴围绕左轮（轮 2），可以在点 P 计算旋转速度 ω_1，因为轮子瞬时沿着半径为 $2l$ 的圆弧移动。

$$\omega_1 = \frac{r\dot{\varphi}_1}{2l} \tag{7.9}$$

同样的计算施加于左轮，向前旋转在点 P 产生顺时针旋转，旋转速度 ω_2 为

$$\omega_2 = -\frac{r\dot{\varphi}_2}{2l} \tag{7.10}$$

联合式（7.9）和式（7.10），得到差动驱动实例机器人的运动学模型。

$$\dot{\boldsymbol{\xi}}_1=\boldsymbol{R}(\theta)^{-1}\begin{pmatrix}\dfrac{r\dot{\varphi}_1}{2}+\dfrac{r\dot{\varphi}_2}{2}\\ 0\\ \dfrac{r\dot{\varphi}_1}{2l}-\dfrac{r\dot{\varphi}_2}{2l}\end{pmatrix} \tag{7.11}$$

现在可以在图 7.8 所示的例子中使用该运动学模型，但必须首先计算 $\boldsymbol{R}(\theta)^{-1}$。一般而言，计算矩阵的逆可能是难题。然而在这个例子中，因为这是简单的从 $\dot{\boldsymbol{\xi}}_R$ 到 $\dot{\boldsymbol{\xi}}_1$ 的变换，所以是比较容易的。

$$\boldsymbol{R}(\theta)^{-1}=\begin{pmatrix}\cos\theta & -\sin\theta & 0\\ \sin\theta & \cos\theta & 0\\ 0 & 0 & 1\end{pmatrix} \tag{7.12}$$

假定机器人位于 $\theta=\pi/2$、$r=1$ 和 $l=1$。如果机器人不平衡地啮合它的轮子，速度 $\dot{\varphi}_1=4$、$\dot{\varphi}_2=2$，可以计算它在全局参考系的速度为

$$\dot{\boldsymbol{\xi}}_1=\begin{pmatrix}\dot{x}\\ \dot{y}\\ \dot{\theta}\end{pmatrix}=\begin{pmatrix}0 & -1 & 0\\ 1 & 0 & 0\\ 0 & 0 & 1\end{pmatrix}\begin{pmatrix}3\\ 0\\ 1\end{pmatrix} \tag{7.13}$$

所以这个机器人会沿着全局坐标系的 y 轴，以速度 1 旋转的同时以速度 3 瞬时移动。在简单的情况下，给定机器人的组成轮的速度，用这个运动学模型可以提供有关机器人移动的信息。然而我们希望，对各机器人底盘结构，要确定可能运动的空间。为此，必须正式地描述各轮加到机器人运动上的约束，7.2.3 节描述了各种不同类型轮子的约束。在本章的其余部分，为给出这些约束，提供了分析机器人特征和工作空间的工具。

7.2.3　轮子运动学约束

机器人运动学模型的第一步表达了加在单独轮子上的约束，正如在 7.2.2 节中所述，单独轮子的运动可以被组合起来计算整个机器人的运动，又如在 7.1.3 节所述，有 4 种基本的轮子类型，它们各具变化广泛的运动学参数。所以，一开始就要提出对各轮子类型特定的约束集合。

不过，有几个重要的假定会简化上述内容。假定轮子的平面总是与地面保持垂直，且在所有的情况下，轮子与地面之间只是单点接触。此外，假定在该单点接触无滑动，也就是说，轮子只在纯滚动和通过接触点绕垂直轴转动的条件下运动。

在这些假定下，对每一个轮子类型，提出两个约束。第一个约束遵守滚动接触的概念，即在适当方向发生运动时，轮子必须滚动；第二个约束遵守无横向滑动的概念，即在正交于轮子的平面，轮子必须无滑动。

固定式标准轮没有可操纵的垂直转动轴，因此它相对于底盘的角度是固定的，因而限制了沿轮子平面前后的运动，以及围绕与地面接触点的转动。图 7.9 所示为一个固定式标准轮 A，并说明了它相对于机器人局部坐标系 $\{X_R, Y_R\}$ 的位置姿态。A 的位置用极坐标中的距离 l 和角度 α 表示。轮子平面相对于底盘的角度用 β 表示，因为固定式标准轮是不可操纵的，所以 β 是固定的。具有半径 r 的轮子可随时转动，所以围绕它的水平轴转动的位置是时间 t 的函数 $\varphi(t)$。

对该轮的滚动约束迫使所有沿轮子平面方向的运动必定伴随着适量的轮子转动，使得在接触点存在纯滚动。

$$[\sin(\alpha+\beta)\ -\cos(\alpha+\beta)(-l)\cos\beta]\boldsymbol{R}(\theta)\dot{\boldsymbol{\xi}}_1-r\dot{\varphi}=0 \tag{7.14}$$

和的第一项表示沿轮子平面总的运动。左边向量的 3 个元素代表沿着轮子平面的运动从各个 $\dot{x}$，$\dot{y}$，$\dot{\theta}$ 到它们贡献的映射。注意，如方程式（7.7）所示，用 $\boldsymbol{R}(\theta)\dot{\boldsymbol{\xi}}_1$ 项将处在全局参考坐标系 $\{X_1,Y_1\}$ 中的参数 $\dot{\boldsymbol{\xi}}_1$ 变换到处在局部坐标系 $\{X_R,Y_R\}$ 内的运动参数 $\dot{\boldsymbol{\xi}}_R$，这是因为所有在方程中的其他参数 α，β，l 都依据机器人的局部坐标系。根据这个约束，沿着轮子平面的运动，必须等于由旋转轮子完成的运动 $r\dot{\varphi}$。

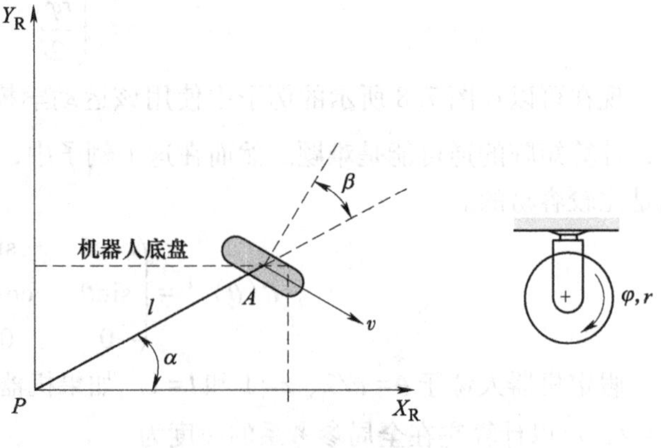

图 7.9　固定式标准轮及其参数

对该轮子的滑动约束，迫使正交于轮子平面的轮子运动分量必须为零。

$$[\cos(\alpha+\beta)\sin(\alpha+\beta)l\sin\beta]\boldsymbol{R}(\theta)\dot{\boldsymbol{\xi}}_1=0 \tag{7.15}$$

例如，假定轮 A 处在一个位置使 $\{\alpha=0,\beta=0\}$，这会把接触点放在 X_1 上，轮子平面平行于 Y_1。如果 $\theta=0$，那么滑动约束简化为

$$(1\quad 0\quad 0)\begin{pmatrix}1&0&0\\0&1&0\\0&0&1\end{pmatrix}\begin{pmatrix}\dot{x}\\\dot{y}\\\dot{\theta}\end{pmatrix}=(1\quad 0\quad 0)\begin{pmatrix}\dot{x}\\\dot{y}\\\dot{\theta}\end{pmatrix}=0 \tag{7.16}$$

这里限定沿 X_1 的运动分量为零，而且因为 X_1 和 X_R 在本例中是平行的，所以如期待的那样，轮子不会滑动。

受操纵的标准轮与固定式标准轮的差别只在于前者有一个附加的自由度，即轮子通过轮的中心和地面接触点，绕垂直轴转动。受操纵的标准轮的位置方程（图 7.10）除一个例外，其他与图 7.9 所示的固定式标准轮是一样的。轮子对机器人底盘的方向不再是一个单独的固定值 β，而是随时间变化的函数 $\beta(t)$。滚动和滑动的约束为

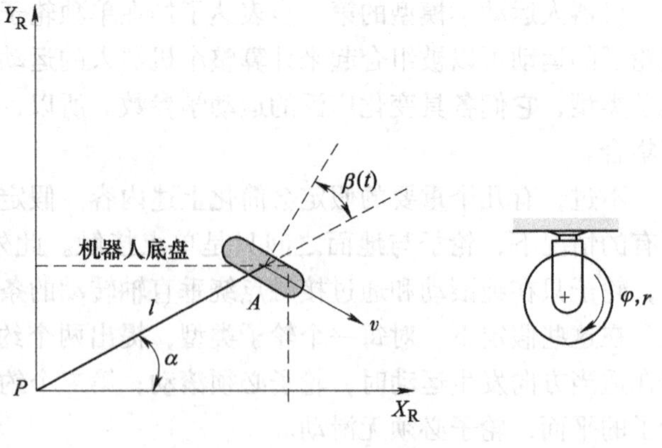

图 7.10　受操纵的标准轮及其参数

$$[\sin(\alpha+\beta)\ -\cos(\alpha+\beta)(-l)\cos\beta]\boldsymbol{R}(\theta)\dot{\boldsymbol{\xi}}_1-r\dot{\varphi}=0 \tag{7.17}$$

$$[\cos(\alpha+\beta)\sin(\alpha+\beta)l\sin\beta]\boldsymbol{R}(\theta)\dot{\boldsymbol{\xi}}_1=0 \tag{7.18}$$

这些约束与固定式标准轮的约束是相同的，不像 $\dot{\varphi}$，$\dot{\beta}$ 对机器人瞬时运动的限制没有直接的影响。仅仅通过随时整合，操纵角的变化影响车辆的移动性，在操纵位置和轮子旋转的变化之间，这是个很重要的区别。

小脚轮能绕垂直轴操纵，但与受操纵的标准轮不一样的是，小脚轮绕垂直轴的转动不通过地面接触点。图 7.11 所示为一个小脚轮，小脚轮位置的正式指标需要一个附加的参数。

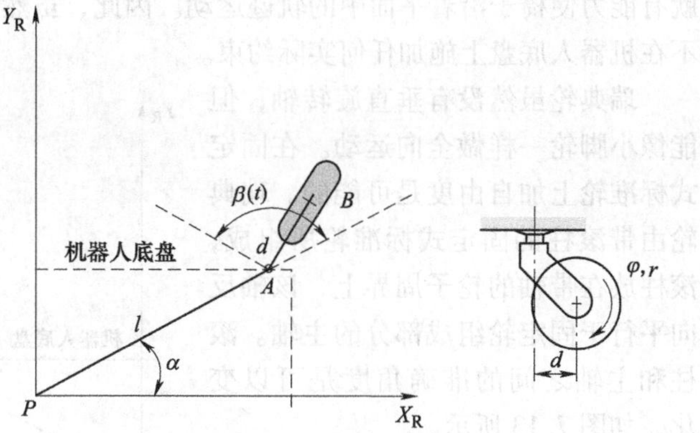

图 7.11 小脚轮及其参数

现在轮子的接触点在位置 B，它被固定长度 d 的刚性杆 AB 连接到点 A，从而固定了垂直轴的位置，B 围绕该轴进行操纵。如图 7.11 所示，点 A 在机器人的坐标系中有一个特定的位置，假定在所有的时间里，轮子平面与 AB 一致。与受操纵的标准轮相似，小脚轮有两个随时间改变的参数，$\varphi(t)$ 表示轮子随时间的转动，$\beta(t)$ 表示 AB 随时间的操纵角度和方向。

对小脚轮而言，滚动约束与方程（7.17）相同，因为在与轮子平面间，偏移轴不起作用。

$$[\sin(\alpha+\beta)\ \ -\cos(\alpha+\beta)\ \ (-l)\cos\beta]\boldsymbol{R}(\theta)\dot{\boldsymbol{\xi}}_1 - r\dot{\varphi} = 0 \tag{7.19}$$

然而，小脚轮的几何特征确实对滑动约束有重大影响。关键性的问题是在点 A 发生对轮子的横向力，因为这是轮子对底盘的连接点。由于相对于点 A 的偏移地面接触点，零横向运动的约束是错误的，此约束反而很像是一个滚动约束。由此，必定产生垂直轴的适当转动。

$$[\cos(\alpha+\beta)\ \ \sin(\alpha+\beta)\ \ d+l\sin\beta]\boldsymbol{R}(\theta)\dot{\boldsymbol{\xi}}_1 + d\dot{\beta} = 0 \tag{7.20}$$

在方程（7.20）中，任何正交于轮子平面的运动必须被一个等效且相反的小脚轮操纵运动的总量所平衡。这个结果对小脚轮的成功是至关重要的，因为通过设置 P 值，任何任意的横向运动是可以被接受的。在一个受操纵的标准轮中，操纵动作本身不会引起机器人底盘的运动。但是在小脚轮中，由于地面接触点和垂直旋转轴之间的偏移，其本身的操纵动作会使机器人底盘移动。

更简明地说，从方程（7.19）和方程（7.20）可以猜测，给定任何机器人底盘的运动 $\dot{\boldsymbol{\xi}}_1$，存在旋转速度 $\dot{\varphi}$ 和操纵速度 $\dot{\beta}$ 的某个值使得约束被满足。所以，只带有小脚轮的机器人可按任意的速度在可能的机器人运动空间中运动，称此系统为全向的。这种系统的一个现实例子是图 7.12 所示的有 5 个小脚轮的办公椅。假定所有关节能够自由地运动，可以在平面上用手推它，为椅子选择任意的运动方向。小脚轮将按需要旋转和操纵，实现运动而无接触点滑动。相似地，如果在小脚轮上各装两个电动机，一个用于旋转，另一个用于操纵，那么控制系统

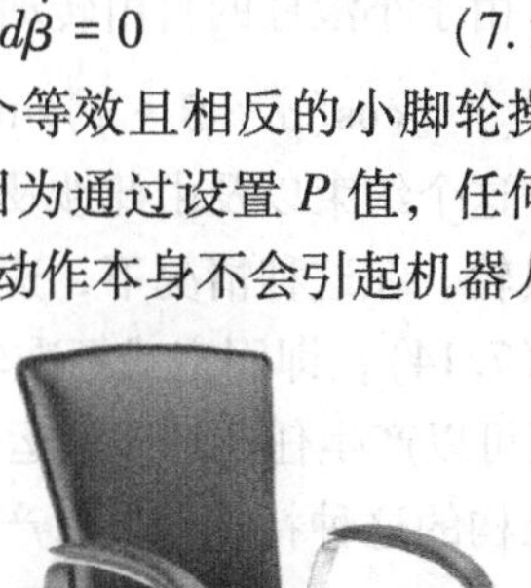

图 7.12 有 5 个小脚轮的办公椅

就有能力使椅子沿着平面中的轨迹运动。因此，虽然小脚轮的运动学有些复杂，但这种轮子不在机器人底盘上施加任何实际约束。

瑞典轮虽然没有垂直旋转轴，但能像小脚轮一样做全向运动。在固定式标准轮上加自由度是可能的。瑞典轮由带滚柱的固定式标准轮所组成，滚柱放在带轴的轮子周界上，该轴反向平行于固定轮组成部分的主轴。滚柱和主轴之间的准确角度是可以变化，如图 7.13 所示。

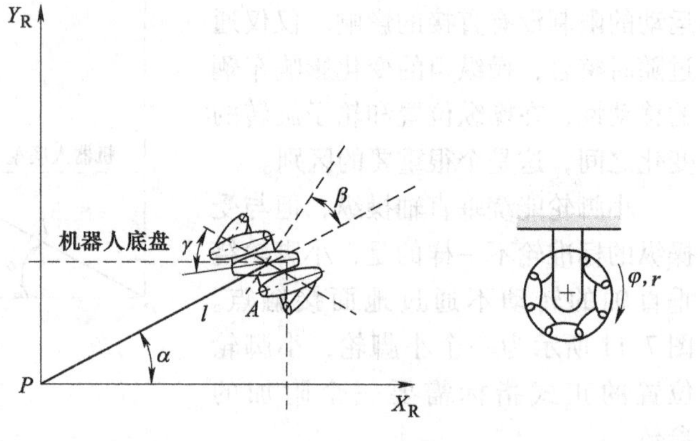

图 7.13　瑞典轮及其参数

例如，给定一个 45° 的瑞典轮（图 7.13），可以画出主轴和滚柱轴的运动向量。因为各轴可以顺时针或逆时针转动，人们可以将沿一个轴的任何向量与沿另一轴的任何向量联合起来。这两个轴不必独立（除了 90°瑞典轮情况外），但在视觉上看得清楚，任何期望的运动方向，通过选择合适的两个向量是可以实现的。

瑞典轮被表示成和固定式标准轮一样的姿态，但带有附加项 γ，它表示主轮平面和小圆周的滚柱旋转轴之间的角度，这表示在图 7.13 中机器人坐标系内。

对瑞典轮建立约束方程需要某些技巧。瞬时的约束是由于小滚柱的特定方向形成的，这些滚柱围绕而转动的轴，在接触点上是速度的一个零分量，即在不转动主轴的那个特定方向移动，不滑动是不可能的。推导出来的运动约束看起来与方程（7.14）中固定式标准轮的滚动约束一样，除了加上 γ 修改了方程，使得滚动约束成立的有效方向沿着这个零分量，而不是沿着轮子的平面。

$$[\sin(\alpha+\beta+\gamma)\ -\cos(\alpha+\beta+\gamma)(-l)\cos(\beta+\gamma)]\boldsymbol{R}(\theta)\dot{\boldsymbol{\xi}}_1 - r\dot{\varphi}\cos\gamma = 0 \quad (7.21)$$

由于小滚柱的自由转动 $\dot{\varphi}_{sw}$ 正交于该运动方向，不受约束。

$$[\cos(\alpha+\beta+\gamma)\sin(\alpha+\beta+\gamma)l\sin(\beta+\gamma)]\boldsymbol{R}(\theta)\dot{\boldsymbol{\xi}}_1 - r\dot{\varphi}\sin\gamma - r_{sw}\dot{\varphi}_{sw} = 0 \quad (7.22)$$

这个约束以及由此涉及的瑞典轮的行为特征将随 γ 值变化而激烈改变，$\gamma=0$ 代表 90°的瑞典轮。在这种情况下，速度的零分量与轮子平面一致，所以方程（7.21）正好简化为方程（7.14），即固定式标准轮的滚动约束。但由于滚柱正交于轮子平面没有滑动约束，改变 $\dot{\varphi}$ 值可以产生任何期望的运动向量以满足方程（7.21），所以轮子是全向的。事实上，瑞典轮结构的这种特殊情况，产生了全去耦的运动，使得滚柱和主轮提供了正交的运动方向。

在 $\gamma=\pi/2$ 这种情况下，滚柱有一个平行于主轮旋转轴的转动轴。如果该值取代方程（7.21）中的 γ，结果就是固定式标准轮的滑动约束，即方程（7.15）。换句话说，根据运动的横向运动自由度，滚柱没有提供好处，因为它们简单地与主轮方向一致。然而，在这种情况下，主轮不需要旋转，所以滚动约束消失。这是瑞典轮的退化形式，所以在本章的其余部分，都假定 $\gamma\neq\pi/2$。

最后的一个轮子类型是球或球形轮，它不对运动施加约束（图 7.14）。这种机械结构没有转动主轴，所以不存在合适的滚动和滑动约束。如同小脚轮和瑞典轮，球形轮显然是全向的，对机器人的底盘运动学不加约束。所以方程（7.23）简单地描述了在机器人点 A 的运

动方向 v_A，球的滚动速率。

$$[\sin(\alpha+\beta)\ \ -\cos(\alpha+\beta)\ \ (-l)\cos\beta]\boldsymbol{R}(\theta)\dot{\boldsymbol{\xi}}_1 - r\dot{\varphi} = 0 \tag{7.23}$$

根据定义，正交于该方向的轮子转动是零。

$$[\cos(\alpha+\beta)\ \ \sin(\alpha+\beta)\ \ l\sin\beta]\boldsymbol{R}(\theta)\dot{\boldsymbol{\xi}}_1 = 0 \tag{7.24}$$

正如我们所见，球形轮的方程与固定式标准轮完全一样。然而，对方程（7.24）的解释是不同的。全向的球形轮可以有任意的运动方向。这里，由 β 给出的运动方向是从方程（7.24）演绎出来的一个自由变量。考虑在 Y_R 方向上机器人是纯平移的情况，这时方程（7.24）简化为 $\sin(\alpha+\beta)=0$。因此，$\alpha=-\beta$，它对该特殊情况有意义。

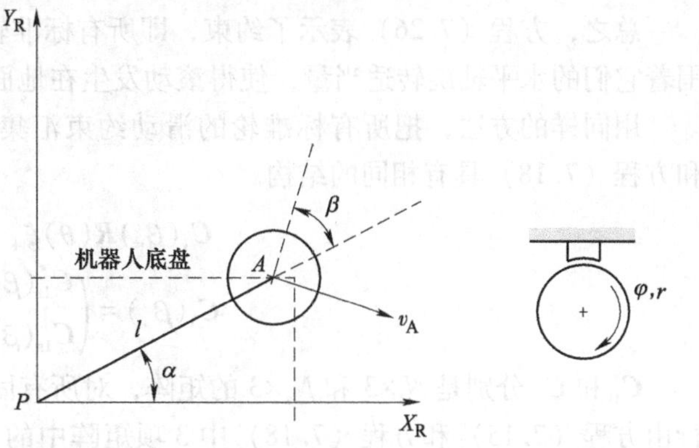

图 7.14　球形轮及其参数

7.2.4　移动机器人运动学约束

给定一个具有 M 个轮子的机器人，可以计算机器人底盘的运动学约束。关键的思想是各轮子对机器人的运动加上零或更多的约束，所以过程只不过是根据机器人底盘上那些轮子的配置，将所有轮子引起的全部运动学约束适当地组合起来。

由前文已知轮子的类型包括固定式标准轮、受操纵的标准轮、小脚轮、瑞典轮和球形轮。但是，从式（7.19）~式（7.21）中的轮子运动学的约束里，注意到小脚轮、瑞典轮和球形轮在机器人底盘上没有加运动学的约束，因为由于内部的轮子的自由度，$\dot{\xi}_1$ 在所有这些情况中可自由地设定。

所以，只有固定式标准轮和受操纵的标准轮对机器人底盘的运动学有影响。因而，当计算机器人运动学的约束时，需要予以考虑。假定机器人总共有 N 个标准轮，它由 N_f 个固定式标准轮和 N_s 个受操纵的标准轮组成。用 $\beta_s(t)$ 表示 N_s 个受操纵标准轮的可变操纵角；相反，在图 7.8 中，用 β_f 表示 N_f 个固定式标准轮的方向。在轮子旋转的情况下，固定式和受操纵的轮子都有围绕水平轴的转动位置，该轴按时间函数而变动。把固定式和受操纵的情况分别表示成 $\varphi_f(t)$ 和 $\varphi_s(t)$，并用 $\boldsymbol{\varphi}(t)$ 表示为

$$\boldsymbol{\varphi}(t) = \begin{pmatrix} \varphi_f(t) \\ \varphi_s(t) \end{pmatrix} \tag{7.25}$$

所有轮子的滚动约束现在可以被集合成一个单独表达式，即

$$\boldsymbol{J}_1(\beta_s)\boldsymbol{R}(\theta)\dot{\boldsymbol{\xi}}_1 - \boldsymbol{J}_2\dot{\boldsymbol{\varphi}} = 0 \tag{7.26}$$

这个表达式对单独轮子的滚动约束具有强的相似性。但是，矩阵替代了单个值，因此把全部的轮子都考虑进去了。$\boldsymbol{J}_2$ 是一个常对角 $N\times N$ 矩阵，它的实体是全部标准轮子的半径 r；$\boldsymbol{J}_1(\beta_s)$ 表示一个具有投影的矩阵，对所有轮子，投影沿它们各自的轮子平面，投射到它们的运动上。

$$\boldsymbol{J}_1(\beta_s) = \begin{pmatrix} \boldsymbol{J}_{1f}(\beta_s) \\ \boldsymbol{J}_{1s}(\beta_s) \end{pmatrix} \tag{7.27}$$

注意，$\boldsymbol{J}_1(\beta_s)$只是$\beta_s$的函数，不是$\beta_f$的函数。这是因为受操纵标准轮的方向作为时间的函数而变动，而固定式标准轮的方向是恒定的。所以对所有固定式标准轮，$\boldsymbol{J}_{1f}(\beta_s)$是一个恒定的投影矩阵，它的大小为$N_f×3$。对各固定式标准轮，各行由方程（7.14）的三项矩阵中3个项所组成；$\boldsymbol{J}_{1s}(\beta_s)$是一个大小为$N_s×3$的矩阵，对各受操纵的标准轮，各行由方程（7.17）的3项矩阵中3个项所组成。

总之，方程（7.26）表示了约束，即所有标准轮必须沿着轮子平面，根据它们的运动，围着它们的水平轴旋转适当量，使得滚动发生在地面接触点。

用同样的方法，把所有标准轮的滑动约束汇集成一个单独表达式，它与方程（7.15）和方程（7.18）具有相同的结构。

$$\boldsymbol{C}_1(\beta_s)\boldsymbol{R}(\theta)\dot{\boldsymbol{\xi}}_1=0 \tag{7.28}$$

$$\boldsymbol{C}_1(\beta_s)=\begin{pmatrix}\boldsymbol{C}_{1f}(\beta_s)\\ \boldsymbol{C}_{1s}(\beta_s)\end{pmatrix} \tag{7.29}$$

$\boldsymbol{C}_{1f}$和$\boldsymbol{C}_{1s}$分别是$N_f×3$和$N_s×3$的矩阵，对所有固定式标准轮和受操纵的标准轮，它们的行由方程（7.15）和方程（7.18）中3项矩阵中的3个项所组成。因此，方程（7.28）是对所有标准轮的一个约束，即正交于它们轮子平面的运动分量必定为零。这个对所有标准轮的滑动约束，如7.3节所述，对确定机器人底盘的总体机动性有最重大的影响。

7.3 移动机器人机动性

机器人底盘运动学的移动性是指它在环境中直接移动的能力，限制移动性的基本约束是，每一轮子必须满足它的滑动约束的规则。所以，可从方程（7.28）正式地推导机器人的移动性。

除了瞬时的运动学运动之外，移动机器人通过操纵可操纵的轮子，能够随时进一步操纵它的位置，像将在7.3.3节看到的那样，机器人的整个机动性就是根据标准轮运动学的滑动约束，可用的移动性的组合，加上附加的自由度。该自由度是由操纵和转动可操纵的标准轮所提供。

7.3.1 移动性

方程（7.28）施加了每一个轮子必须避免任何横向滑动的约束，当然，这约束对各个轮子均成立。所以，对固定的和可操纵的标准轮，有可能分别指定该约束。

$$\boldsymbol{C}_{1f}(\beta_s)\boldsymbol{R}(\theta)\dot{\boldsymbol{\xi}}_1=0 \tag{7.30}$$

$$\boldsymbol{C}_{1s}(\beta_s)\boldsymbol{R}(\theta)\dot{\boldsymbol{\xi}}_1=0 \tag{7.31}$$

为满足这两个约束，运动向量$\boldsymbol{R}(\theta)\dot{\boldsymbol{\xi}}_1$必须属于投影矩阵$\boldsymbol{C}_1(\beta_s)$的零空间，它是$\boldsymbol{C}_{1f}$和$\boldsymbol{C}_{1s}$的简单组合。在数学上，$\boldsymbol{C}_1(\beta_s)$的零空间是空间$N$，使得对任何$N$中向量$\boldsymbol{n}$有$\boldsymbol{C}_1(\beta_s)\boldsymbol{n}=0$。如果遵守运动学的约束，则机器人的运动必定总是在该空间N内。利用机器人转动的瞬时中心（Instantaneous Center of Rotation，ICR）的概念，也可以从几何上展示运动学的约束。

考虑一个单独的标准轮，它迫于滑动的约束没有横向运动。如图7.15所示，从几何上，可以经过它的水平轴，垂直于轮子平面，画一条零运动直线予以表示。

在任何给定时刻，沿着零运动直线的轮子运动必为零。换句话说，轮子必沿着半径为 R 的某个圆瞬时地运动，使得那个圆的中心处在零运动直线上。该中心点称为转动的瞬时中心，可以位于沿零运动直线的任何地方。当 R 为无穷大时，轮子按直线运动。

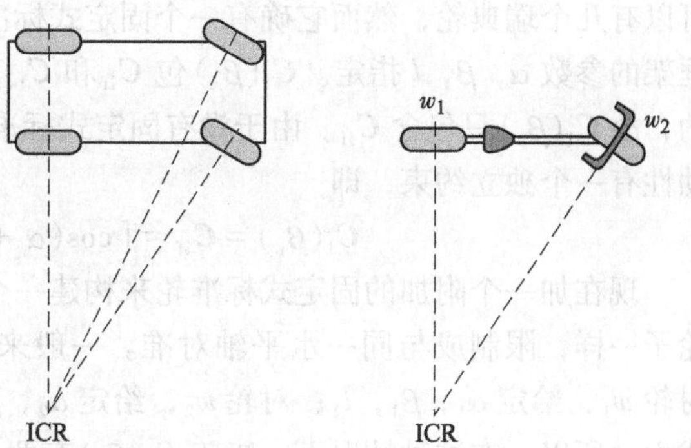

a) 具有拟汽车操纵的四轮　　b) 自行车

图 7.15　移动机器人转动的瞬时中心

像图 7.15a 所示机器人可以有好几个轮子，但必须总是有一个单独的 ICR，因为所有它的零运动直线在一个单独点相交，将 ICR 放在该交点，机器人运动就有一个单独的解。

ICR 的几何结构显示了机器人的移动性是机器人运动上约束数目的函数，而不是轮子数目的函数。在图 7.15b 所示的自行车中有两个轮子 w_1 和 w_2，各轮提供一个约束或一个零运动线。合在一起，两个约束产生一个单独的点，当作 ICR 唯一的剩余解。这是因为两个约束是独立的，因此各约束更限制了整个机器人的运动。

图 7.16 所示为常见的三轮车驱动形式，在图 7.16b 差动驱动的机器人情况下，两个轮子沿相同的水平轴排列，所以 ICR 被限制在一条直线上，而不是在一个特定的点上。事实上，第二个轮子在机器人运动上没有加附加的运动学约束，因为它的零运动线与第一个轮子一样。这样，虽然自行车和差动驱动的底盘有同样数目的非全向轮，前者有两个独立的运动学约束，而后者只有一个。

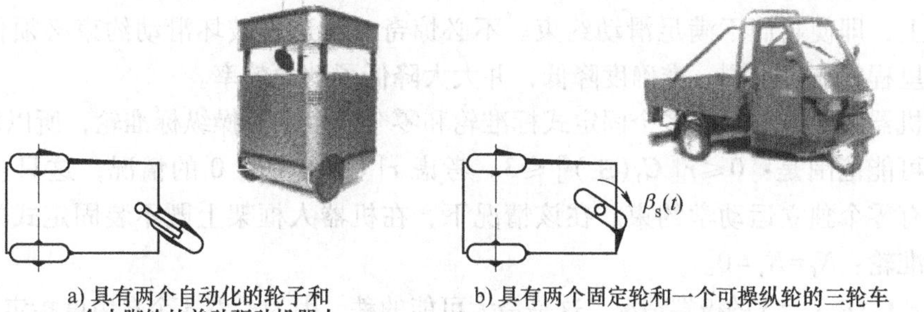

a) 具有两个自动化的轮子和一个小脚轮的差动驱动机器人　　b) 具有两个固定轮和一个可操纵轮的三轮车

图 7.16　三轮车驱动形式

图 7.16a 所示车辆展示了另一种方法，这种情况下，车辆有两个可操纵的标准轮，轮子对机器人的运动也许不能提供一个独立的约束。只给定其中一个可操纵轮的瞬时位置和固定的后轮位置，只存在 ICR 的一个单独解。第二个可操纵轮的位置绝对地受 ICR 限制。所以，它对机器人的运动不提供独立的约束。

所以，机器人的底盘运动学是由所有标准轮引起的独立约束集合的函数。独立的数学上的解释涉及矩阵的秩。方程（7.28）代表了由移动机器人的轮子所施加的全部滑动约束，所以，$[C_1(\beta_s)]$ 的秩就是独立约束的数目。

独立约束的数目越多，$[C_1(\beta_s)]$ 的秩就越大，机器人的移动性就越受约束。例如，考虑一个具有单个固定式标准轮的机器人，注意只考虑标准轮。该机器人可以是单轮的，或者可以有几个瑞典轮，然而它确有一个固定式标准轮。轮子所处位置由相对于机器人局部参考框架的参数 α，β，l 指定。$C_1(\beta_s)$ 包 C_{1f} 和 C_{1s}，然而，因为没有可操纵的标准轮，C_{1s} 是空的，故 $C_1(\beta_s)$ 只包含 C_{1f}。由于没有固定式标准轮，这个矩阵的秩为 1，所以该机器人的移动性有一个独立约束，即

$$C_1(\beta_s) = C_{1f} = [\cos(\alpha+\beta)\sin(\alpha+\beta)l\sin\beta] \tag{7.32}$$

现在加一个附加的固定式标准轮来构建一个差动驱动的机器人，它把第二个轮子像原始轮子一样，限制成与同一水平轴对准。一般来说，可以把 P 点放到两个轮子中心的中点。对轮 w_1，给定 α_1，β_1，l_1；对轮 w_2，给定 α_2，β_2，l_2。几何上，$l_1=l_2$，$\beta_1=\beta_2=0$，$\alpha_1+\pi=\alpha_2$ 成立。所以，在这种情况下，矩阵 $C_1(\beta_s)$ 有两个约束，而秩为 1。

$$C_1(\beta_s) = C_{1f} = \begin{pmatrix} \cos\alpha_1 & \sin\alpha_1 \\ \cos(\alpha_1+\pi) & \sin(\alpha_1+\pi) \end{pmatrix} \tag{7.33}$$

换一种方法，考虑将 w_2 放到 w_1 的轮平面但具有相同方向的情况，如同在前向位置操纵被锁定的自行车一样。再次把点 P 放在两轮中心的中点，且把轮子定向，使它们位于轴 x_1。这个几何特征意味着 $l_1=l_2$，$\beta_1=\beta_2=\pi/2$，$\alpha_1=0$，$\alpha_2=\pi$，所以，矩阵 $C_1(\beta_s)$ 有两个约束，且秩为 2。

$$C_1(\beta_s) = C_{1f} = \begin{pmatrix} \cos\pi/2 & \sin\pi/2 & l_1\sin\pi/2 \\ \cos3\pi/2 & \sin3\pi/2 & l_1\sin\pi/2 \end{pmatrix} = \begin{pmatrix} 0 & 1 & l_1 \\ 0 & -1 & l_1 \end{pmatrix} \tag{7.34}$$

一般而言，如果 C_{1f} 的秩大于 1，则在最好的情况下，车辆只能沿着一个圆或一条直线行走。这种结构意味着，由于固定式标准轮不共享相同的旋转水平轴，机器人有两个或更多的独立约束。因为这种结构在平面中只有移动性的退化形式，在本章的其余部分不考虑。然而，请注意某些退化结构，如四轮滑动/制动操纵系统在某种环境中是有用的，如在松散泥土和沙地上，即使它们不满足滑动约束。不必惊奇，对这种破坏滑动约束必须付出的代价是：基于里程的航位推测，准确度降低，并大大降低了动力效率。

一般机器人会有零个或多个固定式标准轮和零个或多个可操纵标准轮，所以对任何机器人秩值的可能范围是：$0 \leqslant r[C_1(\beta_s)] \leqslant 3$。考虑 $r[C_1(\beta_s)]=0$ 的情况，这只可能发生在 $C_1(\beta_s)$ 中有零个独立运动学约束。在该情况下，在机器人框架上既不装固定式的也不装可操纵的标准轮：$N_f=N_s=0$。

考虑 $r[C_1(\beta_s)]=3$ 的极端情况，这是最大可能的秩，因为沿着 3 个自由度指定了运动学约束（即约束矩阵为 3 列宽）。所以，不存在 3 个以上的独立约束。事实上，当 $r[C_1(\beta_s)]=3$ 时，机器人在任意方向是完全受约束的，所以是退化的，因为它完全不可能在平面中运动。

现在从形式上定义机器人的移动性程度 δ_m，即

$$\delta_m = \dim N[C_1(\beta_s)] = 3 - r[C_1(\beta_s)] \tag{7.35}$$

矩阵 $C_1(\beta_s)$ 零空间的维数（dimN）是机器人底盘的自由度数目的一个度量，它通过改变轮子的速度，可以立即予以操纵。所以，从逻辑上讲，δ_m 必在 0~3 变化。

考虑一个普通的差动驱动的底盘。在这样一个机器人上，有两个共享公共水平轴的两个固定式标准轮。如上述讨论那样，第二个轮子对系统不施加独立的运动学约束。所以，$r[C_1(\beta_s)]=1$ 和 $\delta_m=2$。这与直觉一致：简单地通过操纵轮子的速度，一个差动驱动的机器人既可以控制方向的变化速率，又可以控制它向前/向后的速度。换句话说，它的 ICR 被限制在位于从它的轮子水平轴扩展的无限直线上。

相反，考虑一个自行车的底盘，这个结构由一个固定式标准轮和一个可操纵的标准轮所组成。在这种情况下，各轮对 $\boldsymbol{C}_1(\beta_s)$ 提供一个独立的滑动约束。所以$\delta_m=1$，注意自行车拥有的非全向轮的总数和差动驱动的底盘相同，而且其中一个轮子确实是可操纵的，但它的移动性程度 $\delta_m=1$。从反应来看，这是合适的。通过直接对轮子速度的操纵，自行车只能对它向前/后的速度进行控制，只有通过操纵自行车才能改变它的ICR。

正如猜想的那样，根据方程（7.35）由全向轮（如瑞典轮或球形轮）所组成的任何机器人，会有最大的移动性程度$\delta_m=3$，这种机器人可以直接操纵所有的3个自由度。

7.3.2 可操纵度

上面定义的移动性程度，根据轮子速度变化将可控的自由度进行了量化。同样，操纵也可以对机器人底盘的姿态 $\boldsymbol{\xi}$ 产生最终的影响，虽然影响是间接的。因为改变可操纵标准轮的角度后，机器人必须因操纵角度的变化而运动，从而影响姿态。

如移动性一样，当定义可操纵度δ_s 时，有关独立、可控的操纵参数的数目。

$$\delta_s=r[\boldsymbol{C}_{1s}(\beta_s)] \tag{7.36}$$

在移动性情况下，增加 $\boldsymbol{C}_1(\beta_s)$ 的秩，意味着更多的约束，从而成为较少移动的系统。在可操纵性的情况下，增加 $\boldsymbol{C}_1(\beta_s)$ 的秩，意味着更多的操纵自由度，从而有更大的最终机动性。因为 $\boldsymbol{C}_1(\beta_s)$ 包含 $\boldsymbol{C}_{1s}(\beta_s)$，这意指可操纵的标准轮可以既减少移动性又增加可操纵性。在任何时刻，它的特殊方位施加了一个运动学约束，但它改变那个方位的能力，可以导致产生附加的轨迹。

可以指定δ_s 的范围为 $0\leqslant\delta_s\leqslant2$。$\delta_s=0$ 的情况说明机器人没有可操纵的标准轮，$N_s=0$。当机器人的结构包含一个或多个可操纵标准轮时，$\delta_s=1$ 的情况是最普通的。

例如，考虑一辆普通汽车，在该情况下，$N_f=2$ 和 $N_s=2$。但固定轮共享一个公共轴，所以 $r(\boldsymbol{C}_{1f})=1$。固定轮和任何一个可操纵轮，限制 ICR 成为沿着从后轴延伸的直线的一个点。所以，第二个可操纵轮不能再施加任何独立的运动学约束，故 $r[\boldsymbol{C}_{1s}(\beta_s)]=1$，在此情况下$\delta_m=1$ 且$\delta_s=1$。

$\delta_s=2$ 的情况只在机器人无固定式标准轮时出现，即 $N_f=0$ 才可能。在这种环境下，有可能制作具有两个独立可操纵轮的底盘，像一个似自行车（或双操纵），这里两个轮子都是可操纵的。因此，调整一个轮子的方向就把 ICR 限制为一条直线，而第二个轮子可以把 ICR 限制在沿着那条直线的任何点。有趣的是，这意味着$\delta_s=2$ 时，机器人可以把 ICR 放到地平面上的任何地方。

7.3.3 机动性

机器人可以操纵的总的自由度，称为机动程度δ_M，它可以根据移动性和可操纵性很容易地予以定义。

$$\delta_M=\delta_m+\delta_s \tag{7.37}$$

所以，机动性包括通过轮子的速度、机器人直接操纵的自由度，也包括通过改变操纵的结构、运动和间接操纵的自由度。根据前面几节的研究，可画出轮子结构的基本类型，如图 7.17 所示。

注意，具有相同δ_M 的两个机器人不必是等同的。例如，差动驱动和三轮几何特征（图 7.16）的机器人具有相等的机动性 $\delta_M=2$。在差动驱动中，所有的机动性是直接的移动

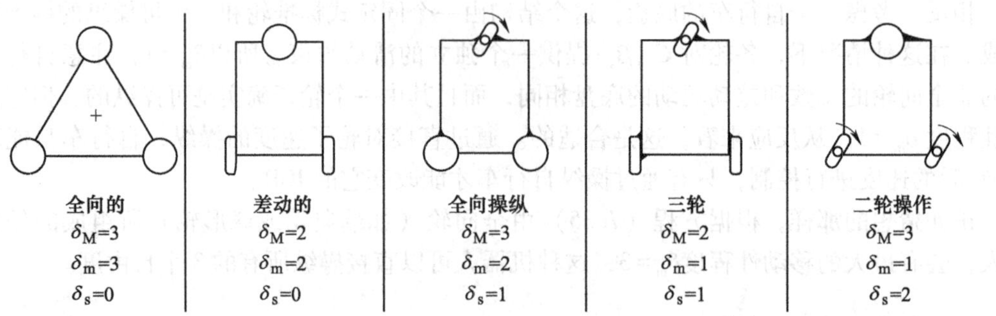

图 7.17　三轮配置的五个基本类型（球形轮可以由小脚轮或瑞典轮代替而不影响机动性）

性的结果，因为$\delta_m=2$且$\delta_s=2$。在三轮情况下，机动性也由操纵引起，$\delta_m=1$且$\delta_s=1$。这些结构不论哪一个都不允许ICR放在平面的任何地方。在这两种情况下，ICR必须相对于机器人参考框架，处于预定的直线上。在差动驱动的情况下，该直线从两个固定式标准轮的公共轴延伸，具有差动轮的速度，ICR设置在该直线上。在三轮情况下，该直线从固定式标准轮的共享公共轴延伸，具有可操纵轮，沿该直线设置ICR。

更一般地，对任何$\delta_M=2$的机器人，ICR总是被限制在一条直线上，而对$\delta_M=3$的机器人，ICR可以被设置在平面上的任何点。

7.4　飞行机器人

上面两节主要围绕地面轮式移动机器人展开了研究，除了轮式机器人以外，近年来飞行机器人或无人飞行器（Unmanned Aerial Vehicle，UAV）正变得越来越常见，图7.18展示了不同大小和形状的飞行机器人，其应用领域覆盖军事行动、侦查监控、气象探测以及机器人技术研究等。固定翼无人飞行器的原理与客机相似，依靠机翼来提供升力，靠螺旋桨或喷气发动机提供推力，用操纵舵面实现机动。旋翼无人飞行器则有很多种配置，其中包括采用一个主旋翼加一个尾旋翼的传统直升机，采用同轴双旋翼的共轴反桨直升机，以及四旋翼飞行器。旋翼式无人飞行器主要用于探测和研究，其优势在于能垂直起降。

a) 美国空军全球鹰无人机

b) 大疆Maivc2四旋翼无人机

图 7.18　飞行机器人

飞行机器人与地面机器人在某些重要技术参数上有所不同。首先，飞行机器人有6个自由度，且位形空间$q\in SE(3)$。其次，飞行机器人是由动力驱动的，因此它们的运动模型中必须包含力和力矩，而不像自行车模型只涉及速度，即飞行机器人要采用动力学模型而非运动学模型。水下机器人与飞行机器人有很多相似之处，它们可以看成是在水下飞行的机器人，可以将固定翼和旋翼飞行器的相关技术移植使用。主要区别在于水下有一个向上的浮力，还有比在空气中大很多的阻力，以及附加质量。

本节将为类似图 7.18b 所示的四旋翼飞行器建立动力学模型。四旋翼飞行器现在很容易获得，既可以向商家购买，也可以从一些开源项目获取。与固定翼飞行器相比，四旋翼飞行器的可操控性更好，而且可以在室内安全飞行，因而非常适合于实验室或业余爱好者使用。而与带有大尺寸主桨和尾桨的传统直升机相比，四旋翼飞行器更容易飞，而且没有复杂的斜盘传动机构，建模和控制也相对容易。

图 7.19 所示为四旋翼飞行器的模型。机体坐标系 $\{B\}$ 的 z 轴向下，遵循航空技术惯例。该四旋翼飞行器有 4 个转动桨叶（旋翼），标记为 1~4，安装在每个交叉臂的两端。旋翼由电子调速器控制的电动机驱动。一些低成本四旋翼飞行器使用小型电动机和减速齿轮系，以达到足够的转矩。设旋翼转速为 ω_i，产生一个向上的推力向量，指向 z 轴的负方向。

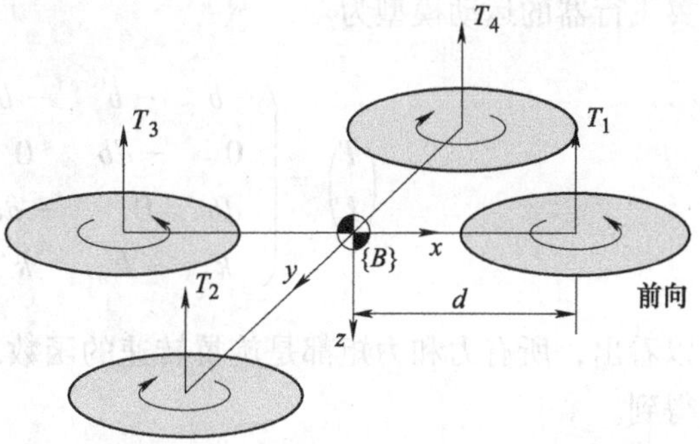

图 7.19　四旋翼飞行器示意图

$$T_i = b\omega_i^2, i = 1,2,3,4 \tag{7.38}$$

其中，$b>0$ 为升力常数，它取决于空气密度、旋翼叶片半径的三次方、叶片的数量以及叶片的弦长。

由牛顿第二定律，可以给出该飞行器在世界坐标系中的移动动力学方程为

$$m\dot{v} = \begin{pmatrix} 0 \\ 0 \\ mg \end{pmatrix} - {}^{0}_{B}\boldsymbol{R}\begin{pmatrix} 0 \\ 0 \\ T \end{pmatrix} \tag{7.39}$$

式中，v 是飞行器在世界坐标系中的速度；g 是重力加速度；m 是该飞行器的总质量；$T=\sum T_i$ 是总的向上推力。方程右边第一项是重力，在世界坐标系中方向垂直向下，第二项代表将机体坐标系中的总推力经旋转变换到世界坐标系。

每对旋翼之间的推力差异就会导致飞行器旋转。在 x 轴上产生的转矩即为横滚力矩，其大小为

$$\tau_x = dT_4 - dT_2 \tag{7.40}$$

式中，d 是电动机到飞行器质心的距离。

可以将方程（7.38）代入，得到该力矩关于旋翼转速的表达式

$$\tau_x = db(\omega_4^2 - \omega_2^2) \tag{7.41}$$

式中，b 为升力常数。

类似地，在 y 轴上产生的转矩即俯仰力矩，其大小是

$$\tau_y = db(\omega_1^2 - \omega_3^2) \tag{7.42}$$

电动机施加到每个旋翼桨上的转矩与空气阻力力矩方向相反。

$$Q_i = k\omega_i^2 \tag{7.43}$$

其中，k 与升力常数 b 的影响因素相同。该转矩会对飞行器机体施加一个反转力矩，其作用是使整个机体产生一个绕旋翼轴的转动，但方向与旋翼转向相反。因此在 z 轴上总的转矩是

$$\tau_z = Q_1 - Q_2 + Q_3 - Q_4 = k(\omega_1^2 + \omega_3^2 - \omega_4^2 - \omega_2^2) \tag{7.44}$$

其中，不同的正负号对应于旋翼转动方向的不同。由上式可知，偏摆力矩可以简单地通过调

整 4 个旋翼的转速来控制。

由欧拉运动方程可以给出飞行器机体的旋转加速度

$$\boldsymbol{J}\dot{\boldsymbol{\omega}} = -\boldsymbol{\omega} \times \boldsymbol{J}\boldsymbol{\omega} + \boldsymbol{\Gamma} \tag{7.45}$$

式中，$\boldsymbol{J}$ 是 3×3 的机体惯性矩阵；ω 是角速度；$\boldsymbol{\Gamma}=(\tau_x,\tau_y,\tau_z)$ 是由式（7.41）~式（7.43）计算出的作用在机体上各个方向的力矩。

通过整合计算机体上作用力的动力学式（7.40）和作用力矩的式（7.44），可以得到四旋翼飞行器的运动模型为

$$\begin{pmatrix} T \\ \boldsymbol{\Gamma} \end{pmatrix} = \begin{pmatrix} -b & -b & -b & -b \\ 0 & -db & 0 & db \\ db & 0 & -db & 0 \\ k & -k & k & -k \end{pmatrix} \begin{pmatrix} \omega_1^2 \\ \omega_2^2 \\ \omega_3^2 \\ \omega_4^2 \end{pmatrix} = \boldsymbol{A} \begin{pmatrix} \omega_1^2 \\ \omega_2^2 \\ \omega_3^2 \\ \omega_4^2 \end{pmatrix} \tag{7.46}$$

可以看出，所有力和力矩都是旋翼转速的函数。如果 $d>0$，则矩阵 $\boldsymbol{A}$ 是满秩的，可以通过求逆得到。

$$\begin{pmatrix} \omega_1^2 \\ \omega_2^2 \\ \omega_3^2 \\ \omega_4^2 \end{pmatrix} = \boldsymbol{A}^{-1} \begin{pmatrix} T \\ \tau_x \\ \tau_y \\ \tau_z \end{pmatrix} \tag{7.47}$$

利用上式可以求出为给机体施加特定的力和力矩所需要的各旋翼转速。

假设在飞行器机体上再连接一个坐标系 $\{V\}$，其原点与坐标系 $\{B\}$ 相同，但其 x 轴和 y 轴始终与地面平行。为了使机体产生沿 ${}^{v}x$ 方向的位移，要使其机头下俯，从而产生一个力，即

$$f = \boldsymbol{R}_y\theta_p \begin{pmatrix} 0 \\ 0 \\ T \end{pmatrix} = \begin{pmatrix} T\sin\theta_p \\ 0 \\ T\cos\theta_p \end{pmatrix} \tag{7.48}$$

它有一个分量，即

$$f = T\sin\theta_p \approx T\theta_p \tag{7.49}$$

使得飞行器可以沿 ${}^{v}x$ 方向加速。

它就是为达到期望的前进速度所需要的俯仰角。实际的飞行器速度可以由惯性导航系统或 GNSS 信号接收器估算得到。对于在竖直方向上保持平衡的飞行器，所受推力总和应与重力相等，即有 $m/T \approx 1/g$。

因此，为了达到期望的位置，可以先算出适当的转速，在此基础上再得到适当的俯仰角，从而产生推力使飞行器移动。造成这种间接关系的原因在于机器人是欠驱动的。只有 4 个旋翼的速度可以调整，但飞行器的位形空间却是六维的。为使四旋翼飞行器向前运动，就必须先让它头部下俯，使旋翼推力有一个水平分量来产生前进加速度，而当飞行器接近目标位置时，又必须反方向上仰，使水平分力向后以实现减速。最后，机体旋转到水平姿态，使推力向量垂直向上。这里再次印证了前面的论述，即欠驱动的代价是增加操作的复杂性。同时也说明四旋翼飞行器的俯仰角是不能随意设定的，它是控制飞行器前进和后退的手段。

习　题　7

7-1　假如希望只用一个轮子构建一个动态稳定的机器人。考虑书中提到的四种基本轮子类型，阐明在这样一个机器人中是否可用?

7-2　假定一个差动驱动机器人有不同直径的两个轮，左轮的直径为 2m，右轮直径为 3m，两轮 $l=5$m。机器人处在 $\theta=\pi/4$，当机器人以速度 6 转动两轮，计算机器人在全局参考框架的瞬时速度，确定 $\dot{x}$，$\dot{y}$ 和 $\dot{\theta}$。

7-3　考虑一个机器人，它有 2 个有源球形轮和一个无源（无动力）小脚轮。推导该机器人的运动学方程式。

7-4　对以下各情况确定移动性、可操纵性和机动性：①自行车；②具有单个球形轮的动态平衡的机器人；③汽车。

7-5　一辆四轮车，长 $l=2$m，两轮中心距为 $b=1.5$m。分别计算曲率半径为 10m、50m、100m 的阿克曼转向对应的车轮转向角。假设车辆以 80km/h 运动，分别计算当曲率半径是 10m、50m 和 100m 时，车后轮转动速率之间的差异。

7-6　试写出车辆转弯速率相对于两个后轮角速度的表达式。分析车轮半径误差和车辆宽度误查对其造成的影响。

参 考 文 献

［1］SPONG M W，HUTCHINSON S，VIDYASAGAR M. 机器人建模和控制［M］. 贾振中，译 . 北京：机械工业出版社，2019.
［2］CRAIG J J. 机器人学导论［M］. 贠超，王伟，译 . 北京：机械工业出版社，2018.
［3］范凯 . 机器人学基础［M］. 北京：机械工业出版社，2019.
［4］刘辛军，于靖军，丁希仑 . 机器人机构学的数学基础［M］. 2 版 . 北京：机械工业出版社，2021.
［5］韩健海 . 工业机器人［M］. 4 版 . 武汉：华中科技大学出版社，2019.
［6］SIEGWART R，NOURBAKHSH I R，SCARAMUZZA D. 自主移动机器人导论：第 2 版［M］. 李人厚，宋青松，译 . 西安：西安交通大学出版社，2013.
［7］CORKE P. 机器人学、机器视觉与控制：MATLAB 算法基础［M］. 刘荣，译 . 北京：电子工业出版社，2016.
［8］SELIG J M. 机器人学的几何基础：第 2 版［M］. 杨向东，译 . 北京：清华大学出版社，2008.
［9］朱大昌，张春良，吴文强 . 机器人机构学基础［M］. 北京：机械工业出版社，2021.
［10］高翔，张涛 . 视觉 SLAM 十四讲：从理论到实践［M］. 2 版 . 北京：电子工业出版社，2019.